航空类专业职业教育系列教材

飞机钣金工艺学

（第 2 版）

主　编　王海宇

副主编　汉锦丽

西北工业大学出版社

西　安

【内容简介】 本书是在《飞机钣金工艺学》(第1版)基础上修订而成的,内容包括飞机钣金工艺基本概念和特点,金属变形基本理论,模线样板,飞机钣金工艺各种成形方法,飞机钣金零件的协调、工艺规程编制与模具设计的基本知识等。

本书可作为航空职业院校专业课程教材,也可作为航空企业的专业培训教材,还可供从事钣金加工的工人、技术人员以及大中专和职业院校的钣金加工专业师生参考。

图书在版编目(CIP)数据

飞机钣金工艺学 / 王海宇主编. — 2 版. — 西安：
西北工业大学出版社，2022.3(2025.1 重印)
ISBN 978 - 7 - 5612 - 8140 - 6

Ⅰ.①飞… Ⅱ.①王… Ⅲ.①飞机-钣金工-工艺学
Ⅳ.①V261.2

中国版本图书馆 CIP 数据核字(2022)第 055620 号

FEIJI BANJIN GONGYIXUE

飞 机 钣 金 工 艺 学

王海宇　主编

责任编辑：杨　军	策划编辑：杨　军
责任校对：朱晓娟	装帧设计：董晓伟

出版发行：西北工业大学出版社
通信地址：西安市友谊西路 127 号　　邮编：710072
电　　话：(029)88491757，88493844
网　　址：www.nwpup.com
印　刷　者：兴平市博闻印务有限公司
开　　本：787 mm×1 092 mm　　　1/16
印　　张：21.5
字　　数：564 千字
版　　次：2011 年 2 月第 1 版　　2022 年 3 月第 2 版　　2025 年 1 月第 3 次印刷
书　　号：978 - 7 - 5612 - 8140 - 6
定　　价：66.00 元

第 2 版前言

本书是在《飞机钣金工艺学》(第 1 版)的基础上修订而成的。自本书第 1 版出版以来,被国内多所航空职业院校和航天厂所作为课程教材或员工培训教材使用,获得了良好的社会效益。

为适应职业院校人才培养和素质教育的需要,结合兄弟单位航空企业专家和院校教师使用本书后的意见和建议,本着与时俱进的原则,紧跟国际、国内飞机制造业的发展变化,笔者组织了多年从事航空职业教育教学、研究工作的教师和航空企业技术技能专家对《飞机钣金工艺学》一书进行了修订。本次修订力求从飞机制造业应用型技能人才的职业需要出发,着重体现对学生(学员)运用知识分析和解决问题的基本能力的培养,进一步突出课程的科学性、实用性和前瞻性。

本次修订考虑了以下几个方面:

(1)保持《飞机钣金工艺学》(第 1 版)"质量高、有特色、能满足职业院校教学需要"等特点的基础上,增加了冲压工业机器人技术和钣金零件数字化制造与检测简介等内容,各章节次序无大的变化。

(2)进一步体现国际、国内飞机制造业的发展变化,具有更强的科学性、实用性和可操作性;教材内部材料供应状态标识和生产企业一致。

(3)本书配有相应的教学课件,需要教学课件请登录工大书苑(http://gdsy. nwpu. edu. cn)下载。

本书由王海宁任主编,汉锦丽任副主编。参加本次修订工作的还有中航西安飞机工业集团股份有限公司企业专家白颖、王晋涛。参加本次修订审稿工作的有中航西安飞机工业集团股份有限公司企业专家孙长青、孟庆海。

本书修订后,仍可以作为航空职业院校教学优选教材和航空航天企业员工培训教材使用,也可作为飞机制造业工艺人员和操作员工自学的参考资料。

由于学识和经验所限,书中可能仍然有不当之处,恳请广大读者特别是使用本书的教师指正。

编 者
2021 年 10 月

第1版前言

笔者多年来一直在航空技工院校从事飞机钣金工艺学课程的教学工作。根据现今飞机钣金制造技术的发展和技工院校学生对知识技能的实际需求并结合教学实践,笔者体会到,编写一本适合于技工院校航空类专业教学的《飞机钣金工艺学》教材是十分必要的。本书是基于这个思想并汲取了国内外一些教材、文献资料的优点编写而成的。

本书主要内容包括:绪论部分介绍了飞机钣金工艺的基本概念、特点和飞机钣金零件的材料、分类、加工路线的基本环节、变形特点等,让读者初步了解和认识飞机钣金工艺技术的基本知识;第1章介绍了金属变形基本理论,即金属变形机理、应力-应变曲线、应力状态图和应变状态图、影响金属塑性变形的主要因素;第2章在介绍模线样板基本概念、分类及用途的基础上,对样板的标记符号进行了详细分析;第3章~第11章全面阐述了钣金工艺的各种成形方法;第12章简单介绍了飞机钣金零件的协调、工艺规程编制与模具设计的基本知识。

在编写本书的过程中笔者遵从技工院校学生的认知规律,坚持够用、实用的原则,力求使内容简明易懂。同时,为了增强内容的前瞻性,体现飞机钣金制造技术的最新发展成果,本书涉及中航工业西安飞机工业(集团)有限责任公司的一些新技术、新工艺和新设备。

本书由王海宇任主编,汉锦丽任副主编,曹峰、白颖、李世峰参加编写。全书由汉锦丽统稿。

西飞技术学院教务处对本书的编写进行了精心组织筹划和大量的协调工作;中航工业西安飞机工业(集团)有限责任公司国际钣金总厂技术副厂长李善良(主审)仔细阅读了原稿,并提出了许多具体的修改意见。参加审稿的人员还包括中航工业西安飞机工业(集团)有限责任公司国际钣金总厂厂长王平新、中航工业西安飞机工业(集团)有限责任公司国际钣金总厂24分厂厂长宣娟娟、西飞技术学院教务处主任司智渊。井张琦承担了本书部分内容的文字录入工作,在此一并表示衷心的感谢。

在编写本书的过程中,参考了部分国内外文献资料和高等院校的有关教材,在此谨对原作者深表感谢。

由于水平有限,书中不妥和疏漏之处在所难免,恳请读者不吝赐教。

编　者

2010 年 8 月

目　　录

绪　　论

内容提示

　　飞机钣金制造技术是航空航天制造工程的一个重要组成部分,是实现飞机结构特性的重要制造技术之一。绪论主要讲述飞机钣金工艺的特点及飞机钣金零件的分类、常用材料、加工路线的基本环节、变形的基本特点。

教学要求

(1)了解飞机钣金工艺在飞机制造工业中的作用。

(2)理解飞机钣金零件的特点及分类。

(3)掌握飞机钣金零件加工路线的基本环节和变形的基本特点。

(4)了解飞机钣金零件常用材料。

(5)培养学生的实践能力和创新精神。

内容框架

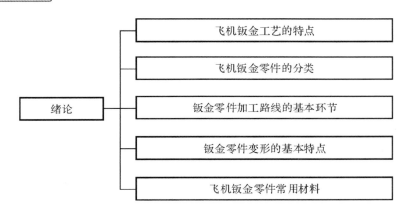

　　钣金工艺就是把板材、型材、管材等毛料,利用材料的塑性,主要用冷压的方法成形各种零件,另外还包括下料和校修。

　　飞机钣金制造技术是航空航天制造工程的一个重要组成部分,是实现飞机结构特性的重要制造技术之一。现代飞机的壳体主要是钣金铆接结构,统计资料表明,钣金零件约占飞机零件数量的 50％,钣金工艺装备占全机制造工艺装备的 65％,其制造工作量占全机工作量的 20％。飞机的结构特点和独特的生产方式决定了飞机钣金制造技术不同于一般机械制造技术。

一、飞机钣金工艺的特点

(1)钣金零件构成飞机机体和气动外形。钣金零件构成飞机机体的框架和气动外形,零件尺寸大小不一,形状复杂,选材各异,产量不等,品种繁多。目前,国产小型飞机钣金件大约有6 000项,大型飞机钣金件大约有20 000项。钣金零件形状复杂,质量控制严格,有一定的使用寿命要求,对成形后的零件有明确的力学性能和物理性能的要求,与其他行业的钣金零件相比技术要求高,加工难度大。

(2)钣金零件的制造是以专用设备为主,配合手工技艺和经验操作来实现的。钣金专用设备是飞机钣金工艺技术发展的标志和工艺技术预研成果的载体,对零件成形质量有着决定性作用。这些设备的研制周期长,技术含量高,投资巨大,社会需求量小,设备利用率不高,设备的更新较慢,这就要求技术工人必须具有良好的手工技艺。

(3)飞机钣金零件使用的工艺装备数量很大。由于钣金零件加工过程变形大,只有使用足够数量的工艺装备才能满足设计技术要求,所以生产准备工作繁重。

(4)广泛采用样板、模胎和检验型板等刚性量具进行检验工作。

二、飞机钣金零件的分类

1.按飞机钣金零件结构特征分类

飞机钣金零件有蒙皮、隔框、壁板、翼肋和导管等类型。

2.按飞机钣金零件材料品种分类

飞机钣金零件基本上可分为型材零件、板材零件和管材零件三大类,常用飞机钣金零件按材料又可进一步细分(见图0.1)。

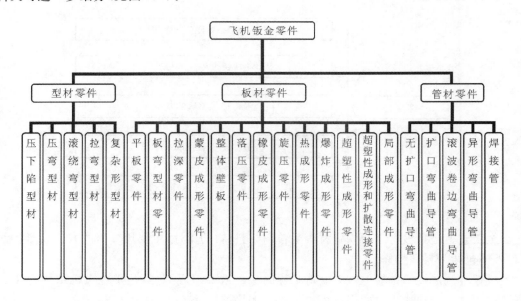

图 0.1　常用飞机钣金零件按材料分类

三、钣金零件加工路线的基本环节

成千上万的钣金零件,制造方法多种多样,但它们的加工路线基本相同,一般都要经过以下几个环节:下料→成形→热处理→校修→表面保护。以整流罩为例(见图0.2),它的制造过程大致如下:首先,用剪床裁出一个梯形的平板毛料[见图0.2(a)],用模具压制成形,得出如图0.2(b)所示的半成品。其次,根据材料性质和零件的技术要求进行热处理。热处理后往往产生翘曲变形,必须加以校正、整修,切割边沿、钻孔。最后,进行表面抗蚀处理(例如阳极化)。从整流罩零件的制造过程可以看出,把平板毛料用模具压制成形得到如图0.2(b)所示的半成品,乃是整个制造过程中的中心环节,它在制造过程中起决定性的作用,图0.2(c)为成品。因此,研究钣金零件的制造工艺时,应着重研究不同零件的成形方法。

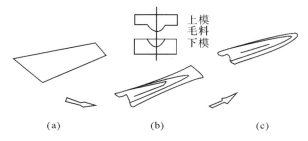

图0.2　整流罩的制造过程

四、钣金零件变形的基本特点

钣金零件的种类繁多,形式各异,成形方法多种多样,但最基本的变形方式(见表0.1)不外乎是弯曲、翻边、拉深、局部成形(或胀形)。板料成形时,材料的变形区往往是以上几种基本变形方式的复杂组合。图0.3的框板,外缘相当于拉深,内缘相当于翻边,而腹板上兼有翻边与局部成形。因此,分析一个具体的钣金零件时,一方面必须将不同变形性质的部分加以明确区分,利用弯曲、翻边、拉深、局部成形等基本变形方式,作为分析零件变形特点的主要依据;另一方面还必须注意它们之间的相互联系,不能将不同变形性质的部分作为一个个单纯的基本变形方式孤立地看待。

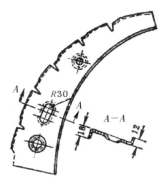

图0.3　框板

钣金零件的成形方法虽然很多,但从板料的变形性质来看,无非是"收"和"放"两种。

所谓"收"就是依靠板料的收缩变形来成形零件,收的特点表现为板料纤维缩短,厚度增加。"收"的主要障碍是起皱。所谓"放"就是依靠板料的拉伸变形来成形零件,放的特点表现为板料纤维伸长,厚度减薄。"放"的主要障碍是拉裂。例如,外拔缘为"收",翻边、局部成形为"放",弯曲中性层以内为"收",弯曲中性层以外为"放"。

表 0.1 钣金零件的基本变形方式

变形方式	图 例	变形程度
弯 曲	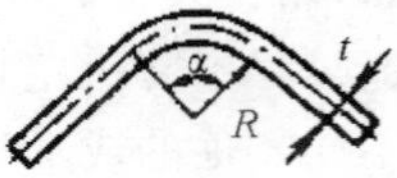	相对弯曲半径 $\dfrac{R}{t}$
翻 边	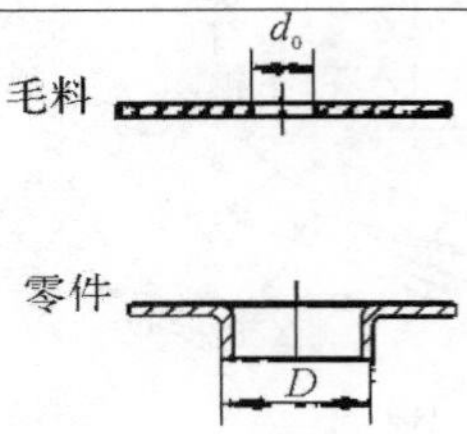 毛料 零件	翻边系数 $K_F = \dfrac{d_0}{D}$
拉 深	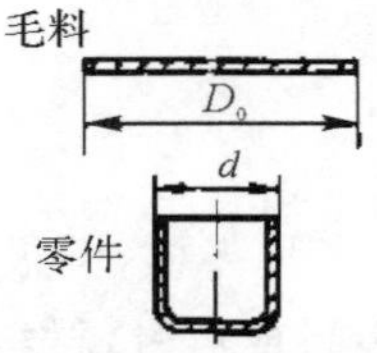 毛料 零件	拉深系数 $m = \dfrac{d}{D_0}$
胀 形	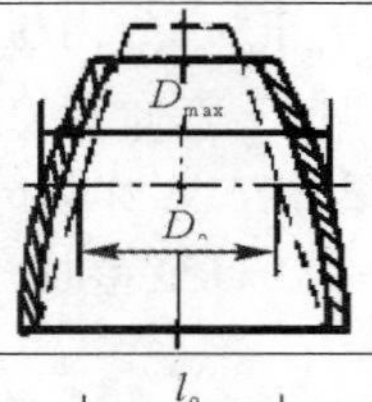	胀形系数 $K_z = \dfrac{D_{max}}{D_0}$
局部成形	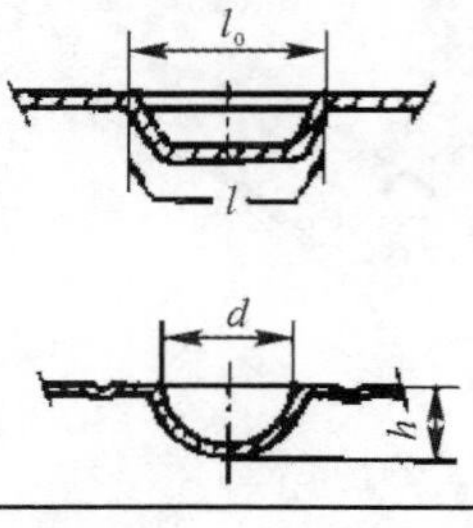	平均断后伸长率 $A = \dfrac{l - l_0}{l_0}$ 相对高度 $\dfrac{h}{d}$

五、飞机钣金零件常用材料

飞机钣金零件常用材料种类很多,一般可分为铝及铝合金、镁合金、钛及钛合金、碳素钢、铜合金、合金钢及不锈钢等,其材料的品种有各种规格的板材、型材、管材等。钣金零件常用金属材料的种类和力学性能见表 0.2。

表 0.2　钣金零件常用金属材料的种类和力学性能

金属种类	材料牌号（旧牌号）	状态	抗拉强度 N·mm²	屈服强度 N·mm²	断后伸长率/(%)	断面收缩率/(%)	热处理
防锈铝	3A21(LF21)	M	100～150		22～20		淬火不能强化
		Y	190		1～4		
	5A02(LF2)	M	167～225	98	16～18		
	5A03(LF3)	M	200	100	15		
		Y2	230	200	8		
	5A06(LF6)	M	320	160	15		
硬铝	2A12(LY12)	M	≤215		14		可以淬火强化
		CZ	407	270	13		
	2A16(LY16)	M	≤235		15		
超硬铝	7A04(LC4)	M	≤245		10	50	可以淬火强化
		CS	480	402	7		
铜合金	H62	M	295	108	40	66	淬火不能强化
	H68	M	295	88	40	70	
镁合金	MB8	M	225	120	12	30	淬火不能强化
		YZ	245	155	10	25	
钛合金	TC1	M	600～750		25～20		淬火不能强化
	TC4	M	900～920		12～10		
碳素钢	45	M	539～686		16		淬火不能强化
不锈钢	1Cr18Ni9Ti	软化	≥530		≥10		
合金钢	30CrMnSi		539～736		16		

　　材料的状态用一定的符号表示,例如:M 表示材料处于退火状态;CZ 表示淬火后自然时效;CS 表示淬火后人工时效;MO 表示优质表面退火;Y 表示冷作硬化;CO 表示优质表面淬火自然时效;Y_2 表示半冷作硬化;XC 表示型材;G 表示管材。

　　状态符号置于材料牌号的后面,如:

　　3A21－MO－$t_{1.5}$:表示表面优质退火状态的 21 号防锈铝板材,板厚为 1.5 mm。

　　7A04－CS－$t_{1.2}$:表示淬火后人工时效状态的 4 号超硬铝板材,板厚为 1.2 mm。

思　考　题

1.钣金工艺的含义是什么? 具有哪些特点?

2.钣金零件的加工路线一般都要经过哪几个环节?

3.钣金零件最基本的变形方式有哪些?

4.钣金零件成形时,从板料的变形性质来看可分为哪两种? 说明其含义并举例。

5.钣金零件常用的金属材料有哪些?

第1章 金属变形基本理论

钣金工艺最大的特点是使金属材料变形,变形必然引起金属内部结构变化。本章主要讲述金属变形机理、应力-应变曲线、应力状态图、应变状态图及影响金属塑性变形的主要因素。

教学要求

(1)掌握金属变形机理。
(2)了解应力-应变曲线。
(3)了解应力状态图和应变状态图。
(4)理解影响金属塑性变形的主要因素。

内容框架

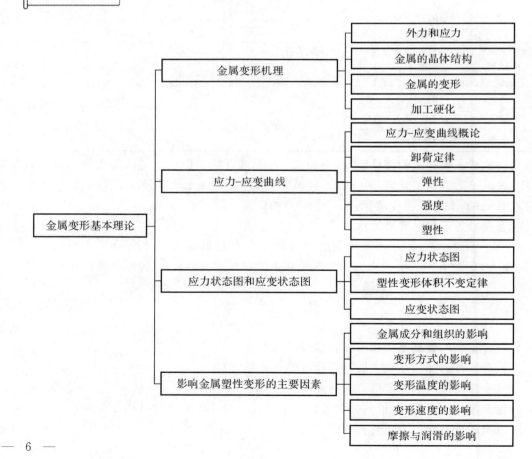

1.1　金属变形机理

钣金工艺就是使金属材料在常温下(或加热时)变形,从而得到所需零件形状的工作。钣金工作最大的特点是使金属材料变形,而变形必然引起金属内部结构变化。要做好钣金工作,必须了解变形对结构的影响,以便有效地利用它。

一、外力和应力

在钣金成形过程中为使板料变成所需形状,就要采用各种工艺方法(如弯曲、拉深等)对板料施加一定的力,这种在加工过程中对材料施加的力称为外力。

板料在外力作用下会发生变形,其内部各质点间的相对位置将会发生变化,各质点必然相互作用阻止其变化。这种原子间相互作用阻止材料变形的力称为内力,其数值大小和外力相等。

在钣金工艺中,应力是指作用在材料单位横截面积上的内力有

$$R = \frac{F}{S}$$

式中:R 为应力,Pa;F 为外力,N;S 为横截面面积,m^2。

二、金属的晶体结构

固体金属都是晶体结构。金属的晶体结构是指晶体原子的排列方式。晶格是描述原子排列规律的空间格架。能够完整地反映晶体晶格特征的最小几何单元称为晶胞。金属的种类很多,但常见的晶格类型有以下三种。

1.体心立方晶格

体心立方晶格的晶胞是一个立方体,原子位于立方体的 8 个顶点和立方体的中心(见图1.1)。具有该晶体结构的典型金属有钨、钼、钒、铌、钽及 $\alpha - Fe$ 等。体心立方晶格有 6 个滑移面和两个滑移方向。原子密度最大的平面叫滑移面,滑移面上原子密度最大的方向叫滑移方向(见图 1.2)。滑移面和滑移方向数值的乘积称为滑移系,体心立方晶格的滑移系为 $6×2=12$ 个。

2.面心立方晶格

面心立方晶格的晶胞是一个立方体,原子位于立方体的 8 个顶点和立方体 6 个面的中心。具有该晶体结构的典型金属有金、银、铜、铝、铅、镍及 $\gamma - Fe$ 等。面心立方晶格有 4 个滑移面和 3 个滑移方向,其滑移系为 $4×3=12$ 个(见图 1.3)。

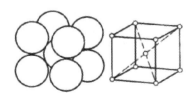

图 1.1　体心立方晶格

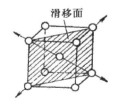

图 1.2　体心立方晶格的滑移面和滑移方向

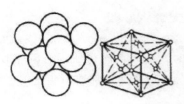 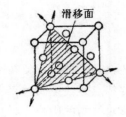

图 1.3　面心立方晶格

3. 密排六方晶格

密排六方晶格的晶胞是一个正六棱柱,原子除排列于柱体的每个顶点和上、下两个底面的中心外,正六棱柱的中心还有 3 个原子。具有该晶体结构的典型金属有镁、铍、镉、锌等。密排六方晶格有一个滑移面和 3 个滑移方向,其滑移系为 $1 \times 3 = 3$ 个(见图 1.4)。

 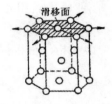

图 1.4　密排六方晶格

当其他条件相同时,金属晶体的滑移系越多,金属的塑性就越好。但金属塑性的好坏,不仅仅取决于滑移系的多少,还与其他因素有关。

三、金属的变形

金属在外力的作用下发生形状的改变,这种性质叫作变形。变形一般包括弹性变形和塑性变形两个发展阶段。弹性变形是组成晶格的原子在外力作用下被迫离开原来的平衡位置,在外力去除后,原子又能恢复到原来的平衡位置。这种外力去除后能消失的变形称为弹性变形。塑性变形则是原子被迫离开原来的平衡位置后,达到一个新的平衡位置,在外力去除后,原子不能回到原来的平衡位置。这种在外力去除后不能消失而残留下来的永久变形称为塑性变形,它是冷加工所需要的。金属的塑性变形主要是通过滑移和孪动两种方式进行的。

1. 滑移

晶内滑移简称滑移,是指在外力作用下,晶体的一部分沿着一定的滑移面和这个晶面上的一定的滑移方向,相对其另一部分产生有规律的相对移动。

滑移的结果是使原子逐步地从一个稳定位置移动到另一个稳定位置,晶体产生宏观的塑性变形。滑移时原子移动的距离是原子间距的整数倍,滑移后晶体各部分的位向仍然一致,如图 1.5 所示。

滑移后,在金属的内部和表面会出现许多纹路,这些纹路称为滑移线。滑移线实际上是滑移后在晶体表面留下的小台阶。相互靠近的一组小台阶宏观上反映出一个大台阶,这个大台阶称为滑移带,如图 1.6 所示。

一般说来,面心立方晶体金属和体心立方晶体金属的滑移系较多,因此,他们比密排六方晶体金属的塑性好。

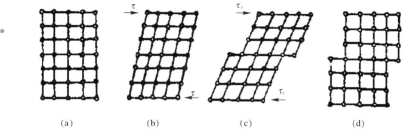

图 1.5　晶体在切应力作用下的变形

2.孪动

晶体的另外一种塑性变形方式是孪生,又称孪动或孪晶。它不是塑性变形的主要方式,但它却能造成破坏。孪动是金属在一定的外力作用下,晶体的一部分相对于另一部分沿着一定的晶面和方向发生转动,其结果使晶体的一部分与原晶体处于对称位置。

3.孪动与滑移的主要区别

(1)滑移过程是渐进的,而孪动过程是突然的。例如,金属锡在孪动过程中,能听到一种清脆的声音,称为"锡鸣"。

(2)在微观方面,滑移时晶格两部分相对于滑移面的切变量是原子间距的整数倍,滑移不会引起晶格取向的变化;而孪动时切变量则是原子间距的分数倍,并且各晶面相对于孪生面的切变量和它与孪生面的距离成正比,也正是由于这个原因,孪动才会引起晶格取向的变化,如图 1.7 所示。

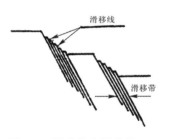

图 1.6　滑移带和滑移线

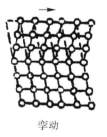
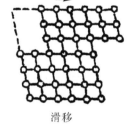

孪动　　　　　　　　滑移

图 1.7　滑移与孪动的区别

四、加工硬化

金属经塑性变形后,其力学性能、物理性能和化学性能都要发生变化,而力学性能的变化是最值得注意的。

力学性能的变化表现在随着变形程度的增加,金属的强度和硬度逐渐升高,而塑性和韧性则逐渐降低,这种现象称为加工硬化或冷作硬化。产生加工硬化的原因是晶体塑性变形时,晶粒内部的晶格发生歪扭,使滑移面凹凸不平,造成滑移困难,变形抗力增大,故强度和硬度增加;又因为晶格的畸变,晶界受损而塑性降低。

金属的加工硬化现象在生产中有着非常重要的意义,它是强化金属材料的一种主要的工艺方法,也是零件能够成形的重要因素。图 1.8 冷冲压过程中,由于 r 处变形最大,金属在 r 处变形到一定程度后,首先产生加工硬化,使随后的变形转移到其他部分,这样便可得到壁厚均匀的冲压件。加工硬化还能保证零件在服役时的安全性,由于零件的形状或服役时承受载荷的变化,在零件某些部位会出现应力集中或零件暂时出现过载现象。这些部位会发生微量的塑性变形,便产生了加工硬化效应,进而强度得到提高,变形就自行终止,从而保证了零件服役时的安全性。但加工硬化也有它不利的一面,当冷变形时,随着变形程度的增加,材料的强度增加,而塑性降低到不能再继续变形,若再继续加工就会使零件开裂。手工成形零件对此体会最深,板料越敲越硬,猛敲时板料甚至开裂。消除加工硬化的方法是将材料加热,然后随炉冷却(即常说的退火),使晶体内部晶格的畸变恢复,然后再继续加工。要消除加工硬化,必须对半成品进行中间退火,这样就增加了生产成本,降低了生产率。

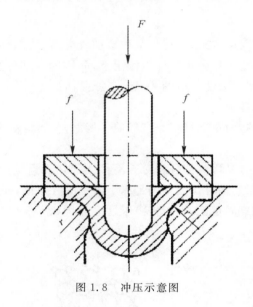

图 1.8　冲压示意图

1.2　应力-应变曲线

　　力学性能(又称机械性能)是指金属材料在外力作用下所反映出来的性能,它是保证零件和构件正常工作应具备的主要性能,主要包括强度、塑性、硬度、冲击韧性和疲劳强度等。

　　强度和塑性指标是通过拉伸试验测定的。板料的拉伸试验是确定板料力学性能的最简单、最普通的方法。根据拉伸试验所提供的力学性能指标,可以定性估计材料的压制成形性能。

一、应力-应变曲线概论

　　以退火的低碳钢为例,其试验曲线如图 1.9 所示,曲线的纵坐标为外载 F(材料试验机加给试件的力)与试件原始横截面面积 S_0 的比值,此比值称为应力,用 R 表示;横坐标取试件的断后伸长率 A,它是指试件单位长度的变形量,又称为应变,也可用 ε 表示。因此有

$$R = \frac{F}{S_0}$$

$$\varepsilon = A = \frac{l - l_0}{l_0} \times 100\%$$

式中：R 为应力，MPa；F 为材料试验机加给试件的力，N；S_0 为试件原始横截面面积，mm²；l 为试件断裂时的总标距长度，mm；l_0 为试件原始的总标距长度，mm。

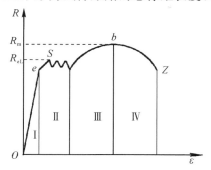

图 1.9　低碳钢应力-应变曲线

应力-应变曲线上共有四个特征点：第一个是弹性极限点 e。第二个是屈服极限点 s，它是弹性变形与均匀塑性变形的分界点。第三个特征点是曲线的最高点 b，它是均匀塑性变形和不均匀塑性变形阶段的分界点。第四个是破坏点 z，它是塑性变形的终止点。这四个特征点将金属变形过程分为四个阶段：

（1）第 I 阶段——弹性变形阶段。在这个阶段中，应力基本上随应变线性变化。

（2）第 II 阶段——屈服变形阶段。此阶段，按其由弹性变形过渡到塑性变形阶段的特点来说，可将材料分为两类：第一类为有明显屈服点的金属，如低碳钢、合金钢、黄铜等，图 1.9 即为低碳钢的应力-应变曲线。这些材料在屈服阶段曲线呈锯齿形，习惯上称屈服平台，通常取最低点为屈服应力 R_{eL}。第二类为没有明显屈服点的金属，如铝、钛等绝大多数有色金属及其合金都是如此。它们的屈服变形是渐进的，如图 1.10 所示。这时，通常取卸载后有 0.2% 的残余应变所对应的应力作为屈服应力，用 $R_{P0.2}$ 表示。上述第一类材料是塑性材料，这类材料在破断之前有明显的塑性变形，这种破断称为韧性破断。第二类材料是脆性材料，如灰口铸铁，在破断之前无明显的塑性变形，这种破断称为脆性破断，这种材料一般很少被用于压力加工。

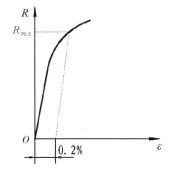

图 1.10　$R_{P0.2}$ 的意义

（3）第 III 阶段——均匀塑性变形阶段。在这个阶段中，塑性变形在试件上是均匀分布的，其过程一直持续到应力达到最大值，即达到强度极限 R_m 为止。

（4）第 IV 阶段——不均匀塑性变形阶段。在这个阶段中，塑性变形在试件上不再均匀发展，出现颈缩现象，直到拉断为止。这个阶段的应力随应变的增加而逐渐减小。但由于试件在变形过程中的实际横截面是随变形的发展而缩小的，所以，出现颈缩以后材料所承受的真正应力比实验应力要大得多。

二、卸荷定律

拉伸变形在弹性范围内，应力与应变是线性关系，其在应力-应变图中表现为一直线。如果在弹性变形阶段将载荷卸去，应力-应变仍然按照同一直线回到原点，即变形完全消失了，没有残余的永久变形。如果将试件拉伸超过屈服点 s，达到某点 $B(\varepsilon, R)$ 以后，再逐渐减少拉力，应力-应变关系就按另一直线逐渐降低，不再重复加载时所画的曲线了，卸荷直线正好与加载时弹性变形的直线段平行，直至载荷为零，如图 1.11 所示。

从图中可以看出，加载时的总应变为 ε，它是由两部分组成的，一部分 (ε_t) 因弹性恢复而消失，这种在外力消除后弹性变形立即消失的现象称为回弹；另一部分 (ε_s) 仍然保留下来。由上述内容可以看出：

（1）材料在未卸荷之前的总塑性变形中包含一部分弹性变形。

（2）卸荷后试件再重新加载，其屈服强度提高了。

在实际工作中，回弹对钣金零件的成形很不利。回弹会使零件成形的准确性降低，并增加了手工修整量。因此，当产量大时，有的模具不按零件的理论尺寸加工而是考虑一定的回弹量，或者在零件成形过程中，改进其工艺方法以减少回弹。

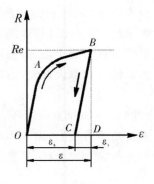

图 1.11　卸荷曲线

三、弹性

具有弹性变形特性的材料能够产生弹性变形而不发生永久变形的能力，称为弹性。在弹性变形区域内，如图 1.9 中的 Oe 段，应力和应变成正比，即

$$R = E\varepsilon$$

式中，E 为弹性模量，它表示引起单位应变所需的应力的大小，即当 $\varepsilon = 1$ 时，$E = R$。

E 值与材料原子之间作用力的强弱有关。工程上常用弹性模量作为衡量材料刚度的指标，E 越大，刚度越好。刚度是材料抵抗弹性变形的能力。材料在一定的外力作用下，弹性变形越大，说明其刚度越小，反之，其刚度则大。

弹性极限

$$R_e = \frac{F_e}{S_0}$$

式中：R_e 为试件在最大弹性变形时材料所承受的应力，MPa；F_e 为试件在最大弹性变形时的载荷，N；S_0 为试件的原始横截面面积，mm^2。

四、强度

强度是指金属材料抵抗塑性变形和断裂的能力。强度大小用应力表示。当零件承受拉力时，强度特性指标主要是指屈服强度 (R_{eL}) 和抗拉强度 (R_m)。

1. 屈服强度

在应力-应变曲线上（见图 1.9），当应力达到 s 点时，图线出现水平（有微小波动）阶段。在此阶段内，应力虽然没有增加，但试件变形仍自动增长，此时试件增长得很快，如果试件表面光滑，则在表面上可看到大约与试件轴线成 $45°$ 的线条，它是由于试件内晶格发生滑移出现的滑移线，这种应力不增加，但试件变形仍自动增加的现象称为屈服。屈服时的应力称为材料的屈服应力，或称屈服强度，即

$$R_{eL} = \frac{F_{eL}}{S_0}$$

式中：F_{eL} 为材料屈服时的最小载荷，N；S_0 为试件的原始横截面面积，mm^2；R_{eL} 为屈服强度，MPa。

有许多金属或合金材料并没有明显的屈服现象，其屈服点很不易测定，工程上规定当材料受外力作用产生 0.2% 残余变形的应力，作为该材料的屈服强度，常称条件屈服强度，用 $R_{P0.2}$ 表示。

2. 抗拉强度

材料经过屈服点后，其变形抗力增大，这种现象称为强化。当材料变形达到 b 点时（见图 1.9），试件所受抗力为最大，按试件的原始横截面面积计算应力也是最大的，此时的应力称为抗拉强度，即材料在断裂前所能承受的最大应力。

$$R_m = \frac{F_m}{S_0}$$

式中：F_m 为材料在屈服阶段后所能抵抗的最大力，N；S_0 为试件的原始横截面面积，mm^2；R_m 为抗拉强度，MPa。

当应力达到抗拉强度时，试件某一部分的横截面面积显著缩小。此后，试件的变形主要集中在该处，故抗拉强度通常被作为零件因断裂失效的设计依据。

五、塑性

金属材料受力后在断裂之前产生塑性变形的能力称为塑性。在试件将要断裂的瞬时，它的总应变达到最大值。试件被拉断后，所加的外力消除，试件总应变中的弹性变形消失，塑性变形的应变残留下来。残留下来的塑性变形的大小，常用来衡量材料的塑性。塑性指标一般有以下两个。

1. 断后伸长率 A

$$A = \frac{L_u - L_0}{L_0} \times 100\%$$

式中：L_u 为试件拉断后的长度，mm；L_0 为试件的原始长度，mm。

2. 断面收缩率 Z

$$Z = \frac{S_0 - S_u}{S_0} \times 100\%$$

式中：S_0 为试件的原始横截面面积，mm^2；S_u 为试件拉断处的横截面面积，mm^2。

断面收缩率不受试件标距长度的影响，因此能更可靠地反映材料的塑性。

材料的塑性指标具有很重要的实际意义。A 和 Z 越大，材料的塑性越好，塑性良好的材料，冷压成形性能就好。飞机和发动机上许多薄壁零件，如蒙皮、翼肋、燃烧室等都是冷压成形的。制造这些零件的材料应具有适当的塑性。此外，具有一定塑性的零件，在使用过程中万一超载或局部形成应力集中，可以产生少量的塑性变形，由于加工硬化效应而使其强度提高，所以不致突然断裂。如果其塑性不足，会产生脆性的突然破断。脆性破断在工程上是最危险的事故，应该注意防止。但塑性指标不能直接用于零件的设计计算，只能根据经验要求材料具有一定的塑性。一般断后伸长率达 5% 或断面收缩率达 10% 可满足绝大多数零件的要求。但是，为了保证零件安全可靠，实际材料的塑性值要高得多。

1.3 应力状态图和应变状态图

一、应力状态图

金属的变形是在外力作用下发生的。由于外力的存在,金属内部产生了与外力相平衡的内力。假设变形体是均匀、连续的,用一个想象截面把变形体分开,利用平衡条件可以求得作用在这个截面上的内力。单位面积上的内力即为应力,围绕受力变形体中任意一点做无数想象截面,将它与变形体的其他部分分开,这样就得到一个多面体。当这个多面体的体积无限缩小时,就可以当作变形体中的一个质点看待。所谓点的应力状态,是指物体内的任意一个质点附近不同方位上所承受的应力情况。当变形体受力情况一定时,围绕变形体内任意一点所做的立方体每个截面上的应力数值和方向都已确定,反之亦然。

在立方体的三个互相垂直的截面上,用箭头定性地表示有无应力及应力方向的图形,称为应力状态图。因为立方体是被看作无限小而表示一个质点的,而质点是处于平衡状态的,所以作用在每对平行面上的应力应是大小相等、方向相反的,而且通过该点。为研究问题方便,只研究立方体三个垂直面上的应力,其余三个面与之对应。

在任意选取的坐标系中,一点的应力状态要用六个应力分量表示。可以证明:在任意受力情况下,通过变形体中的任意一点总可以找到这样的一个坐标系,在它的三个互相垂直的坐标面上只有正应力而无剪应力。这些只有正应力而无剪应力存在的坐标面称为主平面,在这些主平面上的正应力称为主应力。因此,一个质点的应力状态可用三个主应力表示。

通常用 1,2,3 分别表示坐标系中的主轴,用 R_1,R_2,R_3 表示相应的三个主应力,如图 1.12 所示。

在实际的压制成形工序中,一般只作变形体的定性分析。定性分析只需了解应力状态的基本特征,即主应力的数目及其正负,无需了解其数值的大小,而且,钣金压制件变形体的轮廓多为规则的几何形状,因此,可采用物体的主轴作为分析物体应力状态的坐标轴,这样可以简便地分析许多实际问题。

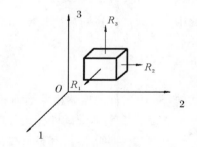

图 1.12 主应力表示的应力状态

所谓点的主应力状态图就是表示所研究的点(或所研究物体的某部分),在各主轴方向上有无主应力及其主应力性质的定性图形。主应力性质是指拉或压应力,通常规定:拉应力为正,其箭头向外;压应力为负,其箭头向内。若变形体各点的应力状态相同,则其点的主应力状态图就代表了整个变形体内的应力状态。

在各种受力情况下,可能的主应力状态图共有九种。另外,还将所有应力均为零的情况规定为零应力状态,加上零应力状态则主应力状态共有十种(见图 1.13)。从图上可知,在可能的主应力状态中:一种零应力状态;二种线性应力状态;三种平面应力状态;四种立体应力状态。

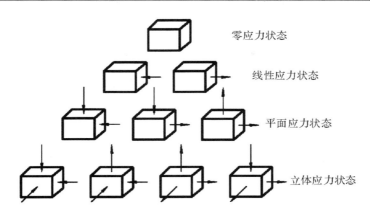

图 1.13　可能的主应力状态

二、塑性变形体积不变定律

塑性变形体积不变定律对生产实践有着很重要的指导意义。它可以应用于计算毛料尺寸,也可以用于塑性理论的各种计算,并用来判断应变状态。

金属材料在塑性变形过程中,即在受载变形而且未卸载的情况下,体积是有一定变化的。其原因如下:

(1)物体的塑性变形永远伴随着弹性变形,这是弹塑性共存定律。而有弹性变形的变形体的体积是有变化的。

(2)塑性变形体会改变组织的密度。

卸载后,变形体的体积变化量是极其微小的。因为弹性变形引起的体积变化会因卸载后弹性变形的复原而消失。而金属密度的变化量也是极其微小的,只有 $\pm(0.1\%\sim0.2\%)$,故可忽略不计。所以,在实用标准度许可的范围内,一般承认塑性变形体积不变定律:塑性变形体加载前的体积与卸载后的体积保持一样。

三、应变状态图

为今后研究问题方便,在此利用塑性变形体积不变定律探讨一下应变状态的问题。设一个变形体其变形前后尺寸如图 1.14 所示。

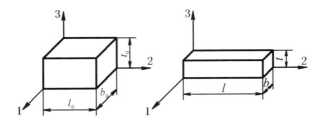

图 1.14　变形体尺寸的变化状况

由塑性变形体积不变定律可知,有

$$lbt = l_0 b_0 t_0$$

$$\frac{lbt}{l_0 b_0 t_0} = 1$$

在等式两边取对数可得

$$\ln \frac{lbt}{l_0 b_0 t_0} = \ln 1$$

$$\ln \frac{l}{l_0} + \ln \frac{b}{b_0} + \ln \frac{t}{t_0} = 0$$

等式左边的每一项均为变形体变形前后同一个方向上尺寸变化比值的对数,它实际上表达了一种应变量的概念。应变是指试件单位长度的变形量。

例如,试件原始长度为 100 mm,卸载后的长度为 120 mm,则其应变量为

$$\varepsilon = \frac{l - l_0}{l_0} = \frac{120 - 100}{100} = 0.2$$

$$\ln \frac{l}{l_0} = \ln \frac{120}{100} = 0.182\ 3$$

$$\varepsilon \approx \ln \frac{l}{l_0}$$

因此,一般称变形体尺寸变化比值的对数为实际应变或对数应变。分别用以下公式表示:

$$\varepsilon_1 = \ln \frac{b}{b_0}, \quad \varepsilon_2 = \ln \frac{l}{l_0}, \quad \varepsilon_3 = \ln \frac{t}{t_0}$$

则前面公式可改写成

$$\varepsilon_1 + \varepsilon_2 + \varepsilon_3 = 0$$

此式即为塑性变形体积不变定律方程。它说明塑性变形对三个主轴方向的实际应变之和等于零。根据塑性变形体积不变定律方程可得如下结论:

(1)主应变状态图只存在三种形式[见图 1.15(a)(b)(c)]。图中箭头向外的表示拉应力,设其为正值;箭头向内的表示压应力,设其为负值。

(2)无论何种应变状态,总有一个主应变的符号与其他两个主应变的符号相反,且其绝对值最大,通常用 ε_{max} 表示,并用来作为成形工序变形程度的度量指标。

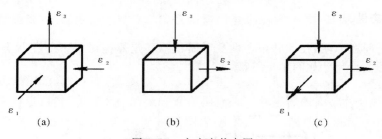

图 1.15　主应变状态图

1.4　影响金属塑性变形的主要因素

一、金属成分和组织的影响

通常工业用金属都是合金。合金元素与金属基体的结合有固溶体、金属化合物和混合物三种形式。金属化合物和混合物变形抗力高而塑性差,而固溶体变形抗力和塑性与基体金属并无显著差别,因此,从塑性要求来说,希望合金呈固溶体状态。此外,加入合金元素的数量一

定要控制在形成固溶体所能容纳的溶解度以下,以避免生成金属化合物。

　　金属中难免有杂质存在,杂质含量对金属塑性的影响很大。如果杂质以单独夹杂物的形式分布在晶格内或晶粒之间,则对塑性影响较小。但如果晶粒是被杂质包围着的,则对塑性影响较大。不过,杂质影响程度还要由杂质本身确定。如果它是脆性的,则将使塑性降低。例如,当铁中含有 0.01% 的硫时,由于生成脆性的硫化铁,铁呈现脆性。但如果当铁中含有 0.5%～1.0% 的锰时,就可以生成硫化锰,从而降低了硫的不利影响。可见,有些杂质能减少另一些不利杂质对塑性变形的危害程度。

二、变形方式的影响

　　变形方式包括应力状态和应变状态,一般来说,应力状态和应变状态不一定是统一的。例如,在三向压应力状态下,其应变状态一定不是三向压缩应变状态。

　　1. 应力状态的影响

　　德国科学家卡尔曼对脆性材料大理石和红砂石进行实验,清楚地阐明了应力状态对塑性的影响。

　　实验表明,当只有轴向压力作用时,大理石和红砂石均显示完全脆性;当轴向及侧向压力同时作用时,却表现出一定的塑性,而且,侧向压力越大,变形所需的轴向力也越大,塑性也就越好(见图 1.16)。由此可见,应力状态中压应力成分越大,则金属的塑性就越好。例如,一次挤压获得的变形程度比拉深同样零件的变形程度大好几倍。生产实践和科学实验均表明,三向压应力状态塑性最好,两压一拉次之,两拉一压更次之,三向拉应力状态塑性最差。

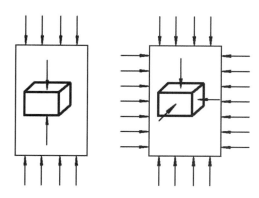

图 1.16　应力状态对塑性变形的影响

　　2. 应变状态的影响

　　主应变状态有三种,最利于发挥材料塑性的是有两个压缩应变的立体应变状态;最不利于发挥材料塑性的是有两个拉伸应变的立体应变状态。其原因是前者金属内部的空隙、裂纹、杂质等缺陷只能在一个伸长方向暴露,因而危害较小;而后者的各种缺陷却有可能在两个伸长方向暴露,因而危害较大。

三、变形温度的影响

　　当金属塑性变形时,由于各晶粒变形不均匀,滑移层内晶格遭到破坏,滑移层附近的晶格产生畸变等,所以部分原子处于不稳定平衡状态。当温度升高到一定程度时,原子热振幅度加大,促使一部分处于不稳定位置的原子恢复至稳定平衡状态,可消除大部分内应力,减少晶格畸变程度。此温度称为回复温度,它大致在$(0.25\sim0.3)T_m$之间,T_m为金属熔化温度,以绝对温度表示。

由于回复温度较低,只能是原子做小于原子间距的迁移,不能改变晶粒的形状和方位,也不能消除塑性变形所引起的晶内和晶间破坏,因而改善塑性的作用并不显著,但能明显改善抗蚀性能和消除成形后零件自行开裂的危险。

继续升高温度,原子运动增大,变形组织随之消失,开始出现新的结晶中心,生长新的晶粒,这一过程称为再结晶。再结晶是在固态下进行的,生成和变形前相同的晶体结构,因而能比较彻底地恢复金属变形前的性能,消除由变形引起的晶内和晶间破坏,从而提高了金属的塑性。工业纯金属的再结晶温度为$(0.4\sim0.5)T_m$。

由以上分析可见,当变形体温度升高时,金属的变形抵抗力显著降低,从而提高了金属的可塑性。但在成形工艺中,要选择好加热温度,必须根据材料的温度-力学性能曲线,避开塑性降低区域,同时考虑到加热对材料产生的有害影响(例如晶间腐蚀、氢脆、脱碳等),避免盲目性。

例如,钛合金在$300\sim500℃$的温度范围内,塑性指标有所降低,直到增至$500℃$时,塑性指标才显著地增加(见图1.17)。但在$800\sim850℃$的高温下,钛合金不仅易于氧化、吸氧,而且还会出现晶粒长大,合金组织变化等有害现象。因此,钛合金的合理加热温度一般为$600\sim700℃$。

又如,镁合金加热温度超过$250℃$后,塑性指标有显著的增加,超过$430\sim450℃$以后又会出现热脆现象,因此,镁合金成形的合理温度应该在$320\sim250℃$以下(见图1.18)。

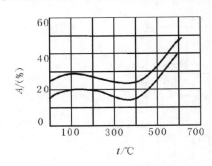

图1.17　钛合金的温度-塑性指标

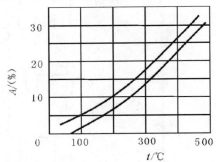

图1.18　镁合金的温度-塑性指标

四、变形速度的影响

变形速度对金属塑性影响比较复杂,而且与温度的影响紧密地联系在一起,必须综合考虑。

一方面,当变形速度提高时,容易发生孪动变形,使塑性降低;另一方面,变形速度通过温度的因素,对金属的塑性变形过程产生一定的影响。此影响具有两重性:第一,速度的增加使消耗于塑性变形中的热能散失的机会减少,从而有助于金属变形温度的增加,因而有利于金属的软化;第二,变形速度决定了物体变形过程延续时间的长短,从而限制了变形体软化作用。因此,变形速度对塑性变形的影响由以上两个因素互相制约,很难得到一种适合各种材料的统一结论。

不同材料对于变形速度的反应不一样,但大体上可以分以下三种类型:

第一种:低速变形时塑性好,高速变形时塑性更好,例如奥氏体不锈钢。

第二种:低速变形时塑性中等,高速变形时塑性相同或略有提高,例如铝合金、镍基合金、钴基合金等。

第三种:低速变形时塑性低,高速变形时塑性相同或很少提高,例如钛合金。

因此,第一种材料最适于高速成形;第二种材料对于高速和常规成形方法均可;第三种材料速度因素的作用不大,一般采用加热成形,利用温度因素提高其塑性。

另外,当选择变形速度时,还应考虑零件的尺寸和形状。对于大尺寸的复杂零件,由于毛料各部分变形很不均匀,材料流动情况复杂,易于发生局部拉裂与皱褶,应采用低的变形速度,以便于操作。当板料加热成形时,为了使冷毛料得到充分的加热,为便于成形,宜用低的速度成形。

五、摩擦与润滑的影响

当金属塑性成形时,它的某些表面必然要与工具表面接触并相对移动,因此,接触摩擦不可避免。

摩擦力和材料的变形抗力一样,是变形流动阻力的必然组成部分,因此调节摩擦是控制流动阻力的最常用、最主要的手段之一。凡须加大流动阻力的地方,就应增大摩擦;凡须降低阻力的地方,就应减小摩擦。

接触摩擦将造成材料变形的困难区,使材料各部分的变形更加不均匀,从而降低了塑性。此外,接触摩擦会增大变形力和变形功,容易引起表面划伤。为了降低表面摩擦的不利影响,就需要在材料和工具的接触面上涂以适宜的润滑剂,或降低工具表面的粗糙度,也可以使零件表面具有适宜的表面状态。

涂以适宜的润滑剂是降低摩擦因数的最有效的途径。润滑剂的化学成分要与变形体表面和工具表面有较好的结合力,这样才能使变形体和工具之间的摩擦为润滑剂的内摩擦所代替,润滑效果才会好。此外,还要求润滑剂对人体无害、无腐蚀、易清除、易保管、不变质、供应方便。

思　考　题

1.解释下列概念。

应力;　应变;　滑移;　孪动;　滑移面;　滑移系;　弹性;　弹性变形;　塑性变形;　加工硬化;　应力状态图;　应变状态图。

2.滑移与孪动的主要区别是什么?

3.为什么滑移系越多金属的塑性越好?

4.加工硬化有何优、缺点? 如何消除加工硬化?

5.卸荷定律的内容是什么?

6.何谓材料的塑性和弹性? 其特性对板料压制有何影响?

7.为什么不可能有三向拉伸或三向压缩应变状态?

8.简述塑性变形体积不变定律。其表达式是什么?

9.简述变形方式对金属塑性变形的影响情况。

10.影响金属塑性变形的主要因素有哪些?

第2章 模线样板

内容提示

在飞机制造过程中必须采用一种与一般机器制造业不同的技术——模线样板技术，以保证制造出的各种工艺装备和零件互相协调，顺利进行装配，制造出符合设计要求的飞机。本章主要讲述模线样板技术的原理、基本内容、作用及样板的分类、用途、标记符号和样板上的工艺孔。

教学要求

(1)了解模线样板的基本概念。
(2)理解样板的种类和用途。
(3)按样板标记符号能画出零件的示意图形。
(4)了解样板工艺孔的种类和用途。
(5)培育学生耐心、专注、敬业、坚持的工匠精神。

内容框架

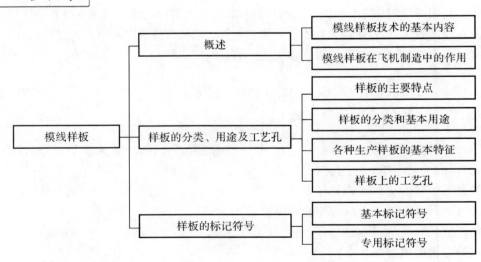

2.1 概　　述

飞机必须具有光滑流线的、合乎气动力学要求的几何形状。其大量零件具有与气动力外形有关的曲线或曲面的外形，且要求互相协调。同时，飞机零件大部分用板材制造，尺寸较大，刚度差,不便用通用量具来度量其外形尺寸。因此,在飞机制造中必须采用一种与一般机器制造业不同的技术——模线样板技术,以保证制造出的各种工艺装备和零件互相协调,顺利进行装配,制造出符合设计要求的飞机。

一、模线样板技术的基本内容

1. 模线样板技术原理

首先根据飞机图纸制出真实形状的标准,然后按标准制造各种工艺装备,再按工艺装备制造出零件。

2. 基本内容

模线样板技术包括模线和样板两部分。

(1)模线。模线是将零件的外形及结构按 1∶1 的实际尺寸划在图板上,这一真实图形称为模线。模线通常又分成理论模线和结构模线两大类。

1)理论模线。按照飞机图纸和飞机工艺要求进行设计,以飞机部件、组件的理论外形和结构轴线为主要绘制内容,以 1∶1 的比例精确地划在金属平板或聚酯薄膜上的图样称为理论模线。当未应用飞机外形数学模型和数控绘图技术时,理论模线是保证飞机外形和结构轴线正确与协调的唯一原始依据,是绘制结构模线和制造样板的主要依据之一。在应用计算机建立飞机外形数学模型并采用数控绘图技术以后,理论模线的用途:一是作为外形数学模型的直观精确图像,并验证外形数学模型的正确性(包括光滑流线形);二是作为数值量到模拟量之间的桥梁和 CAD/CAM 技术的辅助手段。其作用:①用于校核结构模线的剖面外形、结构轴线和斜角值;②校核从外形数模算出的各种数据;③作为某些样板的制造或检验依据;④量取某些外形或结构轴线的数据。随着 CAD/CAM 技术及其应用深度、广度的提高,理论模线的作用和重要性将进一步减弱。

2)结构模线。根据飞机结构图纸、理论模线和制造工艺要求,采用 1∶1 的比例,精确地划在图板上的零件或组合件的结构图形称为结构模线。结构模线不仅表达了组合件中各零件之间的装配关系,并且也给零件和工艺装备制造提供了必不可少的依据。结构模线的用途:①它是飞机零、组件结构协调的依据;②它是制造各类样板和晒相图板的依据;③结构模线晒相图板是工装、零件的制造和检验依据。

(2)样板。样板是按模线或数据制造的,表示飞机零、组、部件真实形状的,刻有标记并钻有工艺孔的专用刚性量具。一般量具和样板的作用是相似的,区别在于前者是通过刻度显示的,而后者则是通过直接比较的;前者是根据刻度读数来判定加工精度的,而后者则是根据外形与样板的吻合程度来判定加工精度的。由于是直接比较,作为比较标准的样板上(以及据以加工样板的理论模线上)就不需要也不应加注任何尺寸,因为作为标准的东西只能是一个。如果在样板上(以及理论模线上)加注尺寸,则因标注的尺寸和样板的实际尺寸之间总是存在误差,无异对一个尺寸同时设置了两个比较标准,反而无所适从。同理,凡是左右对称的外形,样板只做右边的一半,理论模线也只划右边的一半。模线与样板上一般不取零件的剖面,上面有各种标记符号,如弯边高、减轻孔、加强梗的形状,等等。

样板制造的基本方法:

1)晒相移形法与非晒相移形法。

晒相移形法是通过接触晒相将模线上的线条晒印在样板毛料上。

非晒相移形法是用描图或其他移形方法将模线上的线条移形到样板毛料上。

两种制造样板方法的工艺过程见表2.1。

表 2.1 晒相与非晒相移形法工艺过程

工 序	方 法	
	晒相移形法	非晒相移形法
1	(1)下毛料、剪料、焊接、校平； (2)钢板喷底漆	(1)同左(1)； (2)划样板毛料线
2	晒相移形	钻基准孔或安装孔、划坐标轴线
3	切割外形,打标记	同左(容易变形或尺寸较小的样板可在加工外形前打标记)
4	加工外形、划标记线	同左
5	钻工艺孔	同左
6	工序检验	打标记
7	喷漆	同左
8	划线,涂白铅油	同左
9	成品检验	同左

2)按数据制造样板。

制造夹具样板的工艺过程如下：①下料时按数据下近似毛料,校平、喷漆。②在划线钻孔台上钻基准孔,划基准线。③按数据划线。④工序检验。⑤打标记。⑥对于对称形的样板,可先加工其一侧外形并按此侧外形加工反的标准样板。⑦按反的标准样板加工样板另一侧外形。⑧喷漆。⑨划线,涂白铅油。⑩成品检验。

制造零件样板的工艺过程如下：①下料时按轮廓尺寸加余量下毛料,校平。②按数据划线。③工序检验。④切割外形,打标记。⑤加工外形。⑥钻工艺孔。⑦喷漆。⑧划线,涂白铅油。⑨成品检验。

3)激光切割样板技术。长期以来,样板制造一直处于手工制造的状态,这种手工加工样板的方法强度大,周期长,加工精度很大程度上依赖于生产工人的技术水平和操作经验,废品率高,这势必影响样板的质量,进而影响零件和工装的质量,最终影响飞机能否按期按质交付。为了提高样板的加工质量和生产效率,必须采用先进的激光切割技术加工方法。它具有以下优点：①切割速度快,热影响区小,热畸变小。②割缝窄,割缝边缘垂直度好,切边光滑,切口有棱角。③切边无机械应力,无剪切毛刺,无刀具磨损。④可方便地切割易碎、脆、软、硬材料和合成材料。⑤光束无惯性,可实现调整切割,实现数控自动化。⑥切割噪声低,工艺成熟,激光切割可数字控制。

它的这些独特优势,使得它在国内外很多企业得到广泛的应用。数控激光加工样板技术的成功应用,从根本上改变了目前手工加工样板的现状,提高了样板的加工质量,缩短了样板的制造周期,可以说是样板加工的一次革命。同时,根据数控激光技术在样板制造方面的应用情况来看,在薄板切割、打孔方面,它的前景很好,市场潜力也很大,除了加工样板,激光切割还可以进行薄板下料、切割零件轮廓、钣金零件打孔等。随着我国国民经济的不断发展,技术和产品不断地成熟,对加工工艺研究的不断深入,人们对产品质量的要求越来越高,对低成本、高效率的激光加工技术的研究,为它在航空加工领域的广泛应用铺平了道路。

激光切割机加工样板的工艺过程如下:①设计样板草图。②程序编制。③激光切割。④打标记。⑤喷漆。⑥描线,涂白铅油。⑦检验。⑧移交。

二、模线样板在飞机制造中的作用

模线样板是飞机从设计到制造之间的桥梁,是飞机几何尺寸的原始依据,是飞机制造过程中保证各类零、组、部件尺寸协调的主要手段。模线样板的质量直接影响到飞机制造的质量和新机试制工作的进行。同时,由于模线样板生产是飞机制造的第一步,飞机的大部分零件和工艺装备都需要按模线样板制造,模线样板的生产进度直接影响到新飞机的试制进度,因此,提高模线样板质量和生产效率有很重要的意义。

2.2　样板的分类、用途及工艺孔

一、样板的主要特点

凡是外形不规则而又要求准确的零件,都不能按图纸生产,而必须按照模线制造样板,作为零件的直接比较标准。可见,样板成为一种平面量具,是加工和检验带曲面外形的零件、装配件和相应的工艺装备的依据。

飞机制造中所用的样板主要特点如下:

(1)样板可以看成是1:1的不注尺寸的刚性图纸,因为通过样板正面上的符号标记和说明文字,可以从一块平的样板想象出立体零件,特别是框、肋类平行钣金件的形状。

(2)它们之间必须相互协调。因为,在这里,样板起着制造、协调、检验零件及工艺装备的作用,要求样板之间有着相互协调的关系。

(3)由于飞机结构中形状不规则的钣金件品种繁多,并且为了制造一种零件常常需要使用不止一块而是一套样板,因此样板的数量也就很大。在一架飞机的制造过程中,样板数往往多达数万块。

二、样板的分类和基本用途

样板的分类和基本用途见表2.2。

表 2.2　样板的分类和基本用途

样板分类[①]	样板品种		基本用途
	样板名称	简称	
基本样板	晒相图板[②]	相板	(1)制造、检验样板； (2)制造、检验零件和工装
生产样板	外形样板	外形	(1)制造成套零件样板； (2)制造和检验模具及零件
	内形样板	内形	制造零件的成形模具,常被外形样板代替
	展开样板	展开	零件的下料及制造冲切模
	切面样板　切面外形样板	切外	制造和检验模具或零件
	切面样板　反切面外形样板	反切外	
	切面样板　切面内形样板	切内	
	切面样板　反切面内形样板	反切内	
	钻孔样板	钻孔	钻(或冲)零件上的孔
	夹具样板	夹具	制造、安装标准样件或装配、检验夹具
	表面标准样件样板	样件	制造表面标准样件
	机加样板	机加	加工和检验机加零件上与理论外形或结构协调有关部分
	毛料样板	毛料	用于复杂零件下料
	铣切样板	铣切	零件的划线铣切及检验
	专用样板	专用	按工艺需要确定
标准样板	与生产样板同按需要选用		(1)作为制造生产样板用的过渡样板； (2)检修和复制生产样板

注:①不同类样板具有不同颜色;②晒相图板:简称相板,为按聚酯模线采用接触晒相法晒出的图板。它可以代替生产样板使用,也可作为样板、工装、零件的制造和检验依据。相板的材料有铝板和聚酯片基两种。

三、各种生产样板的基本特征

1. 外形样板

图 2.1 为翼肋前段的外形样板。

外形样板是表示零件结构表面(一般为腹板面)形状的样板。样板外形取在零件外形交叉线上。对于无弯边平板零件,样板外形就代表零件的外形。对于有弯边的几种典型零件,外形样板的确定如下:

(1)一般弯边零件外形样板取法如图 2.2 所示。样板外形是指腹板平面和弯边曲面交线的外形。除非弯边与腹板垂直,它并不等于零件的平面投影。

(2)双向弯边零件外形样板取法。外形交线不在同一平面上,如图 2.3 所示。

(3)腹板面上有下陷的零件外形样板取法。样板外形线为腹板基面与弯边表面交线,即外形样板形状,不随下陷而变动,如图 2.4 所示。

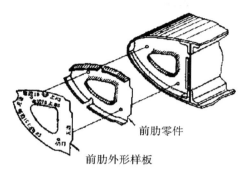

图 2.1 翼肋前段的外形样板

图 2.2 一般弯边零件外形样板取法
1—外形样板;2—零件腹板平面

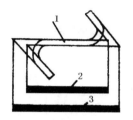

图 2.3 双向弯边零件内、外形样板取法
1—零件;2—内形样板;3—外形样板

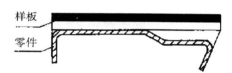

图 2.4 腹板面上有下陷的零件外形样板取法

(4)卷边零件外形样板取法。样板外形线取在卷边 90°时的最大外形线,如图 2.5 所示。

(5)标准型材零件(指挤压型材)外形样板取法。样板的宽度等于型材的标准宽度,其等宽外形不受角度变化的影响,如图 2.6 所示。

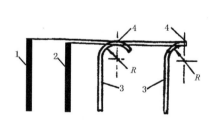

图 2.5 卷边零件样板取法
1—外形样板;2—内形样板;3—零件;4—最大外形切点

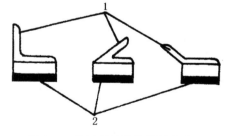

图 2.6 挤压型材零件样板取法
1—零件;2—外形样板

2.内形样板

(1)内形样板是表示有弯边零件结构平面形状的样板。样板外形取在零件弯边的内表面与腹板平面的内形交线上。其取法与外形样板相同,如图 2.3、图 2.5、图 2.7 所示。

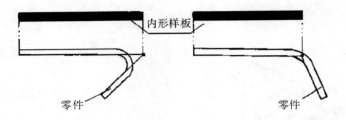

图 2.7　一般弯边零件内形样板取法

(2)内形样板与外形样板之间差值为 h，如图 2.8 所示。h 值按下式计算：

$$h = t \tan\left(\frac{90° \pm M°}{2}\right) = t \tan\frac{\alpha}{2}$$

式中：t 为零件厚度；$M°$ 为弯边斜角，开斜角为 $\alpha = 90° - M°$，闭斜角为 $\alpha = 90° + M°$；当 $\alpha = 90°$ 时，样板差值 $h = t$。

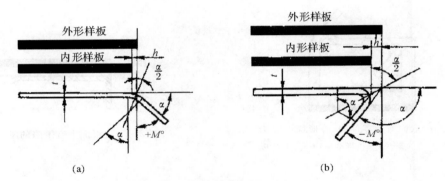

图 2.8　一般弯边零件内形样板取法
(a)开斜角情况；(b)闭斜角情况

3. 展开样板

展开样板是零件的展开形状，其尺寸和形状一般按计算方法制造，故有时须经工艺校正，以消除工艺因素的影响。在兼作外形样板用的展开样板上，划出零件外形交线，并在其内侧打出弯边标记(见图 2.9)，此时其样板名称后应增加"(外)"。

4. 切面样板

切面样板表示零件切面形状。

(1)切面样板分为切面外形样板(切外)、反切面外形样板(反切外)、切面内形样板(切内)和反切面内形样板(反切内)四种。切外和反切外具有同一外缘(样板切在零件外表面上)，但形状相反；切内和反切内具有同一外缘(样板切在零件内表面上)，但形状相反。

(2)四种切面样板的关系：切内加零件材料实际厚度等于切外；反切内减去零件材料实际厚度等于反切外，如图 2.10 所示。

5. 钻孔样板

钻孔样板一般用于平面零件的钻孔或冲孔。它用于弯曲型材零件的钻孔样板，可用薄钢片制造。

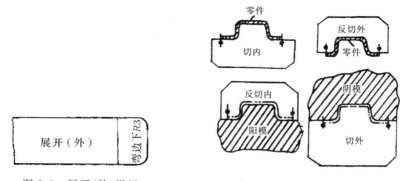

图 2.9 展开(外)样板   图 2.10 四种切面样板

6. 夹具、样件样板

夹具、样件样板按工艺装备设计单位提供的样板图及技术要求制造。

7. 机加样板

机加样板按机加单位提出的样板申请单和技术条件制造。

8. 毛料样板

当复杂零件不能下展开料时,选用有余料的下料样板为毛料样板,专供下料用。一般零件车间自制,也可请样板车间复制成钢样板。

9. 铣切样板

铣切样板按展开样板或毛料样板制造,专供零件的划线铣切及检验。一般零件车间自制,也可请样板车间制成钢样板。

10. 专用样板(包括化铣样板)

凡不能归属上述种类在生产中具有专门用途的样板统称专用样板。一般按使用单位提出的样板设计技术条件(或样板图)、制造依据、样板毛坯、主管工艺部门编制的统一工艺技术文件制造。

例如,化铣样板(对采用化学铣切方法制造的零件,选取示出化铣余量线的化铣样板,它是一种特殊的专用样板)、试压展开样板、立体零件的切钻样板、飞机部件外形检验样板等,其样板的名称可按有关文件规定分别称为化铣、展开(试)、切钻等,也可称为专用。

四、样板上的工艺孔

样板上有很多工艺孔,其用途各不相同,在不同种类样板上出现。在钣金零件上,有的孔制出、有的孔不制出,使用样板时必须注意。样板上的工艺孔及其用途见表 2.3。

表 2.3 样板上的工艺孔及其用途

工艺孔[①] 名称	标记[②] Ⅰ	标记[②] Ⅱ	公称 孔径 mm	扩孔[③] 孔径 mm	用 途	应用范围
基准孔	JZ	基准	$\phi 8$		(1)作为夹具、样件样板在模线图板上的定位基准; (2)制造外形对称的样板时,用于翻转定位	切面样板 夹具样板 样件样板

续表

工艺孔[1]名称	标记[2] I	标记[2] II	公称孔径 mm	扩孔[3]孔径 mm	用　　　途	应用范围
安装孔	AZ	安装	$\phi8$		(1)作为夹具、样件样板在工艺装备上的定位基准； (2)作为工艺装备设计制造的转换基准； (3)作为样板组合使用的安装基准	切面样板 夹具样板 样件样板
定位孔	DW	定位	$\phi5.2$	$\phi8$	(1)制造装配夹具时，用于确定装配定位销的位置； (2)装配组合件或部件时，作为零件或组合件在装夹具上的定位基准； (3)制造零件时，作为零件在机床夹具上的定位基准	外形样板 展开样板 夹具样板
销钉孔	XD	销钉	$\phi5.2$ $\phi2.7$	$\phi8$ $\phi6$	(1)制造成型模时，用于确定样板和模具的相对位置； (2)制造零件时，用于确定零件展开毛料与模具的相对位置	外形样板 内形样板 展开样板 钻孔样板
工具孔	GJ[4]	工具	$\phi2.7$	$\phi6$	(1)制造模具时，用于确定样板与模具的相对位置； (2)制造零件时，用于确定零件在冲切模上的相对位置	外形样板 内形样板 展开样板
装配孔	ZP	装配	$\phi2.7$[5] $\phi2.1$	$\phi6$ $\phi5$	装配组合件时，用于确定零件相互位置	外形样板 展开样板 钻孔样板
导孔[6]			$\phi2.7$ $\phi2.1$	$\phi6$ $\phi5$	装配组合件、部件时，作为零件之间导制各种连接孔(铆钉孔、螺栓孔、托板螺帽孔等)的依据	外形样板 展开样板 钻孔样板
工序孔	GX	工序	$\phi2.7$ $\phi5.2$		制造成套样板时，用于协调定位	外形样板 内形样板 展开样板 切面样板 钻孔样板 夹具样板 样件样板

　　注：①样板上的工艺孔，按需要选用；②工艺孔的标记建议选用 I 组；③样板上的工艺孔是否扩孔，按样板使用单位提出的技术要求确定；④钻在零件材料被冲掉部分的工具孔不打标记；⑤当一个零件上取装配孔、导孔的孔径有两种以上且连接件孔径 $D>\phi2.6$ 时，样板上全部钻 $\phi2.7$ 孔，但应打出孔径标记，以便区分。当连接件孔径 $D\leqslant\phi2.6$ 时，样板上钻 $\phi2.1$ 孔；⑥导孔不打标记。

2.3 样板的标记符号

样板的标记符号是结合样板的外形,表达零件或工艺装备的几何形状和工艺特征的,也作为制造和检验依据。样板的标记符号可分为基本标记符号和专用标记符号两类。

一、基本标记符号

样板的基本标记符号是表示样板基本特征的标记(见表 2.4)。在所用样板上都必须标记出来,标记在样板正面的中间明显部位或补加部分。

样板打标记的一面,称为样板正面。正面按飞机从上向下(俯视)、从后向前(主视)、从左向右(侧视)的原则取制,如图 2.11 所示。如样板取制不符合原则,需在样板上加以特种说明,例如,"仰视""逆航向"。

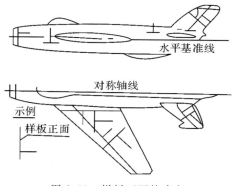

图 2.11 样板正面的确定

表 2.4 样板的基本标记符号

序号	名　　称	标 记 示 例	说　　明	应 用 范 围
1	机型代号	歼-6	本样板所用机型代号	按需要
2	产品图号	J6-2013-0-12	本样板用于该图号的产品	各种样板
3	样板简称	外形	本样板的简称	各种样板
4	夹具、样件、专用样板图号	$\dfrac{395}{J6-51}$	本样板按该图号的样板图纸制造	夹具、样件、专用

续表

序号	名　称	标记示例	说　　明	应用范围
5	切面样板 切面编号	切面 3、沿 3 肋或框	表示本样板取制和使用的位置	切面、夹具、专用、样件
6	成套样板 数量编号	3/4 2-2/4	3/4 中分母"4"表示成套样板的总块数，分子"3"表示该样板是第三块； 2-2/4 中分母"4"表示成套样板总块数，分子前一个"2"表示是成套样板的第二块，后一个"2"字表示该样板是由"2"块样板对合而成的	外形、内形、切面、专用、样件、机加
7	零件材料 牌号和规格	LY12M-厚 1.5	零件的材料牌号和规格	外形、内形、切面毛料、展开样板
8	左右件	右示、左反 （-1 示，-2 反）	零件、组合件和工艺装备为左右对称件，样板正面所示为右件（或-1 零件），其左件（或-2 零件）与之相反	各种样板
		左件（右件）	同图号的零件、组合件或工艺装备的左右件不对称，本样板为左件（右件）另有右件（左件）样板	
9	工号 制造日期 检验印记	I-35 2007.10.3 65-1	本样板由"I-35"号的工人于 2007 年 10 月 3 日制造，并经 65-1 号检验员检验合格	各种样板
10	制造厂代号	××厂	本样板系由该厂制造	发往外厂的样板

二、专用标记符号

专用标记符号是表示零件或工艺装备的几何形状和使用、制造、工艺特征的标记。专用标记可分为表示零件或工艺装备几何形状的标记、表示样板使用关系的标记及特种说明标记三类。

(1)表示零件或工艺装备几何形状的标记符号见表2.5。

表 2.5　表示零件或工艺装备几何形状的标记符号

名称	标记符号示例	简　图	主要说明	应用范围
单弯边	弯边 16 上－2°R3 弯边斜 20 上 ＋25°R3 弯边 18 上 R3	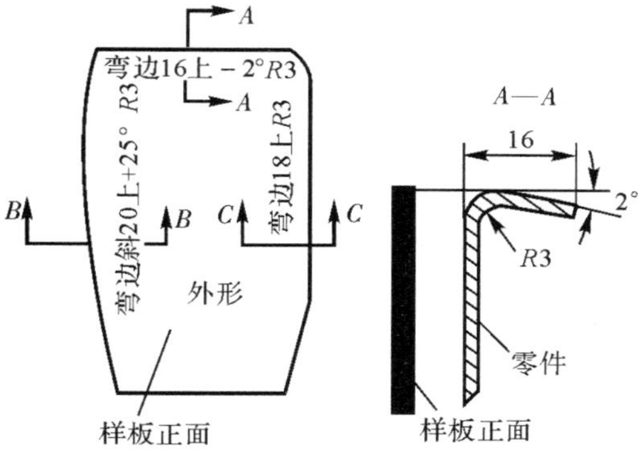 弯边16上－2°R3　弯边斜20上＋25°　弯边18上R3　外形　样板正面 A—A　16　2°　R3　零件　样板正面 B—B　25°　20　R3　零件　样板正面 C—C　零件　R3　18　样板正面	弯边为90°时,标记中略去90°字样	外形 内形
焊边	焊边 18 上	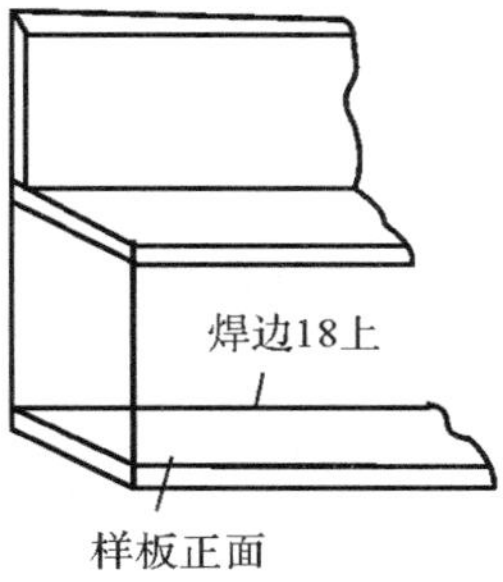 焊边18上　样板正面		外形

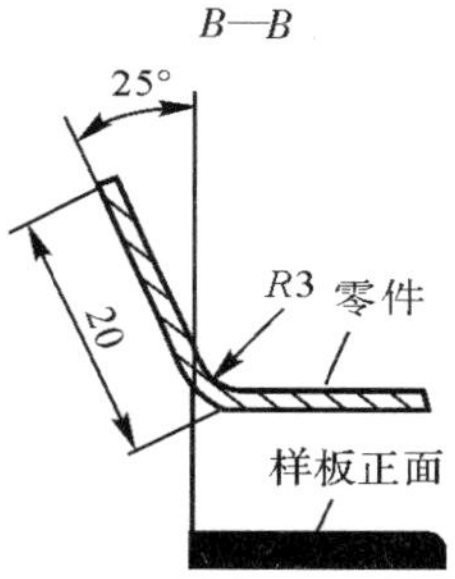

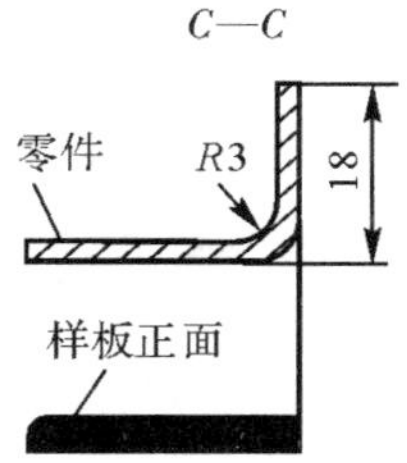

续表

名称	标记符号示例	简　图	主要说明	应用范围
多次弯边	弯边18上+5° +5 上−5°R3 弯边 20 下 + 8 上 R3 弯边 16 上 + 6 上 R3 弯边 16 下 + 弯 边上 R3 弯边 16 上 + 弯 边下 R3	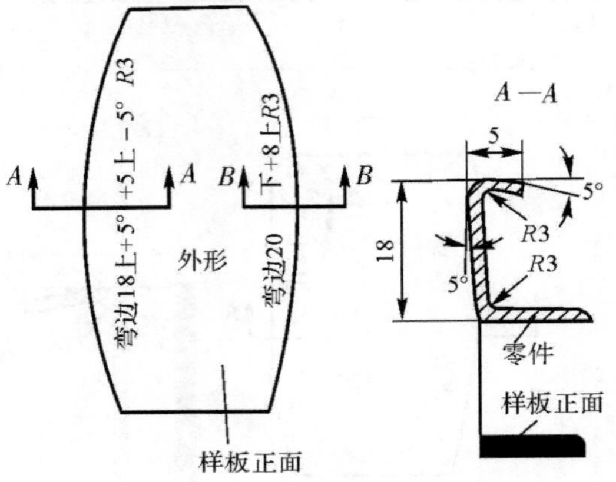	（1）多次弯边的基准面以样板正面的延续面在前一次弯边上所在的面为基准。 （2）弯边高度、弯边角度均以前一次弯边为基准面。 （3）"弯边上"或"弯边下"无边高数字标记者，表示弯边尺寸按样板	外形 内形 外形

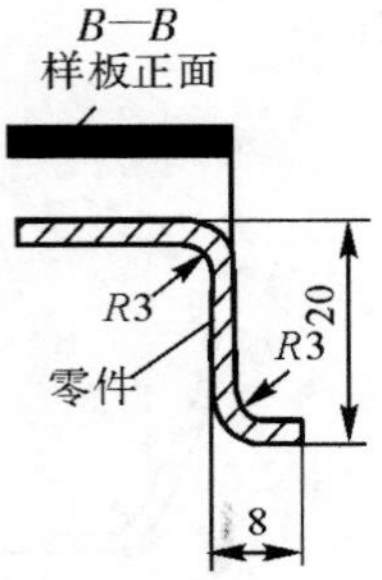

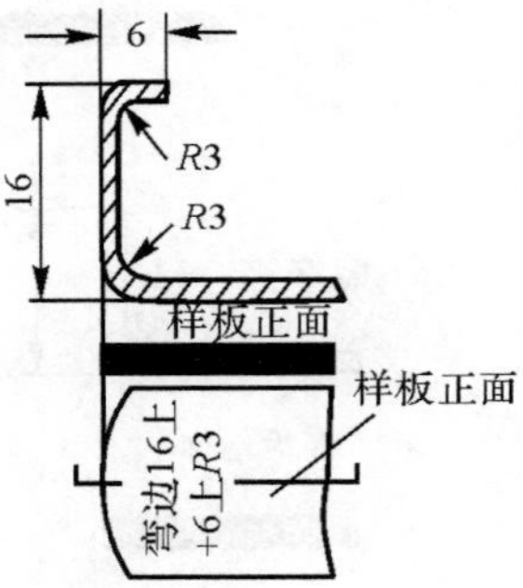

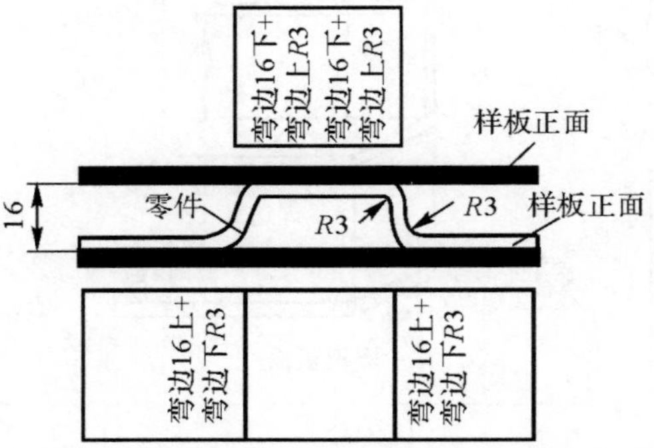

续表

名称	标记符号示例	简　图	主要说明	应用范围
弯边变化	弯边 15－30 下 R3 弯边下 最大弯边 30 下 边界 边界 R5 R8	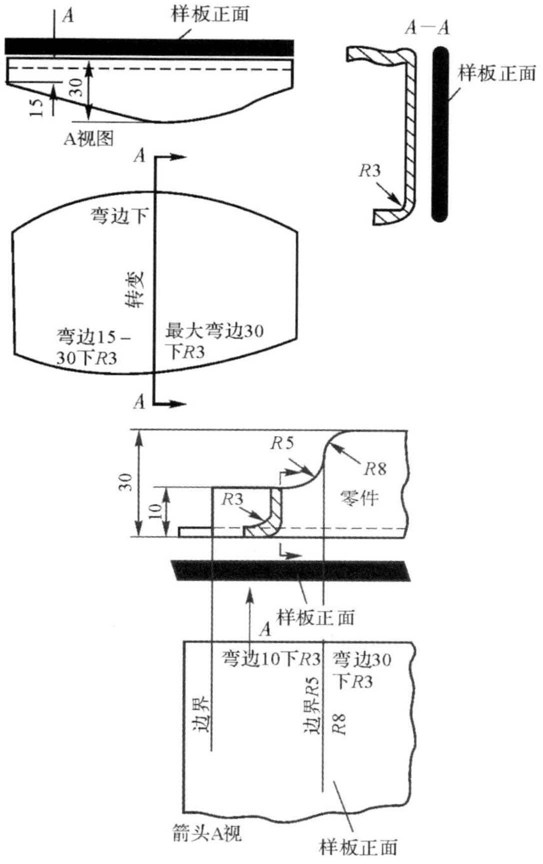	此处弯边有突变或弯边次数有变化,以线为界,其转接圆弧分别以 R5,R8 连接	外形内形
	R10 转变 R15	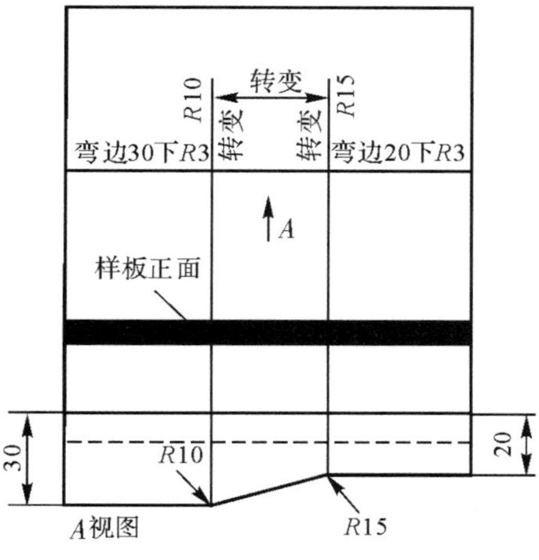	在尺寸线内弯边有变化,用于变化区域较小的情况,其转接圆弧半径分别为 R10,R15	外形

续表

名称	标记符号示例	简　图	主要说明	应用范围
弯边变化	转变　　转变 弯边 20 上 R3→R10	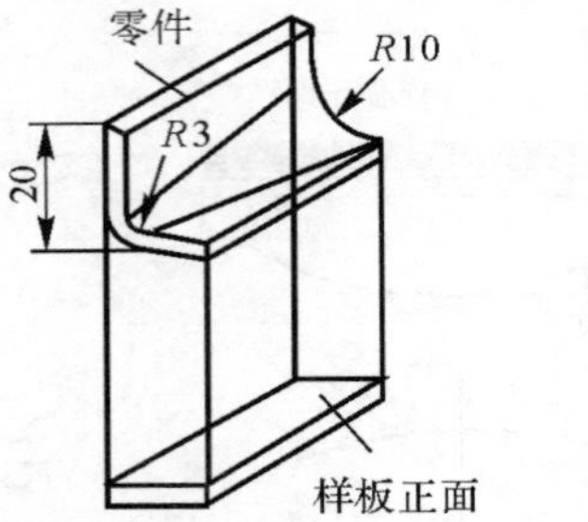 零件 R10 R3 20 样板正面	用于弯边变化区域大的情况，两条转变线之间按直线边接。 弯边的内弯曲半径沿箭头方向由 R3 均匀变化到 R10	内形
	边槽 边槽　　边槽 切边陷10° R5 切边20° R8 切边15×10 倒角R5 倒角R8 切边R8 R8	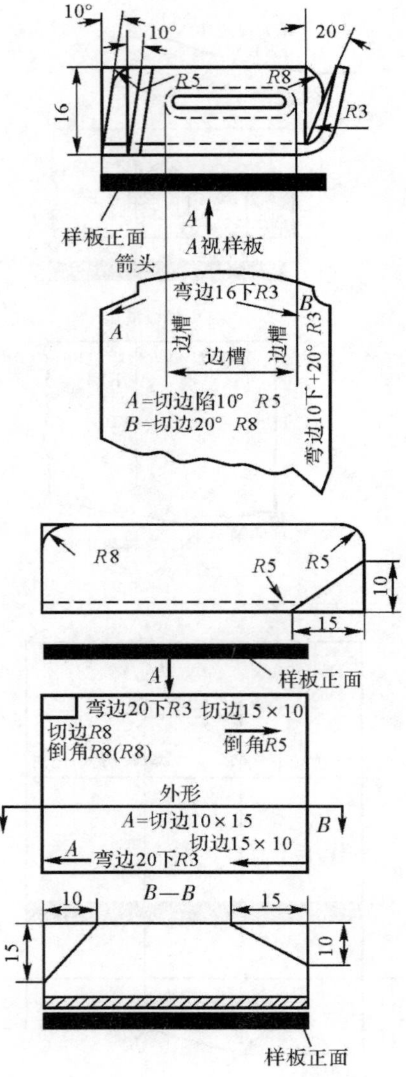 10° 10° 20° R5 R8 R3 16 样板正面 箭头 A视样板 弯边16下R3 B 边槽 边槽 边槽 A A=切边陷10° R5 B=切边20° R8 弯边10下+20° R3 R8 R5 R5 10 15 A 样板正面 弯边20下R3 切边15×10 切边R8 倒角R8(R8) 倒角R5 外形 A=切边10×15 切边15×10 弯边20下R3 B B A B—B 10 15 15 10 样板正面	(1)用于长槽，长度以线为界弯边端头与下陷沿箭头方向斜10°，弯边尖角处用R5连接。 (2)弯边端头沿箭头方向斜切20°尖角用R8连接。 (3)弯边端头沿箭头所示方向切割，所注尺寸表示切掉的尺寸。 (4)三种标记均表示弯边端头为直角，其尖角用R8连接，其尖角不倒R则无标记。 (5)弯边上有加强槽，其长度为尺寸线的距离，槽的形状按特种说明，用于短槽	外形 内形

续表

名称	标记符号示例	简　图	主要说明	应用范围
弯边变化	陷15° +2°,+10°,+2°, 0°,-1°	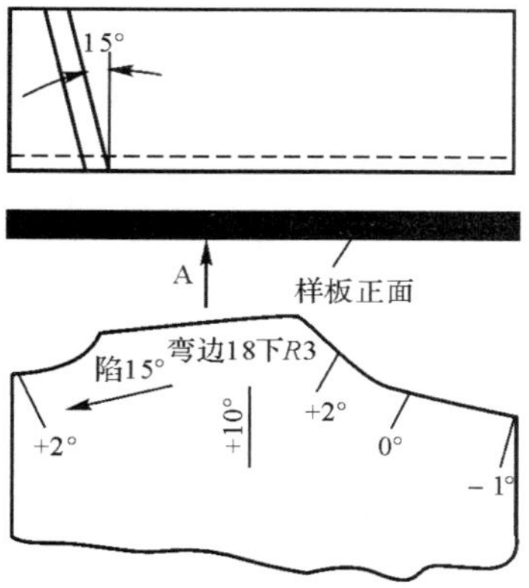 15° 样板正面 A 陷15° 弯边18下R3 +2° +10° +2° 0° -1°	（1）仅下陷沿箭头方向斜90°（±）15°（即比直角大或小15°）。 （2）弯边角度沿样板工作边各处是变化的,标线处的角度值即为所注的值,其间各角度为均匀过渡	外形内形
卷边	卷边前 12 下 R10 （后）（上）	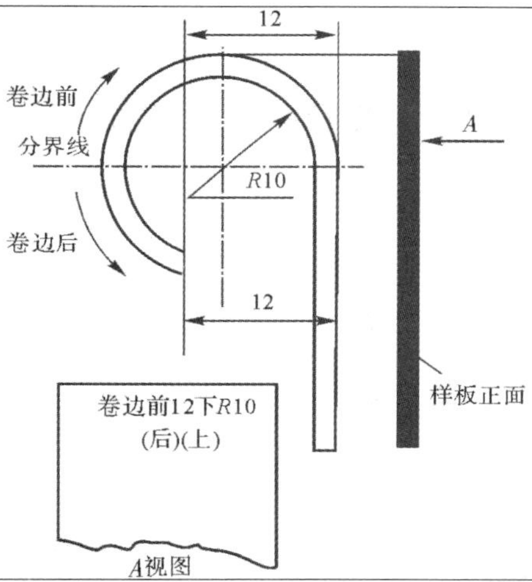 12 卷边前分界线 R10 卷边后 12 A 样板正面 卷边前12下R10 （后）（上） A视图	卷边前后以卷边中心为分界线,卷边高度为12,方向在样板正面的下面,卷边内半径 R10	内形外形
挤压标准型材	角下（上） 角下、上（±）m° 角 15 下 角斜 20 下（±）20°	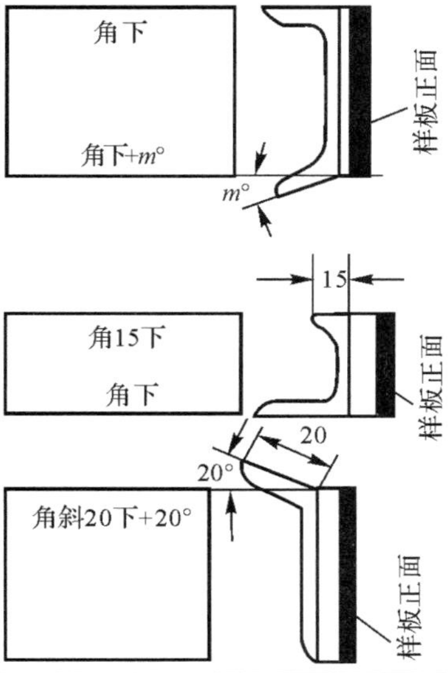 角下 角下+m° m° 样板正面 15 角15下 角下 样板正面 20 20° 角斜20下+20° 样板正面	（1）角度比 90°大时注"＋m°",比90°小时注"－m°",90°时不注角度。 （2）改变原挤压型材宽度时注明角边高度值。 （3）要求斜边真实宽度时注"斜"字	外形

续表

名称	标记符号示例	简　图	主要说明	应用范围
挤压标准型材	凸缘上（下） T 上（下） T 上（±）5° T 下（±）5° T 下－5°　T 上 0°	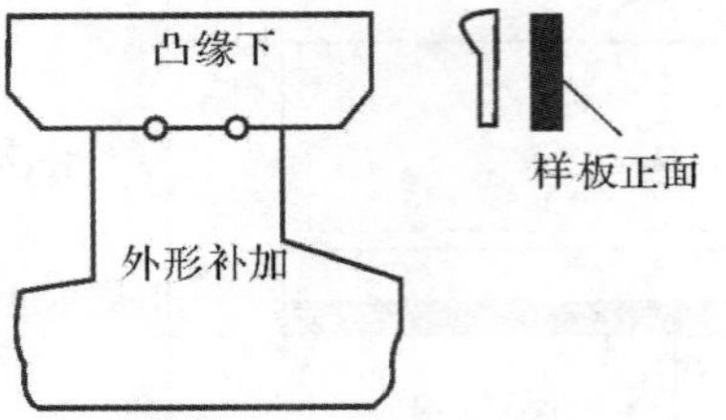 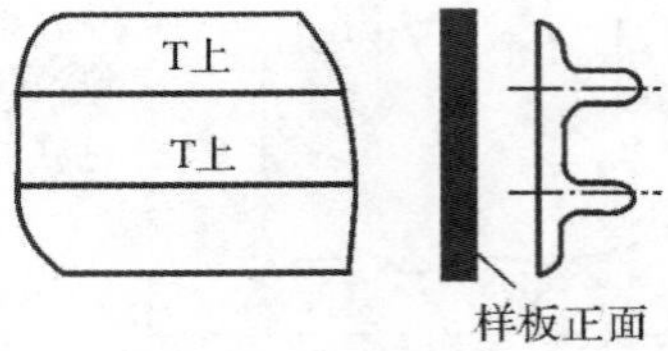 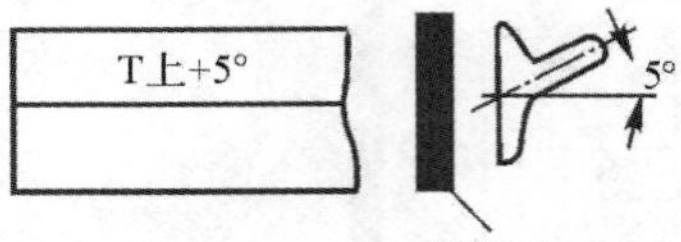 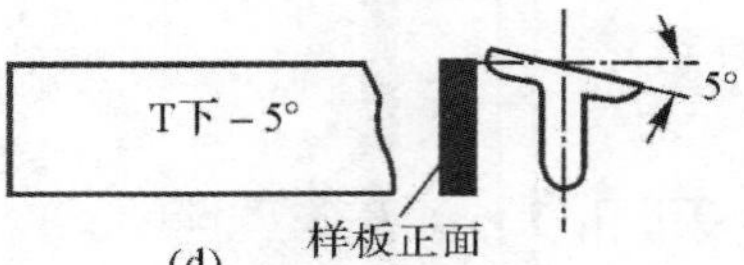 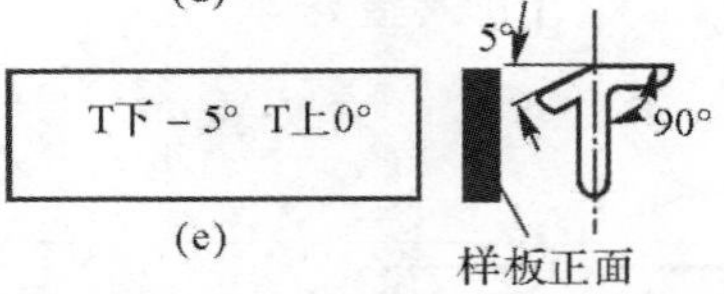	（b）T 筋在样板正面的上面，T 筋与腹板面成 90°角。 （c）T 筋在样板正面之上，有标记的一侧筋与腹板面成 90°＋5°角，另外一侧为 90°－5°角。 （d）样板取在 T 筋面上时，样板正面的下面与腹板面成 90°－5°角（上面成 90°＋5°）。 （e）样板正面的下面 T 筋与腹板面成 90°－5°角。样板正面的上面 T 筋与腹板面成 90°，即腹板面不平	外形内形
无弯边通孔	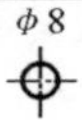 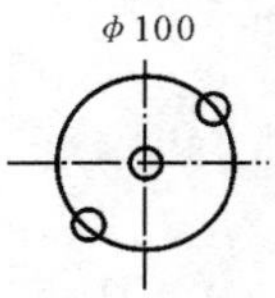 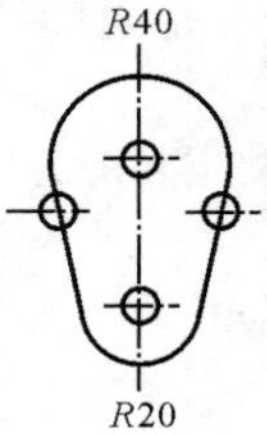		（a）孔径 $\phi10$ 以下，只钻工具孔并标记出孔的直径（$\phi8$）。 （b）零件上制通孔 $\phi100$，样板上在通孔中心钻工具孔（不打标记）并划出 $\phi100$ 的切割线，并注"$\phi100$"字样。 （c）由圆弧连接而成的非圆通孔，样板上圆弧中心钻工具孔（不打标记），划出非圆孔切割线，标注出 R 值	展开

续表

名称	标记符号示例	简　图	主要说明	应用范围
非标准 弯边 通孔	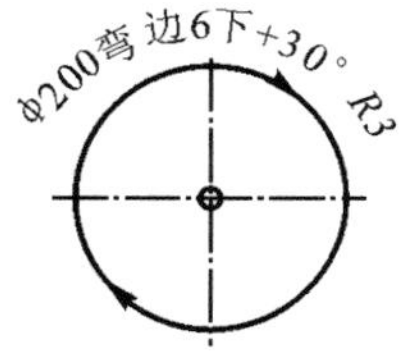 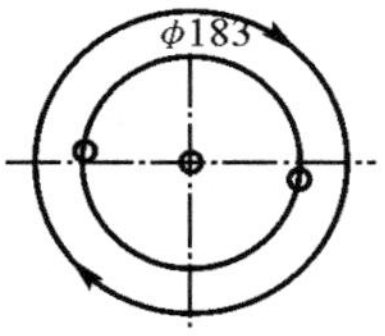 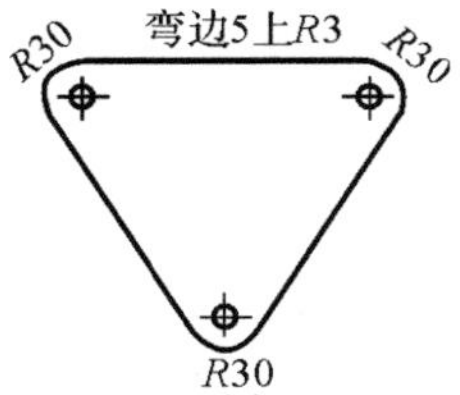 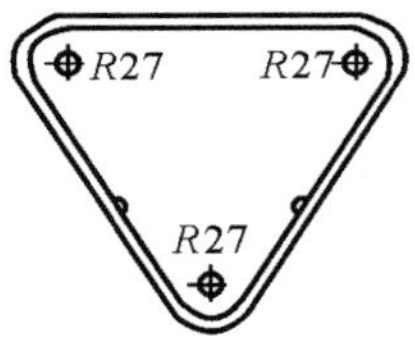 $\phi200$弯边6下$+30°$ $R3$ (a) $\phi183$ (b) $R30$　弯边5上$R3$　$R30$ $R30$ (c) $R27$　$R27$ $R27$ (d)	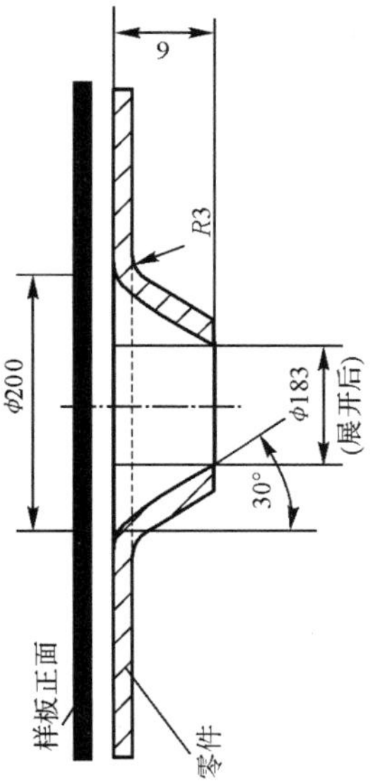 9 $R3$ $\phi200$　$\phi183$ （展开后） $30°$ 样板正面　零件	（a）样板上在孔中心钻出工具孔（不打标记），并划出外形交线$\phi200$，标出弯边高度、方向、角度和弯边内弯曲半径。 （b）此孔在展开样板上的表示。在展开样板上只划出$\phi200$外形交线及展开后的内孔切割尺寸$\phi183$，并标记及孔中心钻工具孔（不打标记）。 （c）由三个$R30$用切线连接而成的弯边通孔，样板上划出外形交线，并标注如图所示标记，R中心钻出工具孔。 （d）此孔在展开样板上的表示。在展开样板上划出外形交线、弯边前的展开切割线，标记R尺寸，在R中心钻工具孔	外形 内形 展开

续表

名称	标记符号示例	简 图	主要说明	应用范围
标准加强孔和加强窝	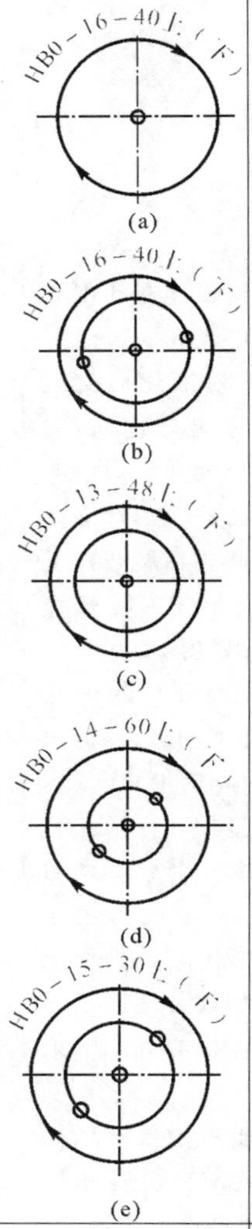 HB0-16-40上(下) (a) HB0-16-40上(下) (b) HB0-13-48上(下) (c) HB0-14-60上(下) (d) HB0-15-30上(下) (e)	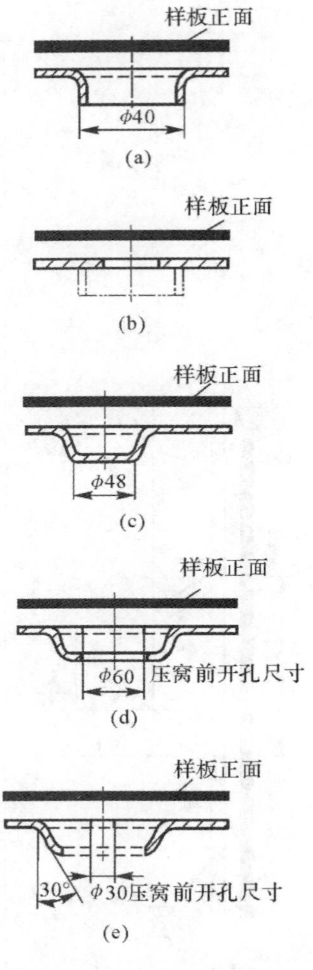 样板正面 $\phi40$ (a) 样板正面 (b) 样板正面 $\phi48$ (c) 样板正面 $\phi60$ 压窝前开孔尺寸 (d) 样板正面 30° $\phi30$压窝前开孔尺寸 (e)	(a)表示零件按 HB0-16-40 上标准制通孔,样板上划出最大外形交线并作图示标记,中心钻出工具孔。 (b)表示在展开样板上划出弯边前的切割开孔尺寸。 (c)表示零件按 HB0-13-48 上标准制加强窝,方向向上,样板上划出 $\phi48$ 孔径,孔中心钻出工具孔作定位用,零件上不钻出。 (d)表示零件按 HB0-14-60 上标准制减轻孔,方向向上,孔中心钻工具孔。 (e)表示零件按 HB0-15-30 上标准制减轻孔,方向向上,图示弯边与腹板成 60°角	外形 内形 展开
加强槽	HB0-11A₄上(下) (B₄上) 0——0 槽上(下)按切面 0——0	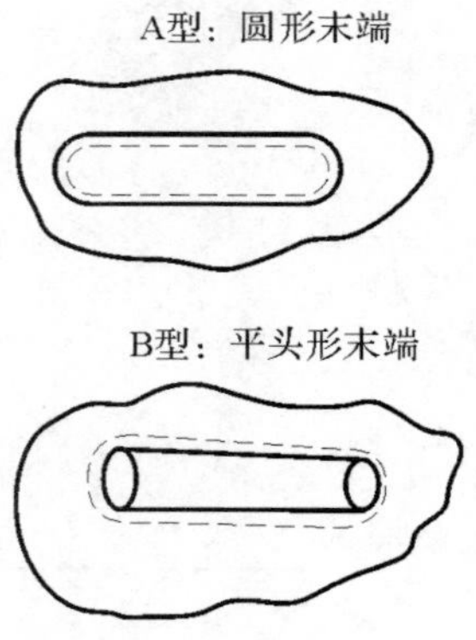 A型:圆形末端 B型:平头形末端	B 型图表示零件按 HB0-11A₄ 上(下)或 B₄ 上标准制加强槽,方向向上(下),槽最大长度为样板上 $\phi2.7$ 孔中心距	外形

续表

名称	标记符号示例	简　图	主要说明	应用范围
加强槽	槽上（下）按图纸 0——0	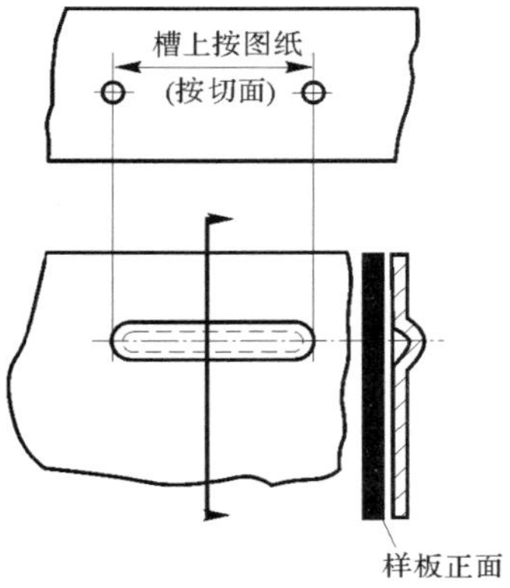	非标准加强槽,长度按两孔中心距,截面形状按切面样板或图纸,方向向上	内形 展开
下陷	陷3上 陷2上R2	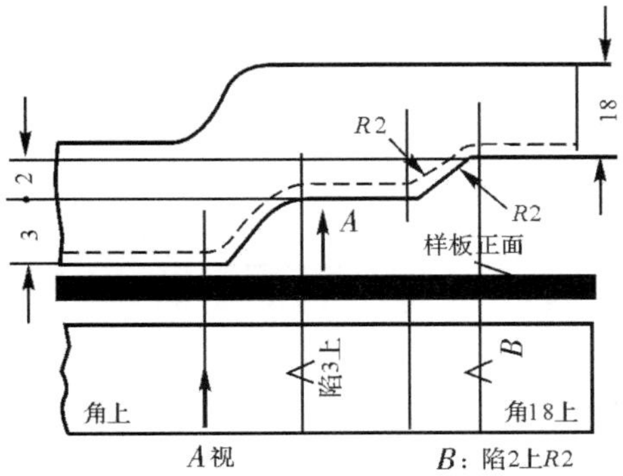	(1)有标记的部位平面,相对于邻面陷上(高),下(低),下陷深度为3或2。 (2)陷2上R2为非标准下陷。R2为工具半径。 (3)标记线为零件折弯棱线。 (4)A标记为零件配合面所在一方。 (5)下陷前后弯边或角边高度有变化必须标注出来	外形 内形
鼓包	凸（凹）	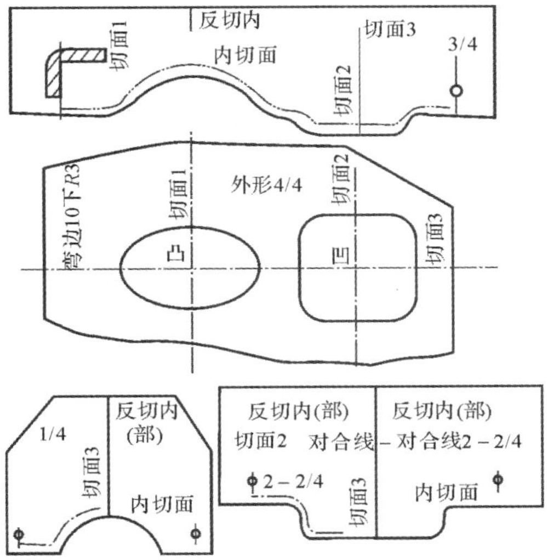	凸:鼓包在样板正面之上。 凹:鼓包在样板正面之下	外形 内形 机加 专用

续表

名称	标记符号示例	简 图	主要说明	应用范围
斜角值	上＋5° 上－5°	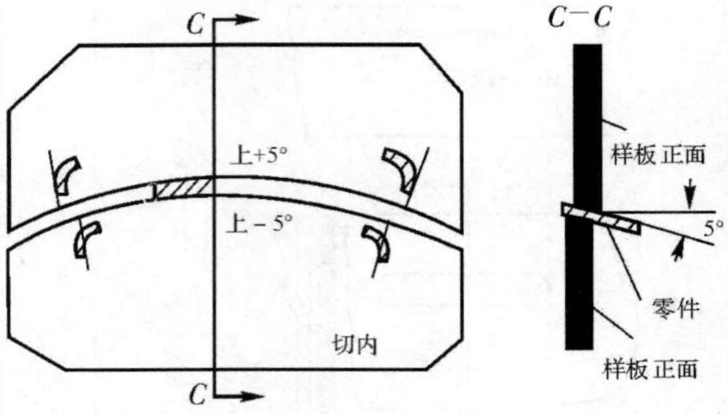	以样板正面为准，零件或工装的斜角以样板正面之上，成开斜角标记"上＋5°"。斜角在样板正面之上成闭斜角标记"上－5°"	切面夹具专用机加
零件构造线	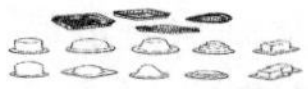	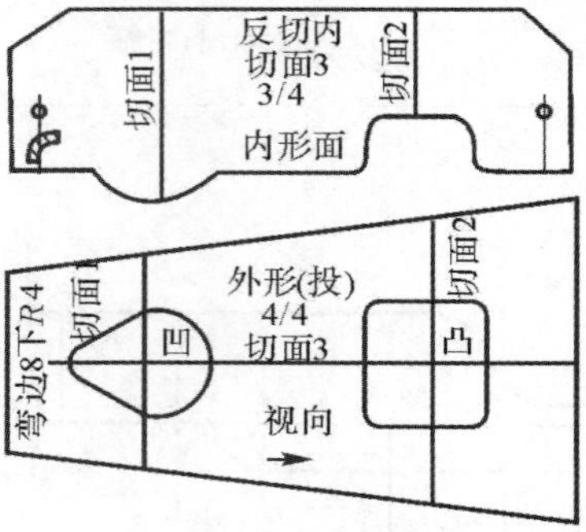 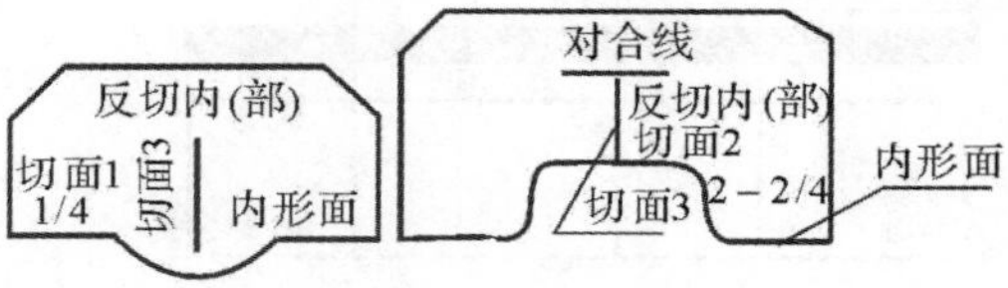 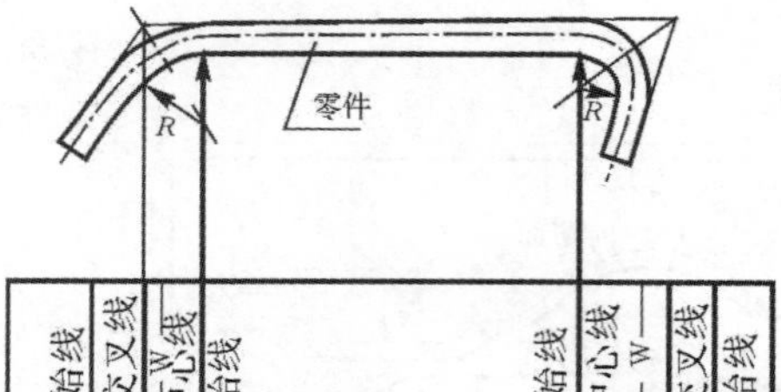	表示零件的外形交叉线和棱线。 表示零件弯曲中心线	外形展开
	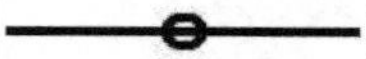	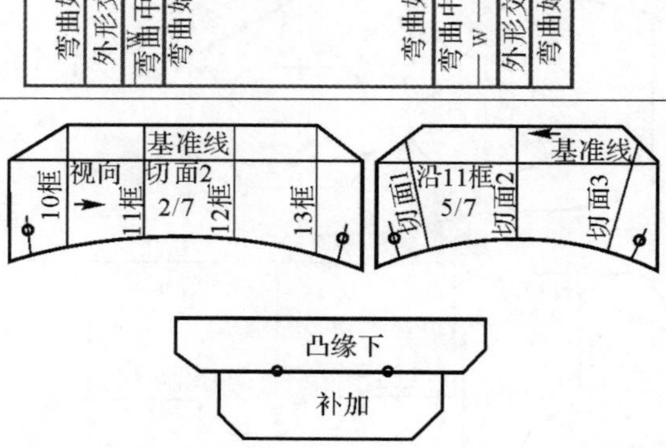	（1）表示零件切割线。 （2）表示样板与补加部位分界线	各种样板

切面1　反切内　切面2 切面3 3/4 内形面

弯边8下R4　切面　外形(投) 凹 4/4 切面3 凸 切面2 视向→

反切内(部) 切面3 1/4 切面2 内形面 对合线 反切内(部) 切面2 切面3 2-2/4 内形面

零件 R R

弯曲始线 外形交叉线 弯曲中心线 W—W 弯曲始线 弯曲始线 弯曲中心线 W—W 外形交叉线 弯曲始线

10框 视向→ 11框 基准线 切面2 2/7 12框 13框 切面1 沿11框 切面2 5/7 基准线 切面

凸缘下 补加

续表

名称	标记符号示例	简　图	主要说明	应用范围
零件构造线	 （符号图示）	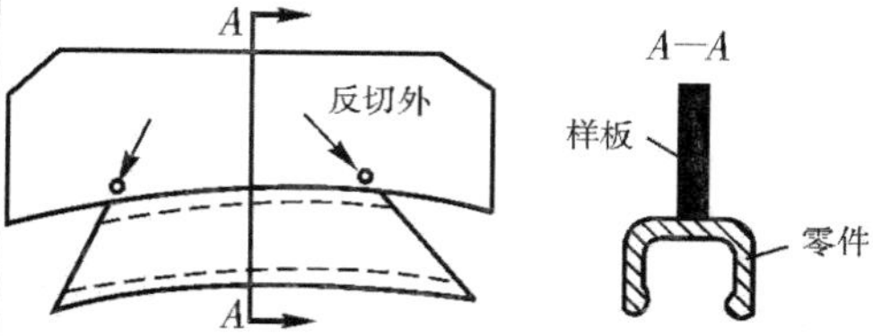 （切面图示：A—A，反切外，样板，零件，按箭头方向切割）	按箭头方向切割	切面夹具专用
	折150°　下R10　折下	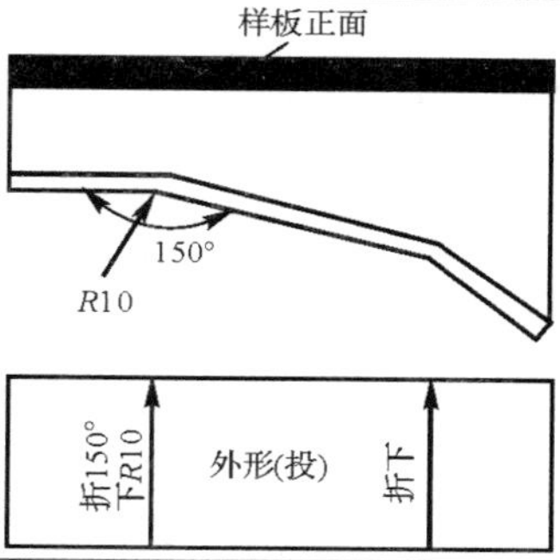 （样板正面，150°，R10，折150°下R10，外形(投)，折下）	（1）以样板正面为准，零件此处向下折弯成150°角，内弯曲半径为R10。（2）此处弯折，方向向下，折弯角度与内弯曲半径按切面样板或其他规定，图同上	外形内形切面夹具机加专用
	折165°　下R8	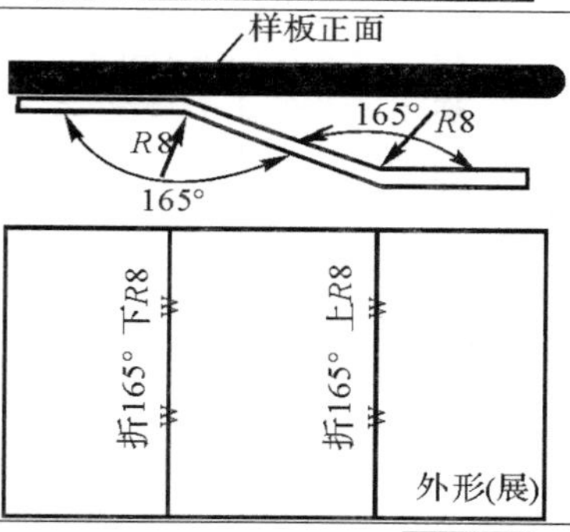 （样板正面，R8，165°R8，165°，折165°下R8，折165°上R8，外形(展)）	仅在展开样板上表示零件弯曲中线	展开
	A点线	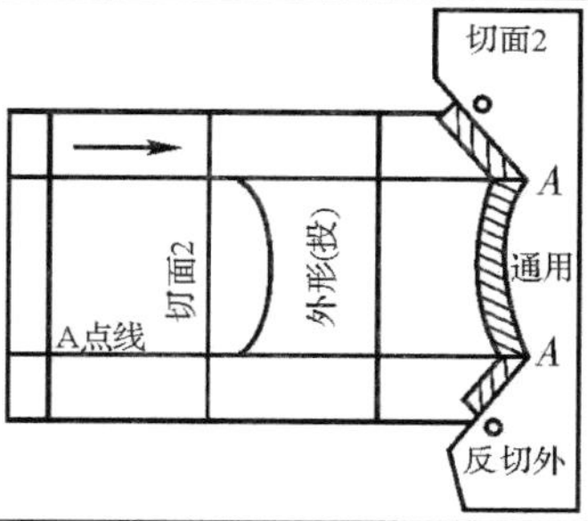 （切面2，外形(投)，通用，A点线，A，A，反切外）	表示零件表面交线A的投影	外形内形切面
	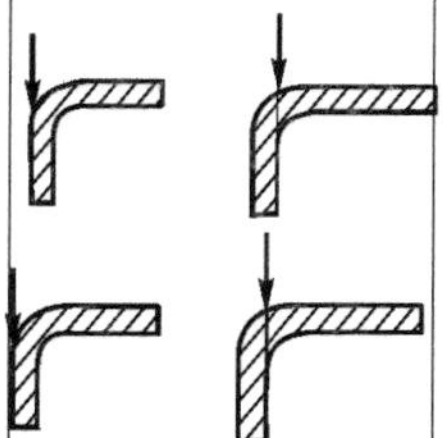 （边缘符号图示）		表示零件的边缘位置，箭头表示零件弯边的准确方向	切面样件机加专用

续表

名称	标记符号示例	简　图	主要说明	应用范围
结构示意图	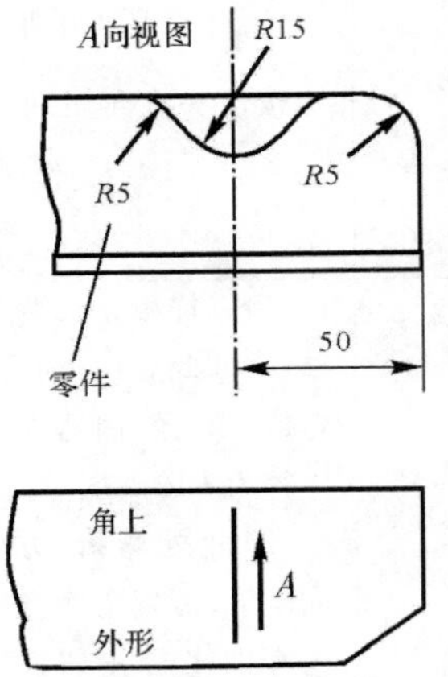 *A*向视图　*R*15　*R*5　*R*5　零件　50　角上　外形　*A*		无展开样板时,用此图形表示弯边上的切口形状和位置。画在样板正面或补加板面上	各种样板
	样板　零件	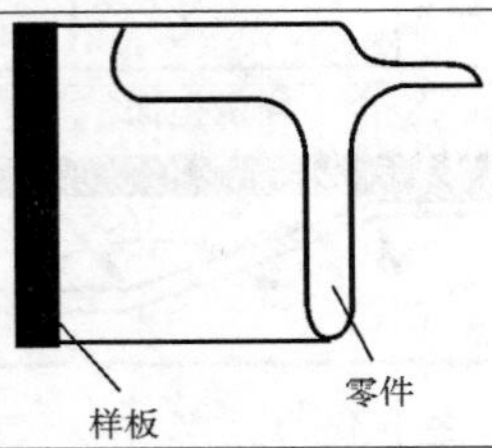	图形表示样板与零件的相对位置	
	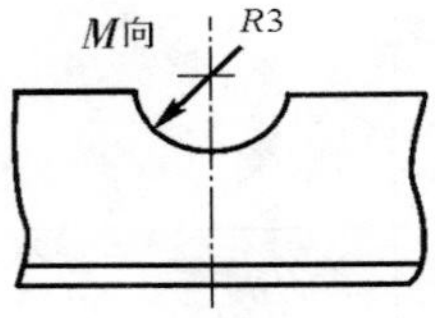 *M*向　*R*3		M 向视图表示零件的切面形状和位置,无展开样板时用此标记	
	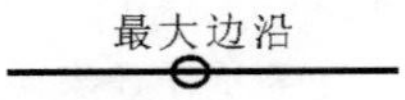 最大边沿		表示零件的最大宽度	
	加强槽轴线		表示零件加强槽轴线位置	
	加强槽端头		表示零件加强槽端头位置	

(2)表示样板使用关系的标记。

1)坐标轴线标记包括飞机轴线、对称轴线、水平基准线和弦线等。

2)结构轴线标记包括框轴线、长桁轴线、肋轴线、大梁轴线、转动轴线和隔板轴线等。

3)其他使用关系的标记见表 2.6。

表 2.6　其他使用关系标记

名称	标记符号示例	简　图	主要说明	应用范围
使用基准	基准线		该标记线作为样板使用的水平基准	外形内形切面夹具样件机加专用
	定位线	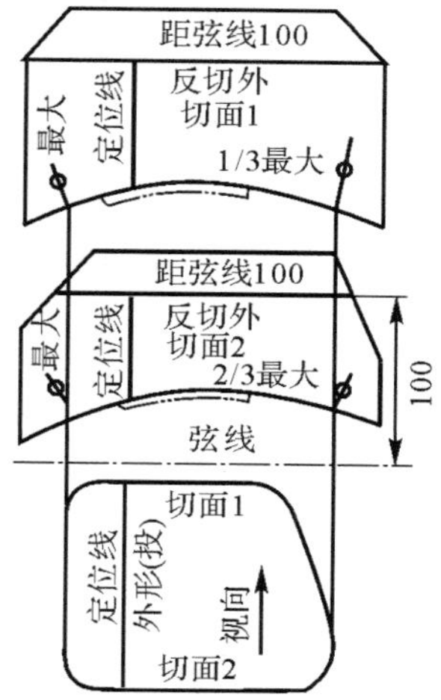	该标记线作为样板使用的垂直基准	
	基准边		样板此边作为样板使用的定位基准	
	外形面（内形面）	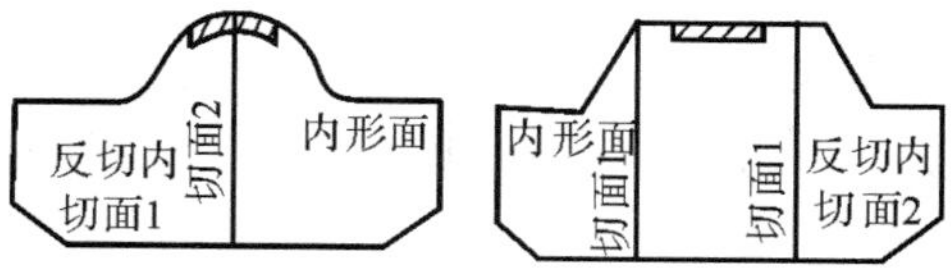	样板此边是零件的外表面（内表面），作为样板使用时的定位基准	
	距××线 100	见上定位线示意简图	此线距××线（基准线）为 100 mm	
	距中心线250	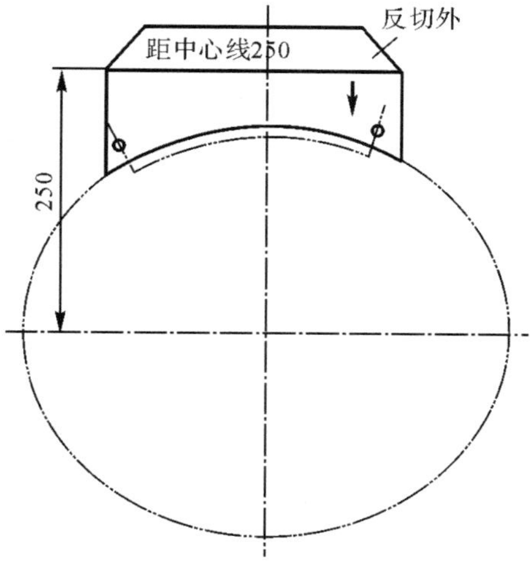	此线距中心线为 250 mm，中心线位于箭头所指的一边。当样板旋转使用或一套样板有两个以上使用基准线时，应在使用基准线上打箭头	

续表

名称	标记符号示例	简图	主要说明	应用范围
使用位置	切面1 切面2↓	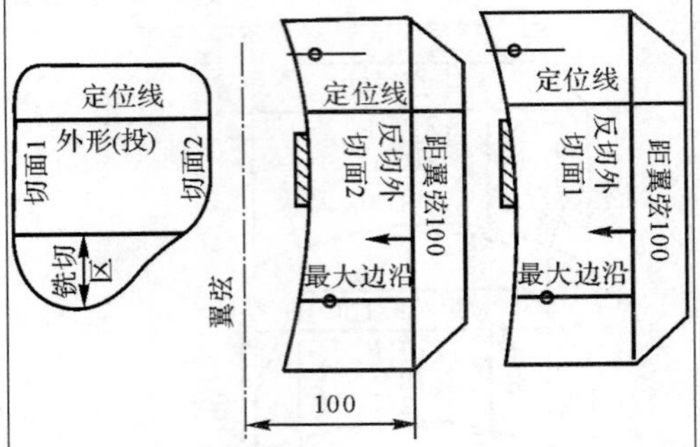 定位线 外形(投) 切面1 切面2 铣切区 翼弦 100 定位线 反切外 切面2 距翼弦100 最大边沿 定位线 反切外 切面1 距翼弦100 最大边沿	表示沿切面1或切面2(或沿××框轴线、××肋轴线)的切面样板使用位置。"↑"表示沿箭头方向看到样板正面。在成套切面样板中,个别样板使用方向与多数不一致时,应在其使用位置线上打箭头,以明确使用方向	外形内形切面夹具样件专用展开
	距离1 600	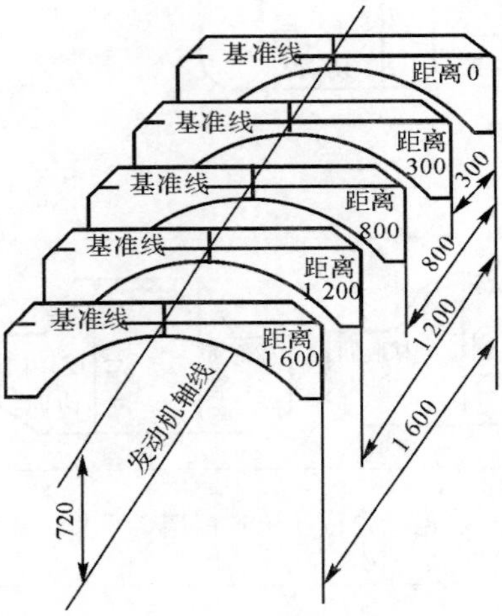 基准线 距离0 基准线 距离300 基准线 距离800 基准线 距离1 200 基准线 距离1 600 发动机轴线 720	表示一套仅有互相平行的切面样板的使用位置。 注意: (1)样板正面应朝同一方向。 (2)从样板正面看,最远的一块标以"距离0"。其他各样板均标出到最远一块样板的距离,例如"距离1 600"。 (3)"距离1 600"表示本样板位置与"距离0"样板相距1 600 mm	
使用方向	←视向	见上定位线示意简图	沿箭头方向看到样板正面	各种样板
对合线	对合线	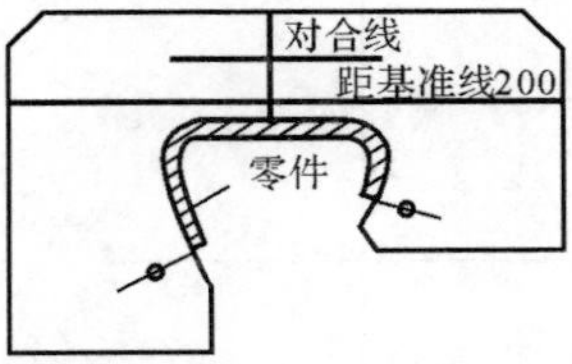 对合线 距基准线200 零件	该标记线用于同一样板两段之间相互定位	各种样板

(3)特种说明标记。凡不能用上述1,2标记符号表达的零件、组合件几何形状、样板使用关系以及其他特征时,在样板上用文字说明,称为特种说明标记(见表2.7)。

表 2.7 特种说明标记

名称	标记符号示例	简 图	主要说明	应用范围
1	距外形 8	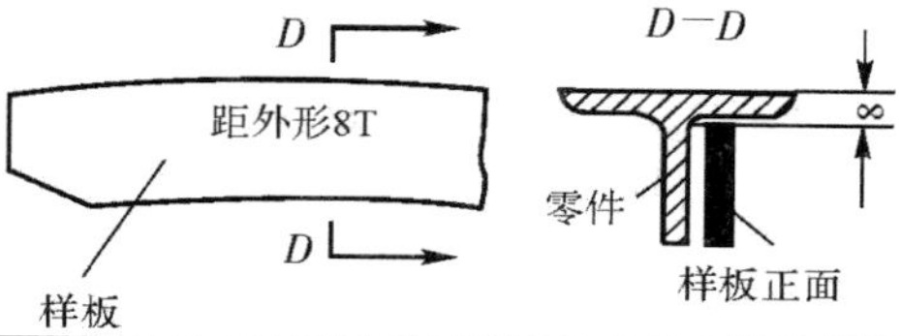	样板工作边与零件外形等距,距离为 8 mm	外形
2	⟵ φ200		沿箭头方向度量,旋转体形状零件的外形(或内形)直径为 200 mm	切面 夹具 样件 机加
3	铣切区	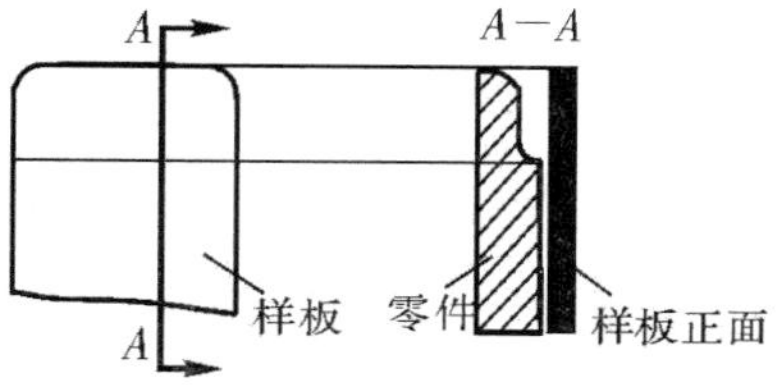	表示零件的铣切区	机加 专用
4	右件 左件 用于 −1 用于 −2	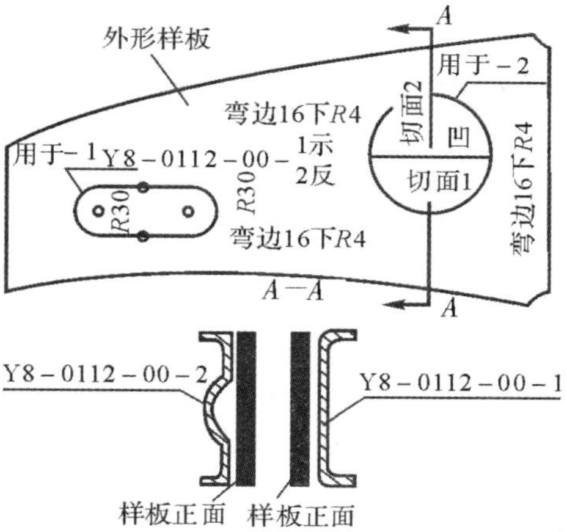	在用"右示、左反"或"−1示、−2反"表示对称件的样板上,此处仅表示右件(左件)或−1(−2)的形状	各种 样板
5	工作边 (非工作边)	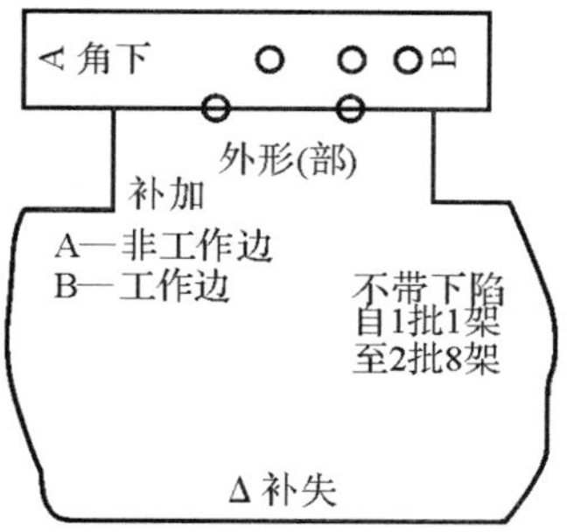	表示样板的工作边(或非工作边)。当样板的工作边与非工作边不易区别时,才用此标记	各种 样板

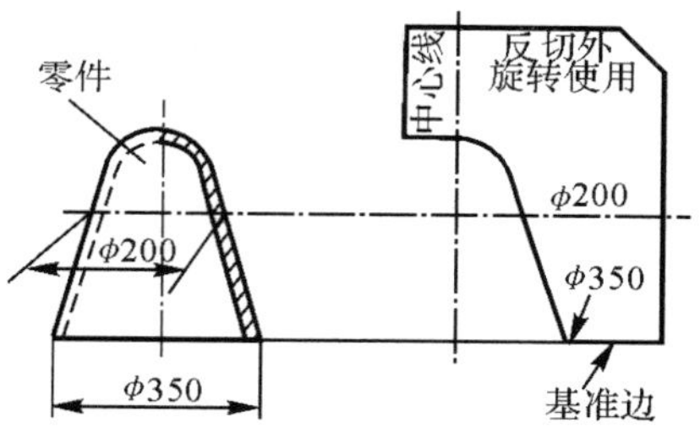

续表

名称	标记符号示例	简　图	主要说明	应用范围
6	补加	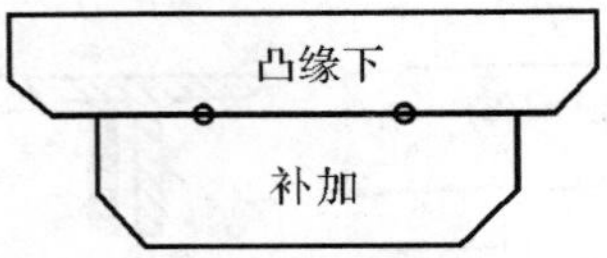 凸缘下 补加	在零件切割线以外,表示样板的加强部分,可在上面钻工艺孔和打标记	各种样板
7	××按××协调		零件或工艺装备除按本样板加工外,××部分还需按××图号工艺装备协调	各种样板
8	××按图		零件或工装的××部分须按产品图纸或工装图纸制造	各种样板
9	不带下陷		零件上有下陷,但样板的工作边未示下陷形状	切面专用机加
10	(部)	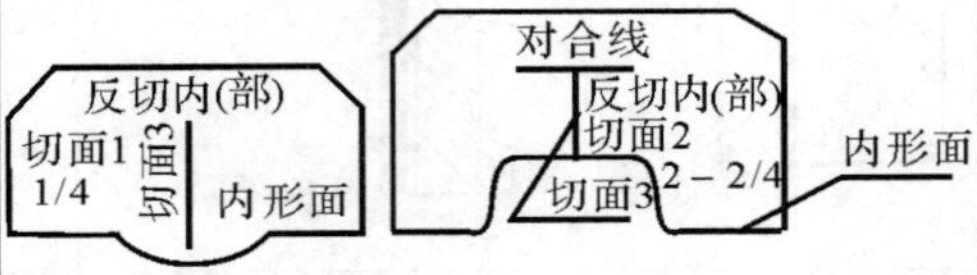 反切内(部) 切面1 1/4　切面2 内形面 对合线 反切内(部) 切面3　2-2/4 内形面	样板仅表示零件的局部形状时,在样板名称后加(部)字,如反切内(部)样板	外形内形展开切面
11	(展)	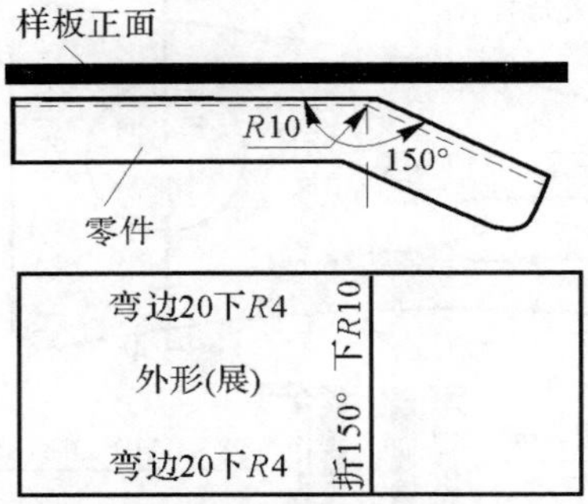 样板正面 R10　150° 零件 弯边20下R4 外形(展) 弯边20下R4 折150° F R10	表达弯折或单曲度零件展平后的形状(零件的弯边、下陷、加强槽等不予展开),在样板名称后加(展)字,如外形(展)样板	外形内形
12	(投)	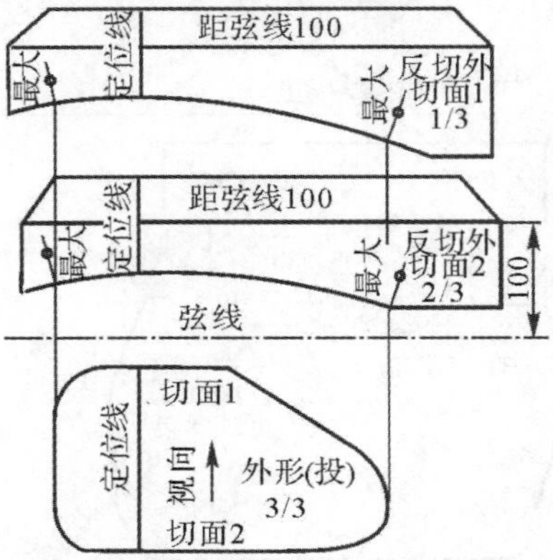 距弦线100 定位线　最大 反切外切面1 1/3 距弦线100 定位线　最大 反切外切面2 2/3　100 弦线 定位线 切面1 视向　外形(投) 3/3 切面2	表达零件在样板基准面的投影形状,在样板名称后加(投)字,如外形(投),内形(投)。此种样板一般与切面样板成套使用。样板工作边所标注的零件弯边高度和斜角值应按零件表面法线方向量取	外形内形

续表

名称	标记符号示例	简 图	主要说明	应用范围
13	（辅）		当标准样板与相应的生产样板工作边不完全相同时，在标准样板名称后面加（辅）字，如反切内（辅）	
14	投影于××面		样板外形为零件（组合件）在××平面上的投影形状。当投影面和样板基准面不一致时，才用此标记	外形内形夹具专用样件
15	正面用于切面	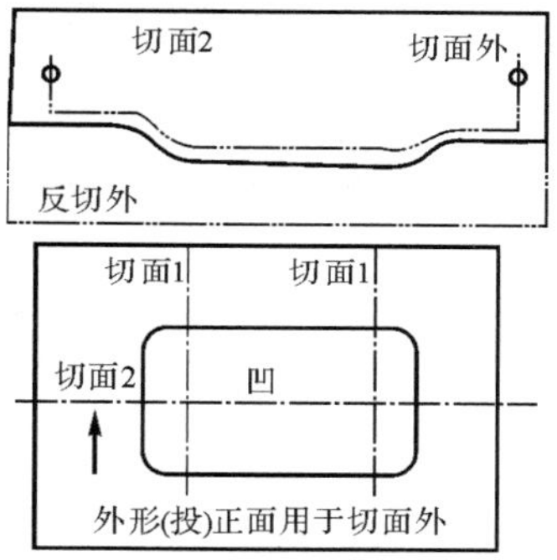	表示样板使用的正面与切面（切内或切外）样板对应。若与反切面（反切内或反切外）样板对应，则不加说明	外形内形样件专用机加
16	上翼面（下翼面）上部（下部）	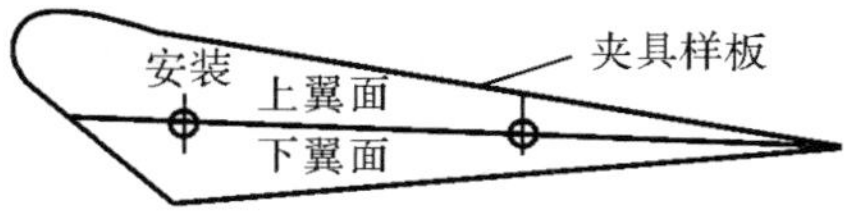	（1）表示沿箭头所示方向（顺航向、逆航向）为样板的正面。（2）表示样板使用位置与飞机停机状态的关系。当上下部或翼面形状不易区别时用此标记	夹具样件专用
17	逆航向		表示样板正面为逆航向视图。样板正面为顺航向视图时，一般不打标记	夹具样件专用
18	旋转使用	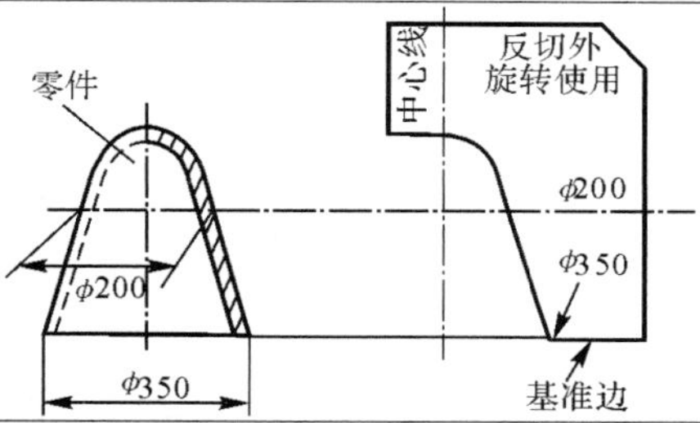	样板以中心线定位，旋转使用	切面夹具样件专用

续表

名称	标记符号示例	简　图	主要说明	应用范围
19	第1(2)工序	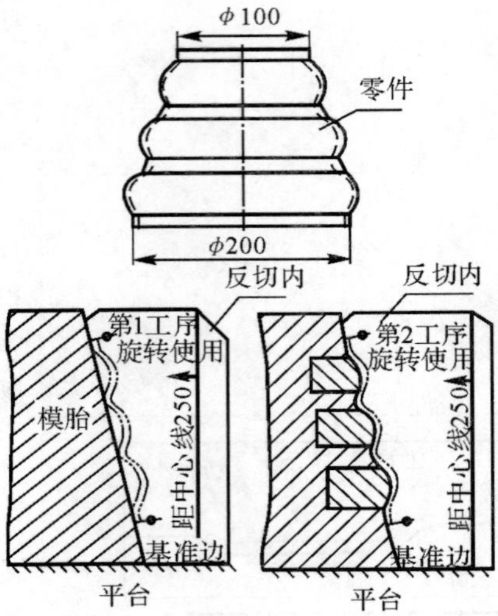	表示样板使用先后次序	切面夹具样件专用
20	通用	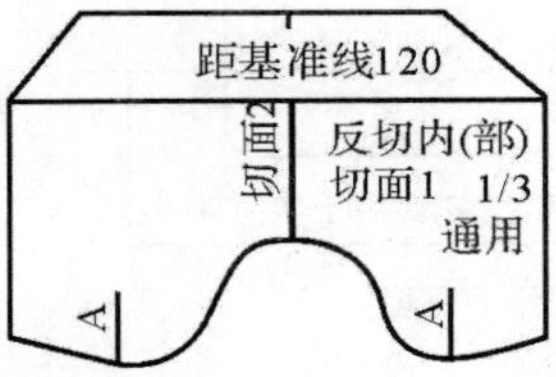	表示样板在零件或工艺装备的全部（或局部）工作面上通用	切面夹具样件专用
21	取自××		表示本样板是按某样件、模胎或实样取制的	各种样板
22	仅制3架 自1批1架至 2批8架止		表示本样板有效的批架次	各种样板
23	补失		原样板丢失，此样板是补制的	各种样板
24		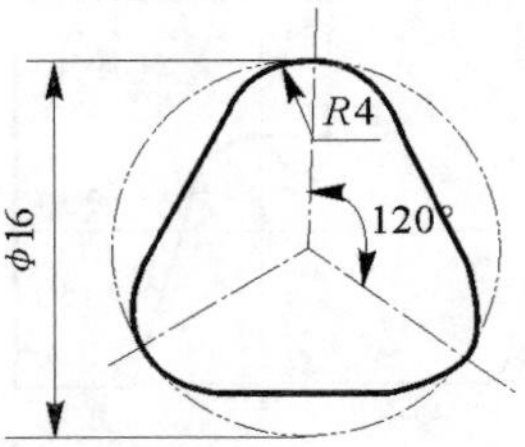	样板存放用的吊挂孔。吊挂存放的样板上才冲吊挂孔	各种样板

思　考　题

1.简述模线样板技术原理。

2.何谓模线和样板？

3.样板与一般量具的主要区别是什么？

4.样板的主要特点是什么？

5.样板常分为哪几类？各自用途是什么？

6.简述样板工艺孔的种类及各自用途。

7.绘图说明几种典型弯边零件外形样板的取法。

8.样板正面的确定原则是什么？

9.何谓基本标记符号和专用标记符号？各包含什么内容？

10.举例说明表示零件或工艺装备几何形状的标记符号。

第 3 章　钣金分离工艺

内 容 提 示

钣金分离工艺方法很多,本章主要讲述剪切、冲裁、铣切、锯割、氧气切割、激光切割、电火花线切割和等离子弧切割等分离工艺工作原理、特点及应用。

教 学 要 求

(1)掌握常用钣金分离工艺方法。

(2)了解钣金分离工艺所使用机械设备的性能、原理、简单构造及其正确使用维护方法。

(3)能根据零件形状、尺寸、材料种类、精度要求及生产数量的多少选择钣金分离工艺方法。

(4)了解合理排样的原则和方法。

内 容 框 架

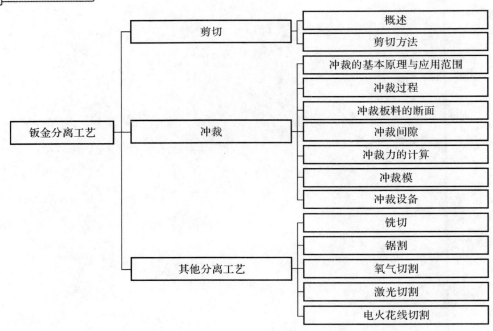

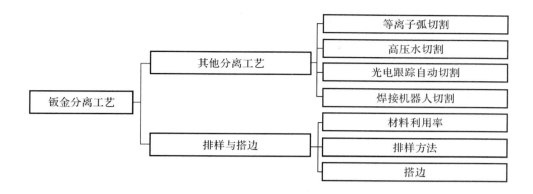

钣金分离工艺方法很多,按工作原理和机床的类型,可分为剪切、冲裁、铣切、锯割、氧气切割及激光切割等。

3.1 剪 切

一、概述

1. 剪切的原理

图 3.1 剪切指利用上、下剪刀片的相对运动完成对被切物体的分离过程。将要剪切材料置于两剪刃之间,当剪切力足够大时,被切材料纤维首先产生弯曲和伸长的弹性变形,然后出现细微的裂纹,接着裂纹不断扩大,直至分离。

因为在外力作用下硬化现象的出现,切口附近的材料内部发生变化,其硬化区域的宽度与厚度成正比,一般在 1～2.5 mm 范围内,所以在制造较为重要的结构件时,需要将硬化区域用铣削或刨削法除去。

2. 剪切的应用

剪切,尤其是机械剪切具有很高的生产效率,不仅是板料,大多数的型材也能剪断。剪切板料类,使用平口刀刃即可;当剪切型钢时,要使用与被剪型材相适应的刀具,如图 3.2 所示。

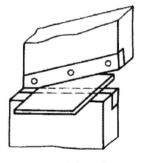

图 3.1 剪切示意图

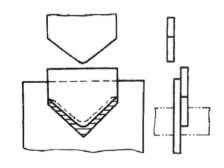

图 3.2 剪切角钢的刀刃

受剪切设备功率的制约,目前钢板的剪切厚度 $t \leqslant 40\,\text{mm}$。凡经剪切的零件都会发生弯曲、扭曲等变形,剪切后须进行校正。

3. 剪切过程

剪切过程可分为三个阶段,如图3.3所示。

第一阶段:弹性变形[见图3.3(a)]。上刀刃开始压住板料,在剪刃附近的材料被压缩和弯曲。此时材料内应力低于屈服强度R_{el},只受局部挤压,发生弹性变形。

第二阶段:塑性变形[见图3.3(b)]。剪刃继续下压,使局部挤压加深,同时内应力达到屈服强度R_{el}以上,材料发生塑性变形。

第三阶段:剪断[见图3.3(c)]。当材料所受剪应力达到剪切强度极限时,在剪刃附近就产生裂缝,当裂缝相向扩展至最后相遇时材料分离。

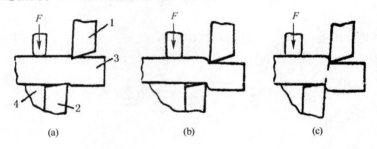

图3.3　剪切过程
1—上刀片;2—下刀片;3—板料;4—工作台

4. 剪切断面

剪切断面一般分为四个区域,如图3.4所示。

(1)圆角带。当剪刃压入板料时,刃口附近的材料被牵连拉入变形而产生的结果。一般圆角带占到板厚的15%左右。

(2)光亮带。光亮带由剪刃挤压切入板料所形成,表面光滑平整。光亮带一般占到板厚的30%~50%。

(3)剪切带。剪切带是在板料剪切分离时形成的,其表面粗糙。在剪切过程中,板料在受剪切处出现细微裂纹,随着裂纹的不断扩展,在板料断裂前会形成一个粗糙不平的断面,即剪切带。剪切带一般占板料厚度的30%~50%。

(4)揉压带。剪切时板料下表面因受下剪刃压力而形成的挤压部位。揉压带通常在板厚的1/10以内,若超出这个范围,表明剪切间隙过大。

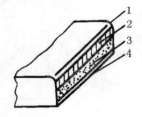

图3.4　剪切断面
1—圆角带;2—光亮带;3—剪切带;4—揉压带

5.剪切刀刃的几何形状和角度(见表 3.1)

表 3.1 剪切刀刃的几何形状和角度

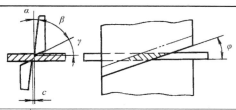

代 号	名 称	数据和作用
α	后角	为减少剪切过程中刀刃与材料的摩擦,刀刃后面应有一定的倾斜,即为后角,通常 $\alpha=1.5°\sim3°$
β	楔角	楔角的大小影响着刃口的强度,一般 β 为 80°左右
γ	前角	$\gamma=90°-\alpha-\beta$ 用来减小板料转动力矩的力臂,从而减小压料力
φ	剪切角度	上刀刃倾斜的角度即为剪切角度,φ 越大,则剪切力越小,但会加剧被剪切下的材料向下弯曲和扭转现象。其值的大小视剪切板厚而定,一般板厚 $t\leqslant10$ mm 时,φ 为 2°~4°;$t>10$ mm 时,φ 为 3°~6°
c	刃口间隙	间隙合理,剪切质量好;间隙值与板厚成正比,一般选取为板厚 t 的 2%~5%。如果间隙过小,易使刃口磨损,增大剪切力;间隙过大,易引起板料弯曲,降低断面质量并出现较多的毛刺,尺寸精度也低

6.剪切力的计算

利用直刀刃进行剪切的剪床分为平口剪床和斜口剪床。对同一块板料的同一个剪断面,二者的剪切力是不同的,平口的剪切力要比斜口的大得多,斜口的剪切作用时间要比平口的长得多。计算剪切力的目的在于根据所需剪切力来选用适当的剪床。在实际生产中,平口剪床极为少见。

平口剪的剪切力按下式计算[见图 3.5(a)]:

$$F_{平}=KBt\tau$$

式中:$F_{平}$ 为平口剪的剪切力,N;B 为板料宽度,mm;t 为板料厚度,mm;τ 为材料的抗剪强度,MPa;K 为修正系数,考虑到剪切间隙不均匀、剪刃磨损、材料状态(软、硬)不同等影响而使剪切力比计算的值大,一般取 $K=1.3$。

斜口剪的剪切力按下式计算[见图 3.5(b)]:

$$F_{斜}=KS\tau$$

式中:$F_{斜}$ 为斜口剪的剪切力,N;τ 为材料的抗剪强度,MPa;K 为修正系数,一般取 $K=1.3$;S 为剪切时的最大剪切面积,mm²,$S=\frac{1}{2}Bt$;t 为板料厚度,mm;B 为当剪切深度为 t 时相应的板料受剪宽度,mm。由图可知,

$$B=\frac{t}{\tan\varphi}$$

代入 S,B,K 值,得

$$F_斜 = 0.65\tau \frac{t^2}{\tan\varphi}$$

式中：φ 为上刀刃的倾斜角，对于龙门剪 $\varphi = 4° \sim 7°$，对于手工剪 $\varphi < 15°$。φ 可使剪切力减小并均匀，但如果 φ 太大，板料可能被剪切刃口推出。τ 为材料的抗剪强度，一般取 $\tau = (0.6 \sim 0.75)R_m$，即 $R_m \approx 1.3\tau$，R_m 是材料的抗拉强度，因此

$$F_斜 \approx R_m \frac{t^2}{2\tan\varphi}$$

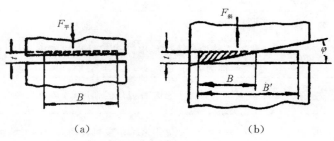

图 3.5　剪切力的计算

(a)平口剪切；(b)斜口剪切

7. 剪切间隙

上、下剪刃间的间隙对板料剪切力、断面质量和尺寸精度都有影响。如果间隙过小，易使刃口磨损，增大剪切力；间隙过大，易引起板料弯曲，降低断面质量并出现较多的毛刺，尺寸精度也低，如图 3.6 所示。因此对不同种类和不同厚度的材料均有合理的剪切间隙范围，以斜口剪为例，其容许间隙值见表 3.2。

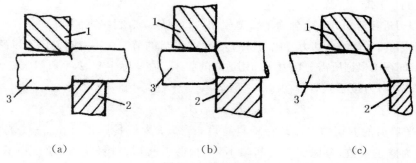

图 3.6　剪切间隙

(a)间隙合理；(b)间隙过小；(c)间隙过大

1—上刀片；2—下刀片；3—板料

表 3.2　斜口剪床的容许间隙值

材　料	软　钢		黄铜、硬铝、不锈钢		铝	
间隙情况	刀刃两端	刀刃中间	刀刃两端	刀刃中间	刀刃两端	刀刃中间
	间隙值/mm					

续表

材　料	软　钢		黄铜、硬铝、不锈钢		铝	
0.25	0.05	0.02	0.05	0.02	0.05	0.02
0.40	0.07	0.05	0.05	0.02	0.05	0.02
0.50	0.08	0.06	0.05	0.02	0.05	0.02
1.00	0.10	0.07	0.07	0.04	0.07	0.05
1.50	0.12	0.08	0.08	0.05	0.12	0.07
2.50	0.15	0.10	0.10	0.07	0.15	0.09
3.00	0.20	0.15	—	—	0.20	0.12
5.00	0.35	0.30			0.25	0.15
6.50	0.42	0.37			0.30	0.20
8.00	0.52	0.46			0.35	0.25
9.50	0.65	0.60			—	—
12.50	0.87	0.82				

材料厚度/mm（此为左侧纵向表头标签）

在龙门剪床上剪切板料时,侧压力的作用使刀片发生弹性变形（中间挠度比两端大）,剪切中间的间隙要比两端调整小些,以保证在剪切过程中间隙均匀。一般情况下,中间的间隙比两端小 0.03~0.05 mm。

振动剪床剪切间隙取板料厚度的 6%~7%。滚剪机剪切间隙取板料厚度的 10%~15%。

二、剪切方法

1.手工剪切

(1)手工剪切。利用手动剪切工具进行剪切操作即手工剪切。

(2)功用。手工剪切是钣金技能的重要组成部分,它包括下料、去余量。

(3)手工剪切的工具。

1)直口剪。直口剪剪切刃为直线,用于剪切直线轮廓的板料,可剪铝板厚 1.5 mm,钢板厚 1 mm,如图 3.7(a)所示。

2)弯口剪（曲口剪）。弯口剪剪切刃为曲线,用于剪切曲线轮廓的板料,可剪铝板厚 2 mm,钢板厚 0.8 mm,如图 3.7(b)所示。

3)台剪。图 3.8(a)为小型台剪。由于手柄较长,利用杠杆的作用可产生比手剪刀大的剪切力,可剪切 3~4 mm 厚的钢板。如图 3.8(b)所示为杠杆式大型台剪,它利用两

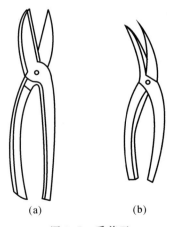

图 3.7　手剪刀
(a)直口剪;(b)弯口剪

级杠杆的作用,可剪切厚度达 10 mm 的钢板,为防止板料在剪切时移动,可装有能调节的压紧机构。图 3.8(c)为封闭式机架的动剪切机,当扳动手柄时,能使剪刀板在机架中做上下运动,刀板上制有圆形、方形及 T 形等形状的刀刃,与固定在机架上的刀刃形状一致,剪切时只要将被剪切材料置于相应的刀孔中,并用止动螺钉或压板压紧,扳动手柄即可完成剪切。

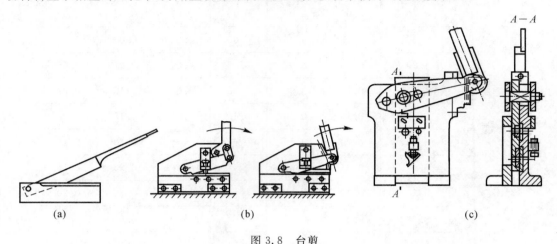

图 3.8 台剪

(a)小型台剪;(b)杠杆式大型台剪;(c)封闭式手动剪切机

4)手提式气动剪。手提式气动剪属于半机械化的手剪工具,构造原理和风钻相同,仅在头部将转动通过偏心轴变成刀刃的高速往复运行,与固定的下刀刃配合进行剪切,剪切厚度可达 2.5 mm,如图 3.9 和图 3.10 所示。

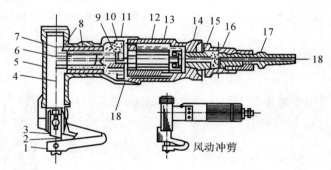

图 3.9 手提式气动(振动)剪(风动冲剪)

1—刀架;2—下刀片;3—上刀片;4—挺杆;5—前体;6—偏心轴;7—滚针外套;8—滚针;9—齿轮架;10—中间齿轮;
11—内齿轮;12—转子;13—滑片;14—柄体;15—阀套;16—阀体;17—风管接头;18—压缩空气

(4)手剪操作及要点。

1)右手握剪把,如图 3.11 所示,剪把不能露出掌心过长,尾端不能握在手掌中。

2)左手持料,上剪刃与剪切线对正。剪切时,剪刃张开剪刃全长的 3/4,剪切中,剪刃不完全合拢,应留 1/4 剪刃长,如图 3.12 所示。

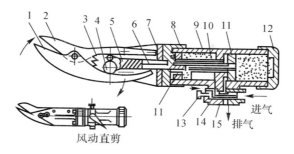

图 3.10　气动剪(风动直剪)

1—活动刀片;2—固定刀片;3—弹簧;4—滚轮;5—支架;6—活塞杆;7—叉耳;8—前盖;
9—气缸;10—活塞杆套;11—活塞;12—后盖;13—按钮;14—活门套;15—活门

图 3.11　正确握剪方法

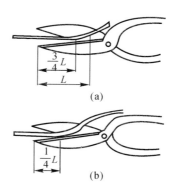

图 3.12　剪刃工作状态

(a)剪切开始;(b)剪切终了

3)当剪切刃闭合时,压线连续剪切,剪口要重合,两刃之间保持 0~0.2 mm 间隙(料薄取最小值,料厚取最大值),如图 3.13 所示。

4)剪切凹角应先钻止裂孔或在凹角处留一定距离不剪开,用手掰断连接处,再锉修到剪切尺寸;对于角形件,先锯开角根再剪开,如图 3.14 所示。

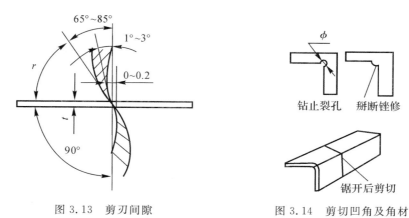

图 3.13　剪刃间隙　　　　　　　　图 3.14　剪切凹角及角材

5)当剪切圆料时,余料狭小,可按逆时针剪切,如图 3.15(a)所示。当余料较宽时,应按顺时针剪切,如图 3.15(b)所示。

6)当剪切短直料时,被剪切部分放在右边,如图 3.16(a)所示。当剪切余料较宽,剪切长度较长时,被剪部分放在左边,如图 3.16(b)所示。

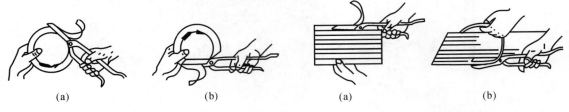

图 3.15　剪切圆料

(a)逆时针剪切;(b)顺时针剪切

图 3.16　剪切直料

(a)剪短料;(b)剪长料

7)当剪切较厚条料时,应把剪刀下柄用台虎钳夹住,上柄套一根管子,如图 3.17 所示。

8)剪切内孔的方法是先在板料上开一个大孔,再用弯剪采用螺旋线剪切,逐渐扩大,如图 3.18 所示。

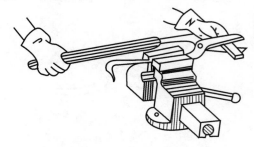 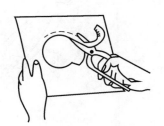

图 3.17　手剪较厚条料

图 3.18　剪内圆

(5)手工剪切常见质量故障、原因分析与排除方法(见表 3.3)。

表 3.3　手工剪切常见质量故障、原因分析与排除方法

序号	故障内容	原因分析	排除方法
1	剪不断	(1)上、下刀刃间隙过大。 (2)刀口钝。 (3)料太厚	(1)调整间隙。 (2)磨锐。 (3)按规定范围剪切
2	尺寸超差	上剪刃与零件剪切线未对正	应按剪切线送进
3	剪切线间断不直	后一剪与前一剪未衔接好	压线连续剪切
4	剪裂	(1)凹角处未钻止裂孔或剪过线。 (2)剪切时剪刃全部闭合,咬伤零件	(1)钻止裂孔或留锉修余量。 (2)剪刃不完全闭合,留 1/4 再切
5	毛刺	(1)剪切间隙不对。 (2)剪刃变钝	(1)调整剪切间隙。 (2)磨锐

2.机械剪切

利用各类剪床对材料进行剪切的过程称为机械剪切。机械剪切的生产效率高,操作简单,

在下料中应用极为广泛。

（1）龙门剪床剪切。龙门剪床是应用最广的一种剪切设备,其刀刃较长,能剪切较宽的板料,剪切厚度由剪床的功率而定,剪切板料厚度在 0.2～20 mm 之内。龙门剪床主要剪切由直线组成的凸边形零件。剪切精度在 ±0.1～±0.8 mm 之间。

1)传动与工作原理(见图 3.19)。板料靠调整前后挡板 10,14,定好剪切位置。在传动轴 20 上装有飞轮 4 用来存储能量(提供剪切所需力量)。剪切时操纵离合器 8 使主轴 19 转动。主轴上连杆 17 带动滑板 7 沿床身导轨 6 做上下往复运动,滑板上装的上刀片 12 与下刀片 13 之间做上下相对运动,板料在其间被剪成两段。

剪切前,板料先用压料装置 16 压紧,防止剪刃压下时板料转动。防护板 11 在上剪刀下降前先降下,防止手进入而发生事故。

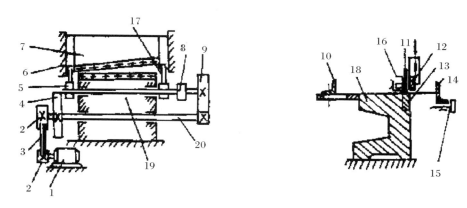

图 3.19 龙门剪床传动与工作原理

1—电动机;2—皮带轮;3—皮带;4—飞轮;5—偏心套;6—床身导轨;7—滑板;8—离合器;9—齿轮;10—前挡板;11—栅栏护板;
12—上刀片;13—下刀片;14—后挡板;15—调整丝杠;16—压料装置;17—可调连杆;18—床面;19—主轴;20—传动轴

2)剪切时板料定位(见图 3.20)。用前挡板、后挡板、侧定位板和角形定位板,按样板或钢尺进行调整。

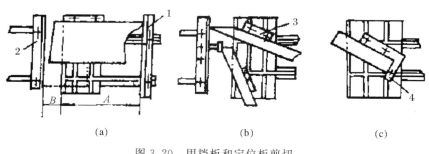

(a)　　　　　　　　(b)　　　　　　　　(c)

图 3.20 用挡板和定位板剪切

1—前挡板;2—后挡板;3—侧挡板;4—角形定位板

按样板调整挡板的方法如下:

a.调整前挡板。把后挡板靠紧下刀口,样板与后挡板靠齐,将前挡板靠紧样板的对应边并固定。松开后挡板,取下样板,放上板料用前挡板定位进行剪切。此方法应用于尺寸 A 较大的零件[见图 3.20(a)]。

b.调整后挡板。将样板托平,剪切边对齐下刀口,将后挡板靠紧样板的对应边固定,取下样板按后挡板定位剪切。此时,材料外悬部位因自重下垂产生挠度 f(见图 3.21)。此值 B/t 越大,f 值越大,由此引起尺寸 B 的误差也越大。因此,当 $B > 300\sim400$ mm,$t < 2$ mm 时,应采用前挡板定位或增设支承装置。

c.用侧定位板、角形定位板配合前挡板或后挡板可剪切较复杂的直线零件[见图 3.20(a)(b)(c)]。

剪切大件而公差较大的毛料可直接在板料上划线,用目测使划线与下刀刃对齐,需两人以上配合操作进行剪切。

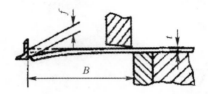

图 3.21 后挡板定位时零件产生的挠度

(2)振动剪床。剪切曲线或直线内外轮廓的毛料,生产中主要用于成形后零件的切边。剪切精度为 ±0.8 mm,剪切厚度可达 3 mm。结构原理如图 3.22 所示。带偏心衬套 3 的传动轴 2,通过连杆 4、叉杆 6 和连杆 8 组成的肋拐将电动机的旋转运动变为刀座 10 的往复运动。上剪刃的振幅可用手柄转动偏心转轴 5 加以调整;当冲制内孔时,上剪刃的抬刀运动也用手柄操纵。剪裁时靠手工按划线送进。

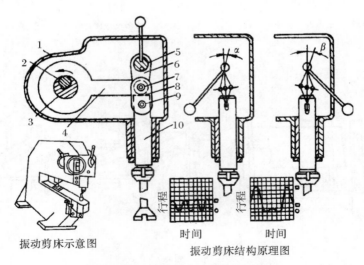

振动剪床示意图　　振动剪床结构原理图

图 3.22 振动剪床及结构原理图

1—机匣;2—转动轴;3—偏心衬套;4—连杆;5—偏心转轴;6—叉杆;7—轴;8—连杆;9—轴;10—刀座

振动剪床在剪切材料时,是一小段一小段剪下的,由于剪切过程不连续,所以生产率很低,且剪切质量差,裁件边缘粗糙,有微小的锯齿形,零件精度较低。由于振动剪床结构简单,便于制造,对剪切不同形状、尺寸的零件或毛料的适应性好,所以非常适用于小批量生产。

（3）滚剪机。剪切精度要求不高的直线或曲线轮廓毛料，板料在滚轮的摩擦力作用下自动送料。其原理为电动机通过皮带轮 2、皮带及传动齿轮 3、4 使摆动轴 5 和传动轴 10 做反向转动，再通过伞齿轮 7、8 的传动使上、下滚刀 9 做同速反向转动，板料因摩擦被滚剪咬入并被剪切为二。通过手柄 6 可调节上、下滚刀间隙，如图 3.23 所示。

滚剪是以一对圆盘剪刃的转动来完成剪料工作的。滚刀直径 D 与板料厚度 t 有关，一般取 $D/t \geqslant 35$。按照圆盘的配置方法，滚剪可分为三种，如图 3.24 所示。直配置［见图 3.24(a)］适用于将板料剪裁成条料，或将方坯料剪成圆坯料；斜直配置［见图 3.24(b)］适用于剪裁圆形坯料或圆内孔；斜配置［见图 3.24(c)］适用于剪裁任意曲线轮廓的坯料。

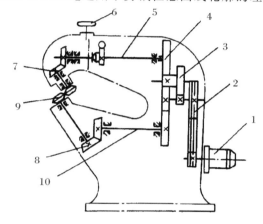

图 3.23　滚剪机

1—电动机；2—皮带轮；3,4—齿轮；5—摆动轴；6—手柄；7,8—伞齿轮；9—上、下滚刀；10—传动轴

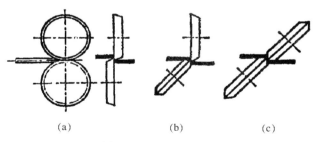

(a)　　　　　　(b)　　　　　　(c)

图 3.24　滚剪示意图

(a)直配置；(b)斜直配置；(c)斜配置

3.2　冲　　裁

一、冲裁的基本原理与应用范围

冲裁是利用冲压设备和模具使材料分离或部分分离的，以获得零件或毛坯的一种冲压工序。冲裁的基本原理与剪切原理相同，凸模底部边沿与凹模洞口边沿相当于上、下刀片的刃口，如图 3.25 所示。将板料置于凸模与凹模之间，凸模逐步下降迫使板料变形，直到最后分裂为二。

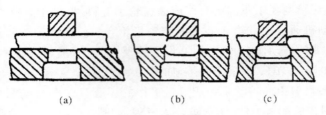

图 3.25　冲裁

(a)弹性变形阶段；(b)塑性变形阶段；(c)断裂阶段

冲裁包括落料、冲孔、切断、切口、切边等工序(见表 3.4)，其中以落料、冲孔应用最广泛。

表 3.4　冲裁工序及应用范围

工序名称	工序简图	特点及应用范围
落料		用冲模沿封闭线冲切板料，冲下来的部分为零件。它用于制造各种形状的平板零件
冲孔		用冲模沿封闭线冲切板料，冲下来的部分为废料。它用于制造各种形状的平板零件
切断		用剪刃或冲模切断板料，切断线不封闭。它多用于加工形状简单的平板零件
切口		在毛料上沿不封闭线冲出缺口，切口部分发生弯曲
切边		将零件的边缘修切整齐或切成一定形状
剖切		把冲压加工成的半成品切开成为两个或多个零件，多用于不对称零件的成双或成组冲压成形之后
冲槽、冲缺		从零件外周边上分离出废料，获得零件需要的形状的工序

续 表

工序名称	工序简图	特点及应用范围
修整		将零件的外缘(或内孔)冲切去少量材料,从而提高零件冲切面的表面粗糙度的工序

二、冲裁过程

当模具间隙正常时,冲裁过程可以分为三个阶段(见图 3.25)。

1. 弹性变形阶段

当凸模开始接触板料并下压时,板料产生弹性压缩和弯曲,板料下面的一部分金属被挤入凹模孔。这时板料的内应力并未超过弹性极限,如果外力消除,板料将恢复原状。

2. 塑性变形阶段

随着外力的增加,凸模继续压入金属。当板料内应力超过其屈服点时,板料即开始产生塑性变形。当凸模压入板料上表面达到一定深度,板料的下表面也相应地被挤入凹模孔一定深度时,凸模和凹模刃口处的金属开始出现裂纹,这表明变形阶段结束。

3. 断裂阶段

当凸、凹模周边刃口处的板料产生裂纹时,板料内部应力达到了材料的抗剪强度,此时冲裁力达到最大值,裂纹迅速扩展,当上、下裂纹重合时,板料即被拉断分离。

这三个阶段均是在瞬间完成的,各个阶段所需的外力和时间不尽相同。一般来讲,冲裁时间往往取决于材料性质,材料较脆时,持续时间较短。

三、冲裁板料的断面

用冲裁方法制得的冲裁件断面是不光滑的,也不与板面垂直。在断面上一般存在四个主要特征区,即圆角带(塑变带)、光亮带(剪切带)、断裂带(无光亮带)和揉压带(塑变带)(见图 3.26)。

圆角带是冲裁过程由于材料的弯曲与拉伸而形成的,软材料比硬材料圆角大。光亮带产生于塑性变形阶段,是剪切变形所造成的。光亮带和板面垂直,占板厚的 $1/2 \sim 1/3$。软材料的光亮带较宽,硬材料的光亮带则窄些。断裂带是由刃口处的裂纹在拉应力作用下不断扩展而形成的撕裂面,发生于冲裁过程的断裂阶段,断面较粗糙,且有斜度。

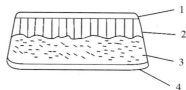

图 3.26 冲裁板料的断面

1—圆角带(塑变带);2—光亮带(剪切带);3—断裂带(无光亮带);4—揉压带(塑变带)

四、冲裁间隙

冲裁间隙是指冲裁模的凸模与凹模刃口之间的间隙,单面间隙用 C 表示,如图 3.27 所示,双面间隙用 $Z(Z=2C)$ 表示。

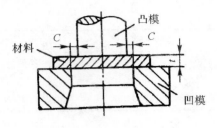

图 3.27 冲裁间隙示意图

1. 冲裁间隙对冲裁件质量的影响

冲裁件的三个质量指标是断面质量、尺寸精度和形状误差。断面应平直、光洁,即无裂纹、撕裂、夹层、毛刺等。零件表面拱曲应尽可能小,尺寸精度应满足图纸规定的公差要求。

影响冲裁件质量的因素很多,如材料的性质、厚度与模具的间隙等,其中模具的间隙大小与均匀程度是主要因素。

从冲裁机理分析中得知,冲裁时,上、下剪裂纹是否相向扩展并最后重合与间隙大小有关。

间隙合理时[见图 3.28(a)],材料会由于上、下剪裂纹相遇而分离。其断面较光洁,毛刺减少、较小,且可降低冲裁力并延长模具寿命。

间隙过大时[见图 3.28(b)],上、下剪裂纹不重合。材料所受的弯曲和拉伸增大,拉应力增加,材料容易撕裂,且裂纹在距刃口较远的侧面上产生,使光亮带缩小。圆角与断裂斜度都增大;毛刺大而厚,不易去除。冲裁力增大。

间隙过小时[见图 3.28(c)],上、下剪裂纹不重合。当凸模继续下压时,上、下剪裂纹的中间部分将产生二次拉裂。上裂纹表面压入凹模时,受到凹模壁挤压,出现第二光亮带,部分材料被挤出表面形成毛刺或齿状边缘。冲裁力增大。

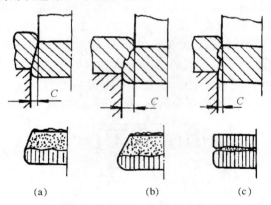

图 3.28 冲裁间隙对断面质量的影响
(a)间隙合理;(b)间隙过大;(c)间隙过小

此外,间隙过大,冲裁时拉伸变形大,冲裁后的弹性恢复使落料尺寸缩小,冲孔孔径变大。间隙过小,材料受压缩变形,冲裁后的弹性恢复将使孔的尺寸缩小,而使落料的尺寸增大。间隙不合理还会造成冲裁件拱曲,不能保持平整。间隙越大,拱曲越大。只有间隙合理时才能获得尺寸精确、表面平整的冲裁零件。当凸、凹模之间的间隙不均匀时,会出现部分间隙过大,部分间隙过小的情况,模具制造与安装时应特别注意。

2.冲裁间隙的确定

对于飞机工厂的常用金属板料,冲裁模的合理单面间隙 C 是板料厚度的 $2\%\sim5\%$。板料薄而材料软时,间隙占板料厚度的百分比应小。

在模具使用过程中,间隙随着凸、凹模的磨损而逐渐扩大,因此,新制的模具应取间隙最小值。间隙的取制方法如下(见图 3.29):

(1)落料(冲裁外形)时,凹模的尺寸取为零件的最小极限尺寸。决定落料尺寸的是凹模,间隙由减小凸模的尺寸得到,即 $D_凸 = D_凹 - 2C$。

(2)冲孔时,凸模的尺寸取为孔的最大极限尺寸。决定冲孔尺寸的是凸模,间隙由增加凹模的尺寸得到,即 $D_凹 = D_凸 + 2C$。

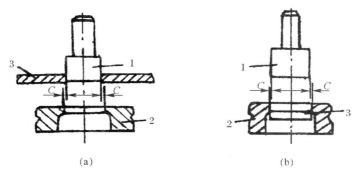

图 3.29　冲裁间隙的确定

(a)冲孔模;(b)落料模

1—凸模;2—凹模;3—零件

五、冲裁力的计算

冲裁力在冲裁变形过程中并不是一个常数。工程术语定义冲裁力是指冲裁过程中的最大剪切抗力。计算冲裁力的目的是合理选用冲裁设备与设计模具。

考虑到模具的刃部被磨损、凸模与凹模间隙不均匀和波动、材料的力学性能波动及材料的厚度偏差等各种因素的影响。实际计算冲裁力时按以下公式:

$$F = KLt\tau$$

式中: F 为冲裁力,N; L 为冲裁件轮廓长度,mm; t 为冲裁件厚度,mm; τ 为材料的抗剪强度,N/mm^2; K 为修正系数,考虑间隙和刃口磨钝的影响,一般取值 $1\sim1.3$。

实验得知:大多材料的 $\tau = (0.6\sim0.75) R_m$, R_m 为材料的抗拉强度。因此该式也可写成

$$F = 1.3Lt\tau \approx LtR_m$$

冲裁时除了剪断材料的力以外,还有卸料力、顶件力和推件力。

卸料力:冲裁时,零件或废料从凸模上卸下来的力,即

$$F_卸 = K_卸 F$$

顶件力:从凹模内将零件或废料逆冲裁方向顶出的力,即

$$F_顶 = K_顶 F$$

推件力:从凹模内将零件或废料顺着冲裁的方向推出的力,即

$$F_推 = K_推 nF$$

式中: F 为冲裁力,N; n 为凹模口内零件或废料的累积件数; $K_卸$, $K_顶$, $K_推$ 为均为系数,可查表

得到,一般在 0.3~0.8 之间,当一次冲多孔或大搭边及外廓形状复杂时,该参数可取大值,反之取小值。

这些力在选择冲裁设备时是否考虑进去,要根据不同的模具结构区别对待。$F_{顶}$ 或 $F_{推}$ 是和冲裁力 F 同时发生的,$F_{卸}$ 则视冲裁模结构不同有可能同时发生,也可能一前一后。故总的冲裁力可能是

$$F_{总} = F + F_{推}$$

或
$$F_{总} = F + F_{顶}$$

或
$$F_{总} = F + F_{推} + F_{卸}$$

或
$$F_{总} = F + F_{顶} + F_{卸}$$

六、冲裁模

冲裁是通过冲裁模来完成的。不同的技术要求、生产条件,需要不同的模具。不同的模具对生产效率、冲裁件的质量及成本等都有直接的影响。冲裁模的结构形式很多,常用的典型冲裁模有简单冲裁模、导柱式冲裁模、连续冲裁模和复合冲裁模等。

1.简单冲裁模

简单冲裁模又称单工序模,在冲床每一个行程内,只能完成落料、冲孔等一个工序,即压力机一次冲程只完成一个冲裁工序的模具。图 3.30 为简单冲裁模,它是冲制圆形板料的落料模。模具的上模部分由模柄 1、凸模 2、凸模固定板 7 组成,通过模柄安装在压力机的滑块之上作上下运动。模具下模部分由刚性卸料板 3、凹模 4、下模座 5、导料板 6 和挡料块 8 组成,用螺钉固定于工作台上。导料板控制条料的送料方向,挡料块 8 控制每次送料的距离。卸料板的作用是将冲裁后卡在凸模上的条料卸下。

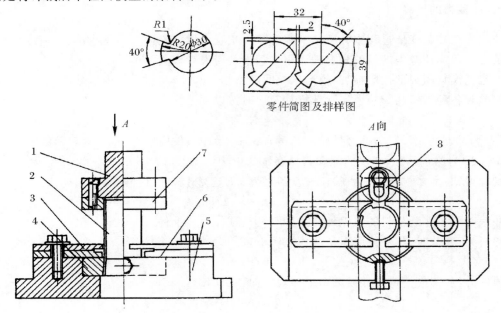

零件简图及排样图

图 3.30　简单冲裁模

1—模柄;2—凸模;3—卸料板;4—凹模;5—下模座;6—导料板;7—凸模固定板;8—挡料块

简单冲裁模结构简单,制造容易,成本低。但由于模具无导向装置,完全依靠压力机滑块

的导轨导向,不易保证模具均匀的间隙,因此,冲裁零件的精度较差,模具安装调整麻烦,使用寿命低。简单冲裁模只用于精度要求不高、形状简单、产量不大的冲裁加工。

2. 导柱式冲裁模

导柱式冲裁模的上、下模分别装有导套、导柱等导向机构,工作时由导柱和导套进行导向,保证了凹、凸模的准确工作位置。图 3.31 为导柱式落料模,导柱 3、导套 4 分别固定在下模座 8 和上模座 2 上。导柱与导套配合起导向作用。图中模具采用两个导柱,并布置在模具的两侧。凸模 6 采用凸模固定板、定位销和螺钉固定于上模座 2 上。卸料板 5 和凹模 7 用螺钉、定位销直接固定于下模座 8 上。冲裁时卸料板的下侧面起导料作用,冲裁后的零件直接从凹模中落下,余料由卸料板卸下。

导柱冲裁模的导向作用好,精度高,冲裁质量好,模具安装方便,使用寿命长,在大批量生产中得到广泛的应用。

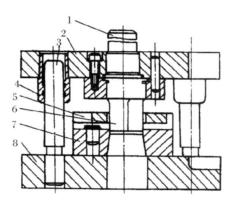

图 3.31 导柱式落料模

1—模柄;2—上模座;3—导柱;4—导套;5—卸料板;6—凸模;7—凹模;8—下模座

3. 连续冲裁模

连续冲裁模是在简单冲裁模基础上发展起来的,适用于大批量生产。其特点是在一副模具中的不同工位上,分别完成不同的冲裁工序。压力机的每一次行程就可以冲裁一个或多个零件,生产效率很高,但材料利用率较低。连续模必须具备精度较高的定位装置,如初始挡料销、挡料销、侧刃、导销以及自动送料装置,因此,结构比单工序冲裁模复杂得多。图 3.32 是最简单的冲裁垫圈的连续模工作原理。条料送进至第 1 工位时首先冲孔,移至第 2 工位时进行裁件,零件从凹模口下落。

4. 复合冲裁模

冲制一个带孔的零件,一般要经过落料、冲孔等几道工序才能完成,这些工序如果采用单工序模冲裁,不但模具数量多,而且工序多,还要运输,而采用多工序模则可以克服以上缺点。复合冲裁模是一种多工序模,它在模具的同一位置上,安装了两副以上不同功能的模具,能在一次行程中,同时完成内孔和外形的冲裁,即压力机一次冲程中,在同一工位同时完成数道工序的模具。图3.33所示为冲制圆形垫圈的复合冲裁模。冲孔凸模 5 和落料凹模 2 用螺钉、冲孔凸模固定板 3 等安装于下模座上,在凸模和凹模之间用推件杆、推件块组成推料装置,冲裁后将圆形垫圈从模具推出。落料凸模和冲孔凹模做成一体,称为凸凹模 7,用固定板、螺钉固定于上模座上。由卸料板 6、橡胶和螺钉组成弹性卸料装置,在冲裁后将余料从凸凹模上卸下。

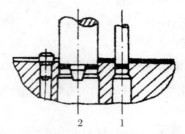

图 3.32　连续冲裁模工作原理

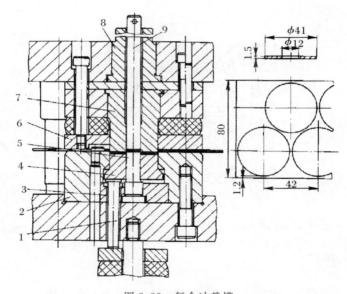

图 3.33　复合冲裁模

1—顶件板;2—落料凹模;3—冲孔凸模固定板;4—推件块;
5—冲孔凸模;6—卸料板;7—凸凹模;8—推件杆;9—模柄

　　复合冲裁模和连续冲裁模相比,采用复合冲裁模进行冲裁可以获得精度较高、质量较好的零件,并适用于大批量生产。

　　复合冲裁模结构复杂,制造精度要求高,造价昂贵,但结构紧凑,寿命较长。复合冲裁模结构的主要特点是有复合形式的凸凹模,它既是落料凸模,又是冲孔凹模。

七、冲裁设备

　　目前,在冲压生产中,常采用的冲压设备是机械压力机和液压机。常用冲压设备的工作原理和特点见表 3.5。冲裁零件的机床主要是机械压力机,俗称冲床。

表 3.5　常用冲压设备的工作原理和特点

类型	设备名称	工作原理	特　点
机械压力机	曲柄压力机	利用曲柄连杆机构进行工作,电动机通过带轮及齿轮带动曲轴传动,经连杆使滑块作直线往复运动,如图 3.34 所示。曲柄压力机分为偏心压力机和曲轴压力机,二者区别主要在主轴,前者主轴是偏心轴,后者主轴是曲轴。偏心压力机一般是开式压力机,而曲轴压力机有开式(见图 3.35)和闭式(见图 3.36)之分	生产率高,适用于各类冲压加工,应用最广泛
	摩擦压力机	利用摩擦盘与飞轮之间相互接触并传递动力,借助螺杆与螺母相对运动原理而工作,如图 3.37 所示	结构简单,当超负荷时,只会引起飞轮与摩擦盘之间的滑动,而不致损坏机件。但飞轮轮缘磨损大,生产率低,适用于中小型件的冲压加工,对于校正、压印和成形等冲压工序尤为适宜
	高速压力机	其工作原理与曲柄压力机相同,但其滑块行程短、次数高(一般将滑块行程次数为 200 次/min 以上的压力机称为高速)、刚度和精度都比较高,一般带有自动送料装置、安全检测装置等辅助装置	生产率很高,适用于大批量生产,模具一般采用多工位连续模
液压机	油压机	利用帕斯卡原理,以水或油为工作介质,采用静压力传递进行工作,使滑块上下往复运动	压力大,而且是静压力,但生产率低,适用于拉深、挤压等成形工序
	水压机		

　　图 3.34 为曲柄压力机传动系统示意图,曲柄压力机的传动是电动机 1 通过带 2 带动大带轮旋转,大带轮通过一对齿轮传动驱动曲柄旋转,曲柄通过连杆 6 带动滑块 7 做往复运动。其中离合器 5 主要作用是在电动机开动的条件下控制滑动的运动和停止。曲柄连杆机构不但能使旋转运动变成往复直线运动,还能起力的放大作用。冲床铭牌上标明的公称压力是增力后的最大压力。

　　与其他种类机床一样,曲柄压力机的分类方法有很多种。最常见的分类方法是按照床身及结构进行分类,主要分为开式压力机和闭式压力机两种。图 3.35 为常用开式压力机外形图,开式压力机工作台面在前、左、右三面敞开,便于安装调整模具和操作。开式压力机虽然刚度不高,在较大冲压力的作用下床身的变形会改变冲模间隙分布,降低模具寿命和冲压件表面质量。但是由于它提供了极为方便的操作条件和易于安装机械化附属装置的特点,因此目前仍是中小型冲压件生产的主要设备。另外,在中小型冲压件生产中,若采用导板模或工作时要求导柱导套不脱离的模具,应选用行程较小的偏心压力机。图 3.36 为常用闭式压力机外形图。闭式压力机通常采用立柱、横梁的框架式床身结构,前后是敞开的。此结构稳定,刚度好,带有平衡器用来平衡压力机滑块和连杆的自重,使压力机工作平衡。为防止因滑块和连杆自重而产生的加速下落,压力机常附有气垫装置,用于下模的退料和弯曲、拉深等工序的压料。

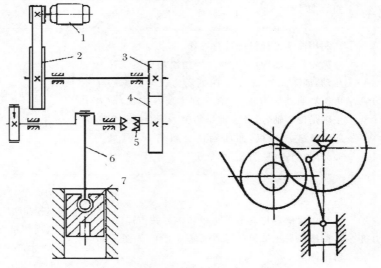

图 3.34　曲柄压力机传动系统示意图
1—电动机;2—带;3,4—齿轮;5—离合器;6—连杆;7—滑块

图 3.35　常用开式压力机外形图

图 3.36　常用闭式压力机外形图

　　图 3.37 为摩擦压力机的结构简图。摩擦压力机的特点是通过螺旋传动来增力和改变运动形式的。操纵手柄 13 通过连杆 7,10,操纵转轴 4 向左或向右移动。摩擦盘 3 和 5 之间的距离,略大于飞轮 6 的直径。转轴 4 由电动机 1 通过带传动而旋转,当其向左或向右移动时,摩擦盘 3 或 5 与飞轮 6 接触,利用摩擦力使飞轮 6 正向或反向旋转。螺杆 9 与螺母 8 是传动螺纹配合,于是滑块 12 被带动向上或向下做直线运动,向上为回行程,向下为工作行程。

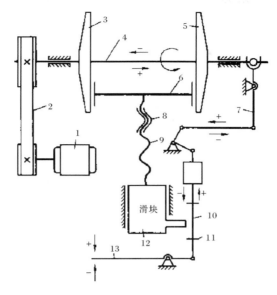

图 3.37　摩擦压力机结构简图

1—电动机;2—带;3,5—摩擦盘;4—转轴;6—飞轮;7,10—连杆;

8—螺母;9—螺杆;11—挡块;12—滑块;13—手柄

3.3　其他分离工艺

一、铣切

铣切下料是利用高速旋转的铣刀对成沓的板料进行铣切。其工艺方法简单,生产率高,是制造飞机大中型平板零件和毛坯的主要加工方式。

常用铣切形式及应用范围见表3.6。

二、锯割

锯割是型材和管材零件常用的下料方法。常用的锯割设备有摆锯、圆盘锯和带锯几种。

表 3.6　常用铣切形式及适用范围

形　式	简　图	适用范围
钣金铣床铣切		铝、镁合金的各种曲线零件及内孔。最大厚度为 15 mm,外形尺寸为 800 mm×1 200 mm,精度为 ±0.5 mm

续 表

形　式	简　图	适用范围
回臂铣床铣切	回臂钻部分（略）,底座　回臂　铣轴电机　靠柱和铣刀　样板和零件　T形槽工作台	回臂可转动 210°,最大外伸量为 2.9 mm,最大厚度为 12 mm,可铣切各种铝合金曲线零件
单台面靠模铣床铣切	操作面板　主轴电机　靠柱和铣刀　样板和零件　T形槽工作台	加工零件的外形尺寸为 1 600 mm×400 mm,厚度为 15 mm,可代替回臂铣
龙门靠模铣床铣切	展开样板　靠柱　操作面板主轴电机　铣刀　主工作台 副工作台 零件	大型铝合金曲线零件,加工零件尺寸为 15 mm×1 600 mm×8 000 mm
双坐标液压仿形铣床铣切	支柱　横梁　主轴变速箱电机　操纵台　仿形架　仿形头　工作台 零件 铣刀　压板 仿形台 靠模	铣切尺寸为 20 mm×1 300 mm×4 500 mm 范围的各种曲线零件仿形操作,液压传递,自动进行
钣金下料数控铣床铣切	储气罐　工作台　主轴头　步履式夹具　油箱　立柱　示波器　发电机组　数控柜　感应电压调整器	铣切尺寸为 12 mm×1 500 mm×7 000 mm 的各种曲线零件。穿孔带控制,自动压料,有吸屑装置

续表

形　式	简　图	适用范围
数控 钻铣床 铣切	Y轴传动　床身　钻铣主轴工位 变频系统　　　　电气柜 进给驱动系统　　　　控制面板 液压系统 X轴传动 工作台 工作台支架　活动支架　安全脚踏板	铣切尺寸为 15 mm×1 200 mm× 3 000 mm 的各种铝合金零件。钻孔直 径为 $\phi 2.5 \sim 10$ mm，精度为 ± 0.1 mm

1. 摆锯

摆锯的传动是由电动机经皮带轮直接带动锯片旋转，该套机构装在可绕固定支点转动的锯架上，锯片下面有工作台和定位装置。零件定好位后固紧，手压锯架扳手，锯片下降进行切割。当材料硬、厚度小、锯片单薄、锯齿稀疏时，扳手压下力要小，以保证安全和良好的切割质量。切断后将锯架上抬，使锯片上摆，便可取下零件。断面积不大的零件，可以叠起来一次切割（见图 3.38）。

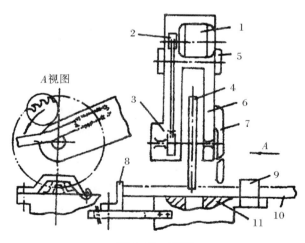

图 3.38　摆锯

1—电动机；2,3—皮带轮；4—锯片；5—支座；6—锯架；7—扳手；8—定位板；9—固定装置；10—零件；11—工作台面

摆锯所用的锯片直径为 $200 \sim 300$ mm，厚度为 $4 \sim 6$ mm，齿形与机械加工用的片铣刀相似，如图 3.39 所示。细齿切割平稳，适于切硬料、薄料；粗齿适于软料、厚料。齿太粗易卡锯和打齿。后角起减少摩擦力作用，一般为 5°左右，前角是便于排除切屑，一般为 10°。楔角保持锯齿锋利同时又保证锯齿有足够的强度。

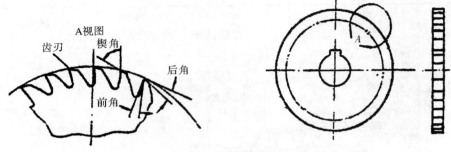

图 3.39　摆锯片

摆锯下料偏差较大,主要用于断面面积大且断面复杂的挤压型毛坯下料,不能保证成品件的公差要求。

2. 圆盘锯

圆盘锯的传动由电动机经皮带轮直接带动锯片旋转,工作台在支架导板上可沿锯片的平面方向移动进行切割。在工作台上可用弓形夹安装临时定位板,保持零件与锯片呈一定角度,在切割长度方向设有定位导板和滑尺,按所要求的长度测量好滑尺端面与锯片平面间的距离并用螺钉固定。锯割过程中要经常检查切割尺寸有无变化,以防产品成批超差或报废。按划线切割时,应使切割线在锯片的平面内用手拿稳零件定位,推动工作台进行切割(见图 3.40)。

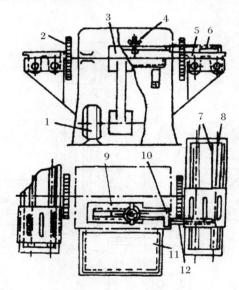

图 3.40　圆盘锯

1—电动机;2—锯片;3—皮带与皮带轮;4—螺栓;5—工作台;6—定位块;7—导杆;
8—支架;9—定位导板;10—滑尺;11—零件盘;12—零件

圆盘锯所用的锯片与摆锯的锯片相似,但直径较小,在 120～220 mm 之间,锯片厚度为 1.5～4 mm。

圆盘锯适用于锯割断面积不太大,厚度为 1～10 mm 的型材件。圆盘锯的切割精度较高,可直接切割出成品零件,长度公差(或按切割线)可保证在 ±0.5～±1.0 mm 之内。

圆盘锯操作要点：

（1）锯片的选择。按所锯割材料的硬度和厚度决定锯齿的粗细和锯片厚度，当材料硬或较薄时应选细齿，反之选粗齿。切割截面积大时应选择直径大而较厚的锯片。

（2）做好切割前的技安保护工作。因锯片露在外面是不安全因素，要特别注意工作服整齐，衣扣、袖扣扣紧，戴安全帽和防护眼镜，不准戴手套，工作地要清理好。

（3）首先应试锯一件，经检验合格后才能成批生产。

（4）开始锯割时进刀量要小，防止锯齿突然受很大切削力而断裂或崩坏零件。快要锯断时也要减小推力及进给量，防止将要锯断处因受力面过小而折断，造成该部位变形甚至缺肉而成为废次品。

（5）在锯割过程中，锯割断面与锯片平面应始终保持平行一致，不要使锯片或零件受到侧向力而损坏。

（6）锯割截面积较大或较厚的料时应加润滑油，用以改善散热条件，使料屑不黏刀，不堵塞锯齿，提高锯割效率和断面粗糙度。

3. 带锯

带锯用于切割各种复杂形状的平面或立体板材和型材，但切割精度不高，效率也不如摆锯和圆盘锯。

图 3.41 主动轮上方有从动轮，两轮直径相等，在两轮柱面上绕以封闭的带锯条，为增大轮与带锯条的摩擦力，常在轮面硫化一层硬橡胶，带锯条随带轮的转动而运动，在两轮之间的直线段锯条做直线运动，零件在工作台上垂直于锯条平移，即可被锯条切割。带锯条窄而薄（宽度约为 10 mm，厚度约为 0.6 mm），所以强度低，且锯条工作时受有垂直上下的拉、压、弯力，也有水平方向的扭力，工作时锯条易断裂。

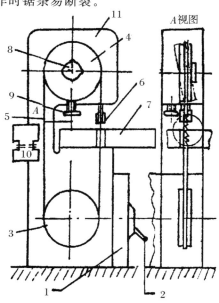

图 3.41　带锯示意图

1—电动机与齿轮变速箱；2—调速手柄；3—主动轮；4—从动轮；5—带锯条；6—锯条夹；
7—台面；8—调偏手柄；9—升降手柄；10—锯条焊接装置；11—床身

带锯的操作要点：

(1)选择锯割速度。锯割速度按零件材料的硬度和断面面积确定，对于软材料或断面面积小的应选高速，反之选低速。

(2)安装与调整锯条。转动从动轮中心处的调整手柄，可以使轮面的垂直度变化，以达到改变锯条在轮面上的位置，使锯条在上、下轮柱面上的位置适当，旋转平稳、不滑落。从动轮上下位置通过升降手柄来调节，根据锯条的长短旋转升降手柄，使锯条挂到两轮上的松紧度适当。锯条"太松"，锯割时易弯曲，造成锯口不当，锯条脱落甚至折断；锯条"过紧"，锯条受横向力就会折断。

为使锯割时锯条不扭歪，设有锯条夹。锯条夹中间有一段开缝，缝宽略大于锯条的厚度，使锯条垂直通过对正切割线，控制锯条的摆动量。锯条夹的高低位置按零件的高低来调节。

(3)试锯。锯条安装调整完毕后，首先开动空转两圈，锯条不脱落即可试锯一件，认为锯割速度和锯条松紧度适当即可正式生产。带锯加工后的零件断面不光洁，一般都须修锉。

锯条的焊接过程：

(1)将要焊接的端头磨成 90°并校平，有搭接焊和对接焊两种。搭接焊端头磨成相对应的斜面，对接焊不好掌握，常用搭接焊(见图 3.42)。

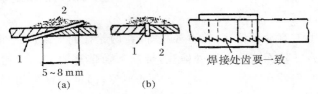

图 3.42　锯条的焊接

(a)搭接焊；(b)对接焊

1—焊片；2—焊药

(2)准备好焊片和焊药。常用的焊片(钎料)有铜合金片和银片，焊接时放在焊口中间。焊药(焊剂)在焊接时首先熔化，附着在金属表面上，防止金属氧化，并形成熔渣，起去除杂质的作用。

(3)装夹固定好锯条端头位置，注意锯齿位置协调一致，然后放上焊片，撒上焊药。

(4)接通电开关，可连接或断续通电。焊药和焊片先熔化后锯条端头才开始熔化，且白炽色之后立刻断电。此时锯条端头材料与焊片材料熔合为一体而连接起来，随后用压板压住，当锯条渐渐冷却到锯条原来颜色后，再继续通电升温到暗红色为止，即进行了"回火"处理，降低焊接处材料的硬度、脆性和消除内应力，待冷却后检查焊接质量。锯条正反两面保持弯曲一定曲度不断裂，然后磨修焊接部位，与未焊的锯条厚度相近并光滑均匀即为合格。

三、氧气切割

气割是利用气体火焰的能量将金属分离的一种加工方法。它适用于厚钢板切割下料，精度可达±1 mm。

1.氧气切割的原理和过程

氧气切割是利用氧-乙炔气体火焰的热能，将零件切割处预热到燃烧温度后，喷出高速切割氧流，使其燃烧并放出热量，从而实现切割的方法(见图 3.43)。

氧气切割过程包括下列三个阶段：

（1）当气割开始时，用预热火焰将起割处的金属预热到燃烧温度。

（2）向被加热到燃点的金属喷射切割氧，使金属剧烈地燃烧。

（3）金属燃烧氧化后生成熔渣和产生反应热，熔渣被切割氧吹除，所产生的热量和预热火焰热量将下层金属加热到燃点，这样继续下去就将金属逐渐地割穿，随着割炬的移动，就切割成所需的形状和尺寸。

2. 气割的条件

（1）燃点要低于熔点。这样才能保证金属在固体状态下燃烧掉，形成切口和割缝。

（2）金属氧化物的熔点要低于金属熔点，否则表面上的高熔点金属氧化物就会阻碍下层金属的连续燃烧，使气割发生困难。

（3）燃烧应是放热反应。放热反应是一个完全的燃烧过程，这样才能对下层金属起预热作用。放热量越多，预热作用越大，越有利于气割过程的顺利进行。

（4）导热性能不应太高。

（5）阻碍切割过程的杂质要少。

四、激光切割

1. 激光切割的原理

激光切割是利用激光器做热源的一种无接触切割技术。激光切割是利用高功率密度的激光束扫描材料表面，在极短时间内将材料加热到几千至上万摄氏度，使材料熔化或汽化，再用高压气体将熔化或汽化物质从切缝中吹走，达到切割材料的目的（见图 3.44）。

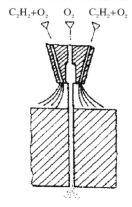

图 3.43　氧气切割示意图

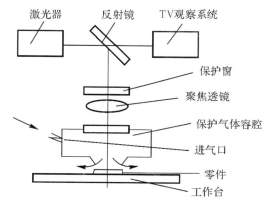

图 3.44　激光切割原理简图

2. 激光切割的特点

（1）切割质量好。

1）切缝窄。由于激光光斑小，切割一般低碳钢的切缝宽度可小到 0.1～0.2 mm。

2）切割表面的粗糙度高，有些零件切割后不需机加工即可直接使用。

3）材料经激光切割后，其热影响区宽度仅为 0.01～0.1 mm，变形很小。

4）切口几何形状好，切口两边平行且与表面垂直度高，切割零件的尺寸精度可达±0.05 mm。

（2）切割效率高。

1）切割速度快。切割低碳钢、钛板这类材料，其速度每分钟可达数米至数十米。

2)切割时零件自由放置,不须用工夹具固定。

3)多工位操作。一台激光器可供几个工作台切割。

(3)激光切割是无接触切割。

1)没有工具的磨损。

2)不同材料和零件不需更换"刃具"。

3)容易实现自动化高速切割。

4)噪声低,污染小。

(4)可切割多种材料。

激光既可用于金属材料的切割,又可用于非金属材料的切割,因此它是一种多功能切割工具。

(5)激光切割零件受热后产生热影响区(HAZ、Heat Affected Zone)。HAZ 使材料内部组织发生变化,对零件的疲劳性能有一定的影响。

(6)激光切割时需要辅助气体用量大、成本高。

3. 激光切割的应用

目前,激光切割对于中、小厚度板较为有利,而对于大厚度板的切割还有一定困难,可切割钛合金、不锈钢、合金钢等板料的各种曲线内外形零件,切割尺寸为 1 300 mm×2 300 mm。

4. 激光切割操作中的不安全因素

(1)眼睛损伤,包括角膜烧伤或网膜烧伤。

(2)皮肤灼伤。

(3)当激光与零件相互作用时,析出有害气体会损伤呼吸系统。

(4)触电。

(5)被化学物质损伤。

(6)由于低温冷却剂造成的损伤。

五、电火花线切割

1. 电火花线切割的原理

电火花线切割(简称线切割)是利用移动的细金属导线(铜丝或钼丝)做电极,通过脉冲火花放电对零件进行切割。

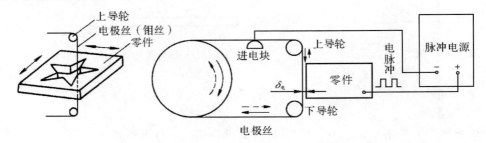

图 3.45　电火花线切割加工原理示意图

图 3.45 当电火花线切割时,电极丝接脉冲电源的负极,零件接脉冲电源的正极,在正、负极之间加上脉冲电源。当来一个电脉冲时,在电极丝和零件之间产生一次火花放电,在放电通道的中心温度瞬时可高达 10 000℃以上。高温使零件金属熔化,甚至有少量汽化,高温也使电

极丝和零件之间的工作液部分产生汽化,这些汽化后的工作液和金属蒸气瞬间迅速热膨胀,并具有爆炸的特性。这种热膨胀和局部微爆炸,将熔化和汽化了的金属材料抛出而实现对零件材料进行电蚀切割加工。通常认为电极丝与零件之间的放电间隙在 0.01 mm 左右,若电脉冲的电压高,放电间隙会大一些。

2. 电火花线切割的分类

(1)电火花线切割按控制方式分为靠模仿型控制、光电跟踪控制、数字程序控制、微机控制等。

(2)电火花线切割按走丝速度分为低速走丝方式(俗称慢走丝)和高速走丝方式(俗称快走丝)。

3. 电火花线切割加工的特点及应用

电火花线切割加工的特点:

(1)适合于机械加工方法难于加工的材料的加工,如淬火钢、硬质合金、耐热合金等。

(2)线为工具电极,节约了电极设计和制造费用和时间,能方便地加工形状复杂的外形和通孔,能进行套料加工。冲模加工的凸凹模间隙可以任意调节。

(3)被加工材料必须导电。

(4)不能加工盲孔。

电火花线切割加工广泛用于加工硬质合金、淬火钢模具零件、样板、各种形状复杂的细小零件、窄缝等。切割厚度可达 300 mm 以上,精度可达±0.01 mm。

六、等离子弧切割

等离子弧切割是以高温、高速的等离子弧为热源,将被割件局部熔化,并利用压缩的高速气流的机械冲刷力,将已熔化的金属或非金属吹走而形成狭窄切口的过程。

等离子弧切割具有以下特点:

(1)应用范围广。等离子弧可以切割各种高熔点金属及其他切割方法不能切割的金属,如不锈钢、耐热钢、钛、钼、钨、铸铁、铜、铝及其合金等,切割不锈钢、铝材等厚度可达 200 mm 以上。它还能切割各种非导电材料,如耐火砖、混凝土、花岗石和碳化硅等。

(2)切割速度快、生产率高。在目前采用的各种切割方法中,等离子弧切割的速度比较快,生产率也比较高,例如,切 10 mm 厚的铝板,速度可达 200~300 mm/h;切 12 mm 厚的不锈钢,速度可达 100~130 mm/h。

(3)切割质量高。等离子弧切割时,能得到比较狭窄、光洁、整齐、无黏渣、接近于垂直的切口,而且切口的变形和热影响区较小,其硬度变化也不大,切割质量好。

等离子弧切割时,为了保证安全,应注意下列几个方面:

(1)等离子弧切割时的弧光及紫外线对人的皮肤及眼睛均有伤害作用,因此必须采取保护措施(工作服、面罩等)。

(2)等离子弧切割时,会产生大量的金属蒸气和气体,吸入人体内常产生不良的反应,因此工作场地必须安装强制抽风设备。

(3)电源要接地,割枪的手把绝缘要好。

(4)钍钨极是钨与氧化钍经粉末冶金制成的。钍具有一定的放射性,但一根钍钨棒的放射剂量很小,对人体影响不大。当大量钍钨棒存放或运输时,因剂量增大,应放在铅盒里为宜。在磨削钍钨棒时,产生的尘末进入人体是不利的,因此在砂轮机上磨削时,必须装有抽风装置。

七、高压水切割

高压水切割是将增压至约 400 MPa 的净化水从可控的针状喷嘴射出,形成速度高达约1 000 m/s的射流,对材料进行切割的工艺方法。高压水切割精度高,设备昂贵。它分为纯水射流切割和磨料射流切割两种。纯水射流切割的能量有限,主要用于复合材料的塑料制品的切割。在纯水中混入 60～100 目的棕刚玉磨粒,切割能力大为提高,称磨料射流切割,可切割铝合金、不锈钢及合金钢材料,也可切割非金属材料,如玻璃、陶瓷等。

八、光电跟踪自动切割

光电跟踪自动切割是一项新技术,它可省掉在钢板上划线的工序,而直接进行自动切割。光电跟踪自动切割机由光电跟踪台和自动切割机两大部分组成。光电跟踪自动切割是按被切割件的尺寸形状,并考虑切割的切口补偿量后,按一定的比例(通常采用 1∶1 或 1∶10 的缩小仿型图)绘制光电跟踪图样的。切割时,将绘制好的图样置于光电跟踪台上,将光电头对准图样的线条。这时,光电跟踪装置根据图样上的线型发出控制信号,输入到自动切割机的随动系统,使自动切割机按照光电跟踪图样上的线条进行切割动作,完成零件的切割工作。

光电跟踪切割的切割精度和表面粗糙度与数控相比相差无几,所不同的是光电跟踪切割要受到光电跟踪台尺寸、面积的限制,还要受到图形绘制精度的影响。因此,光电跟踪切割适用于切割尺寸小于 1 m 的零件。然而光电跟踪切割与数控切割相比具有独特的优点。首先,光电切割可以切割形状复杂的零件。有的零件的几何形状由多条直线和圆弧或非圆弧曲线组成,若用数控切割,则编制切割程序较困难。而采用光电跟踪切割则只要画出正确的光电跟踪图形即可完成精确的切割。其次,数控切割时需要使用大块的钢板,以便于编制套料程序,而光电跟踪切割可以利用边角余料等进行零件切割,可以有效地提高材料的利用率。

九、焊接机器人切割

焊接机器人是从事焊接(包括切割与喷涂)的工业机器人。根据国际标准化组织(International Organization for Standardization,ISO)工业机器人属于标准焊接机器人的定义,工业机器人是一种多用途的、可重复编程的自动控制操作机,具有三个或更多可编程的轴,用于工业自动化领域。为了适应不同的用途,机器人最后一个轴的机械接口,通常是一个连接法兰,可接装不同工具或称末端执行器。焊接机器人就是在工业机器人的末轴法兰装接焊钳或焊(割)枪的,使之能进行焊接、切割或热喷涂。

随着电子技术、计算机技术、数控及机器人技术的发展,自动焊接机器人从 20 世纪 60 年代开始用于生产以来,其技术已日益成熟,主要有以下优点:

(1)稳定和提高焊接质量,保证其均匀性。

(2)提高劳动生产率,一天可 24 h 连续生产。

(3)改善工人劳动条件,可在有害环境下工作。

(4)降低对工人操作技术的要求。

(5)缩短产品改型换代的准备周期,减少相应的设备投资。

(6)能在空间站建设核能设备维修、深水焊接等极限条件下完成工人难以进行的焊接作业。

（7）可实现小批量产品的焊接自动化。

（8）为焊接柔性生产线提供技术基础。

机器人要完成焊接、切割或热喷涂，必须依赖于控制系统与辅助设备的支持和配合。完整的焊接机器人系统一般由机器人操作机、变位机、控制器、焊接系统［专用焊接电源、焊（割）枪或焊钳等］、焊接传感器、中央控制计算机和相应的安全设备等部分组成，如图 3.46 所示。

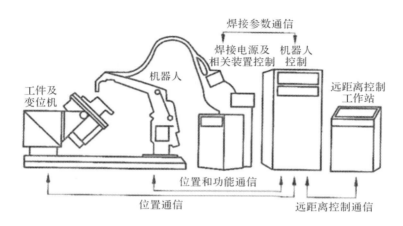

图 3.46　焊接机器人系统的组成

（1）机器人操作机是焊接机器人系统的执行机构，由驱动器（大多采用伺服电动机驱动）、传动机构、机器人臂、关节以及内部传感器（编码盘）等组成，其任务是精确地保证末端操作器按所要求的位置和姿态实现运动。

（2）变位机是机器人焊接生产线及焊接柔性加工单元的重要组成部分，其作用是将被焊零件通过旋转或平移达到最佳的焊接位置。

（3）机器人控制器是整个机器人系统的神经中枢，它由计算机硬件、软件和一些专用电路构成，其软件包括控制器系统软件、机器人专用语言、机器人运动学及动力学软件、机器人控制软件、机器人自诊断及自保护软件等。

（4）焊接系统是焊接机器人完成作业的核心装备。焊接系统主要由焊（割）枪或焊钳、焊接控制器及水、电、气等辅助部分组成。焊接控制器是由微处理器及部分外围接口芯片组成的控制系统，它可根据预定的焊接监控程序，完成焊接参数输入、焊接程序控制及焊接系统故障自诊断，并实现与本地计算机及手控盒的通信联系。

（5）焊接传感器的任务是实现零件坡口的定位、跟踪及焊缝熔透信息的获取。

（6）控制系统与外围设备的连接。机器人控制系统不仅要控制操作机的运动，还需控制外围设备的动作、开启、切断以及安全防护，图 3.47 是典型的控制框图。

控制系统与所有设备的通信信号有数字量信号和模拟量信号。控制柜与外围设备用模拟信号联系的有焊接电源、送丝机构以及操作机（包括夹具、变位机等）。这些设备需通过控制系统预置参数，通常是通过 D/A 转换器给定基准电压，控制器与焊接电源和送丝机构电源一般都需有电量参数隔离环节，控制系统对操作机电动机的伺服控制与对机器人伺服控制电动机的要求相仿，通常采用双伺服环，以确保零件焊缝到位精度与机器人到位精度相等。数字量信号负担各设备的启动、停止、安全以及状态检测。

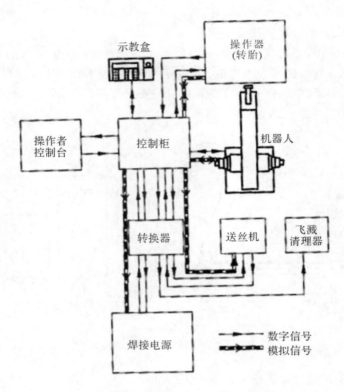

图 3.47　控制系统与外部设备控制框图

3.4　排样与搭边

一、材料利用率

零件在条料或板料上的布置方法叫排样。排样的目的是减少废料,提高材料利用率。排样是否合理直接影响材料的利用效用,还会影响模具的结构和使用寿命、生产率、零件精度、生产操作和安全等方面。衡量排样经济性的指标是材料利用率,即零件的实际有效面积 A_0 与制造此零件所用板料面积 A 之比值:

$$\eta = \frac{A_0}{A} \times 100\%$$

式中:η 为材料利用率,%;A_0 为零件实际有效面积,mm^2;A 为制造此零件所用的板料面积,mm^2。

从图 3.48 所示可知:若能减少废料面积,材料利用率则可提高。废料可分为两部分,即工艺废料和设计废料(或称结构废料)。前者与排样样式有关;后者则是由零件结构形状决定的,无法改变。提高材料利用率主要应从减少工艺废料着手,通过合理的排样方法,使工艺废料减至最少。同样一个制件,可以有几种不同的排样方法,从而得到不同的材料利用率,如图 3.49(a)(b) 所示,材料利用率分别为 50%,70%。有时在不影响零件使用要求的前提下,对零件结构作些适当改进,可以减少废料,提高材料利用率。图 3.49(c) 为改进后材料利用率达到 80%。

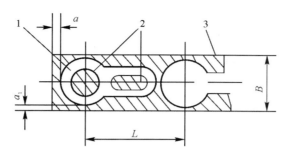

图 3.48　冲裁件的废料和搭边

1—零件的有效面积;2—设计废料面积;3—工艺废料面积;a_1—条料的侧搭边;
a —冲裁件之间的搭边;B—条料宽度;L—进距

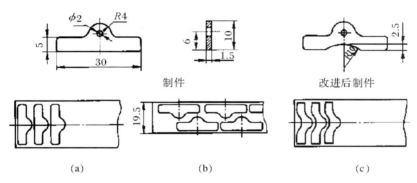

图 3.49　冲裁件排样方法的比较

(a)(b)制件结构改进前;(c)制件结构改进后

二、排样方法

当选择排样方法时,除了材料利用率之外,还应考虑到模具制造和使用是否方便、板料的纤维方向是否满足后续工序要求等因素。

1.板材铣切下料合理排样法

(1)集中画料法。把材料规格、厚度相同的零件集中在一起画料,先画大的,后画小的并留出一定的切割余量,按画线下料。这种方法适于中小批量生产,是临时性的组合下料[见图 3.50(a)]。

(2)合理套料法。大批量生产时,将规格、厚度相同的零件按形状不同和数量多少适当组合,留出加工余量,组成原材料的固定规格(即长度、宽度、厚度固定,材料种类固定),并用成组下料样板固定下来。成组下料样板适用于在大型铣床(如回臂铣)上铣切下料。其下料过程如下:

首先根据生产数量领出同一规格和成组下料样板一般大的板料若干张,按铣床所允许的铣切厚度,分成适当厚度的料叠,将成组下料样板放在料叠上钻出各零件的定位孔后取下,再将各零件的铣切样板放上与料叠一并固定在工作台上,逐个铣切[见图 3.50(b)]。

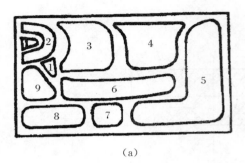 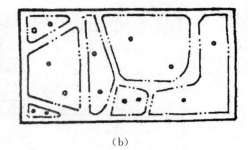

图 3.50　铣切下料排样法

(a)集中画料；(b)合理套料

2.挤压型材下料合理排样法

采用统计计算画料法，把型号、材料牌号、状态相同仅长度不同的零件集中下料，先下长的、后下短的，或按原型材长度，将几种不同长度的下料尺寸搭配起来，使材料除去锯口、料头等处外都能充分利用。

3.冲裁件的合理排样法

(1)有废料排样。有废料排样一般是沿零件的全部外形冲裁。零件与零件之间、零件与条料侧边之间都存在有搭边废料[见图 3.51(a)]。因为有搭边，这种排样能保证冲裁质量，模具寿命也长，但材料利用率低。

(2)少废料排样。少废料排样一般是沿零件部分外形切断或冲裁，废料只有冲裁刃口之间的搭边[见图 3.51(b)]，材料利用率高。

(3)无废料排样。无废料排样是零件与零件之间，以及零件与侧边之间均无搭边废料[见图 3.51(c)]。是否能做到无废料冲裁，与零件的几何形状有很大关系。

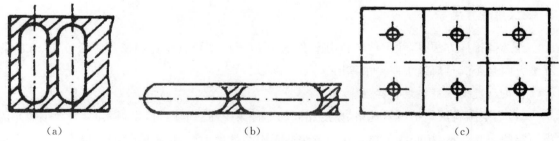

图 3.51　冲裁件的排样法

(a)有废料排样；(b)少废料排样；(c)无废料排样

采用少无废料排样除节约原材料外，还可简化模具结构、降低冲裁力，但也存在着一些缺点，即零件质量和精度较差，模具寿命较低。其原因是条料本身公差及冲裁时条料的导向与定位公差大所致。在少无废料排样中，一般采用单边冲裁，这样会影响零件断面质量和模具寿命。

(4)按零件形状及排样方式可分成直排、斜排、对排、多排、混合排及冲裁搭边等，见表3.7。

表 3.7 排样类型

序号	排样类型	排样简图		应用情况
		有废料	无废料或少废料	
1	直排			比较简单的方形、矩形件
2	斜排			椭圆形、十字形、T 字形、Γ 字形和角尺形件
3	对排			梯形、三角形、半圆形、山字形、Π 字形件
4	多排			大批量生产中尺寸不太大的圆形、六角形件
5	混合排			材料及厚度均相同的两种或两种以上的零件
6	冲裁搭边			细而长的零件或将宽度均匀的板料只在零件的长度方向冲成一定形状

选择合理的排样布局方式,是提高材料利用率、降低生产成本和保证零件质量的有效措施。选择合理的排样方式和适当的搭边值,是提高材料利用率、降低生产成本和保证零件质量及模具寿命的有效措施。目前,可以运用数学算法和计算机技术求解排样问题,即计算机辅助排样(Computer Aided Nesting,CAN)。由于计算机排样涉及经济效益(一般可提高材料利用率 5%～8%),国内外学者对优化排样算法进行大量研究,开发了各种各样的排样软件,如 AutoNEST 钣金排样软件、MTC ProNest 排样软件。这些软件不仅支持规则板料,而且还支持不规则板料排样、嵌套排样、余料保存及余料排样等。

三、搭边

排样中相邻两制件之间的余料或制件与条料边缘间的余料称为搭边。其作用是补偿定位误差和保持条料有一定的强度和刚度,防止由于条料的宽度误差、送进步距误差、送料歪斜等原因而冲裁出残缺的废品,保证送料的顺利进行,从而提高制件质量。凸、凹模刃口可沿整个封闭轮廓线冲裁,受力平衡,提高模具寿命和制件断面质量。

搭边值的大小要合适,搭边过大材料利用率低,搭边过小则不能发挥搭边的作用,在冲裁过程中会被拉断,造成送料困难,使制件产生毛刺,有时还会被拉入凸、凹模之间的间隙内,损坏模具的刃口,降低模具寿命。

影响搭边值大小的因素有材料的力学性能、材料的厚度、制件的形状和尺寸、排样的形式及送料、挡料的方式,具体数值可查表获得。

安全小·提示

分离工艺所用机床种类很多,必须按各个机床的操作规程操作,否则会造成机械或人身事故。

分离工艺所用机床应尽可能设专人操作,如冲床、铣床、龙门剪床要有固定的操作者。操作者应受过专门训练并获有操作合格证才能上床操作,其他人不可擅自使用。滚剪机、振动剪、带锯、圆盘锯等不便固定专人操作,每个生产工人都可操作,但要求操作者必须懂得机床的性能和安全操作规程,每台机床都必须有专人负责保养、维护,任何人使用机床前都应征得机床负责人的允许,使用完毕及时清扫并做好交接工作。

分离工艺机床使用技术安全操作规程如下:

(1)操作前要做好一切劳动保护工作,如工作服要整齐,衣扣、袖口要扣全,女工应戴工作帽,把头发盖在帽内,其余如眼镜、手套、口罩等,规定要戴的必须戴好,不该戴的不能戴。

(2)操作前应首先检查机床的完好性,检查是否有异常现象,机床在润滑良好的情况下才能操作。

(3)检查机床周围有无障碍物,要确保工作地整洁有序。

(4)试车:在确认机床情况正常后才能启动运转,观察有无异常现象。对于冲床、龙门剪床可踏几次脚踏板,观察剪切冲压是否正常,正常方可进行生产。

(5)工作中要经常查看机床运转状况,螺栓有无松动,固定压板等受力件有无变形和位移,及时处理和发现不安全因素。

(6)排除故障时必须先切断电源,不可在机床运转情况下进行。

(7)凡需离开机床、停电或发现不正常情况应关闭电机。

(8)严禁手进入机床工作区域。

(9)工作完毕后先关电机,然后清理工作地、机床,并润滑保养。

(10)分班作业要做好设备交接工作。

(11)机床设备应按保养制度定期检修。

思 考 题

1.简述剪切原理及过程。

2.剪切断面一般分为哪几个区域?

3.何谓剪切间隙?剪切间隙过大或过小有什么影响?

4.简述手工剪切操作及要点。

5.分析手工剪切常见质量故障原因及排除方法。

6.简述冲裁基本原理。冲裁常包括哪些工序?

7.冲裁间隙对冲裁件质量有何影响?

8.冲裁间隙取制原则和方法各是什么?

9.摆锯、圆盘锯、带锯分别应用在什么场合?

10.氧气切割原理是什么?氧气切割的条件是什么?

11.分别叙述激光切割和电火花线切割原理及特点。

12.何谓排样?其目的是什么?

13.怎样计算材料利用率?

14.何谓搭边?其作用是什么?

15.冲裁件常用的排样方法有哪些?

第4章 手工成形

内容提示

随着生产技术的不断发展和进步,绝大多数的成形工艺在机器上得以完成,手工方法往往作为补充加工或修整工作。对于在单件生产情况下,或对于一些形状比较复杂的零件,仍离不开手工操作及加工。本章主要讲述弯曲、放边、收边、拔缘、拱曲、卷边、咬缝及校正等手工成形工艺的基本要领及方法。

教学要求

(1)掌握按图划线的方法和步骤。

(2)掌握手工剪切的操作方法及操作要点。

(3)掌握手工剪切常见质量故障、原因分析及排除方法。

(4)掌握弯曲、放边、收边、拔缘、拱曲、卷边和咬缝等手工成形的基本操作方法及要点。

(5)掌握弯曲、放边、收边、拔缘、拱曲、卷边和咬缝等手工成形质量的控制及常见故障排除方法。

(6)掌握校正的基本操作方法及要领。

(7)学会判断零件的变形部位及校正方法。

(8)熟练掌握薄平板件的校平操作。

内容框架

```
                                    ┌─ 概述
                    ┌─ 手工划线 ─────┤
                    │               └─ 划线的方法
                    │
                    │               ┌─ 概述
                    │               │
                    │               ├─ 弯曲过程的变形分析
                    │               │
                    │               ├─ 最小弯曲半径
        手工成形 ───┤               │
                    │               ├─ 弯曲回弹
                    └─ 手工弯曲 ─────┤
                                    ├─ 弯曲件展开尺寸的计算
                                    │
                                    ├─ 手工弯曲操作方法及要点
                                    │
                                    └─ 手工弯曲常见质量故障、原因分析与排除方法
```

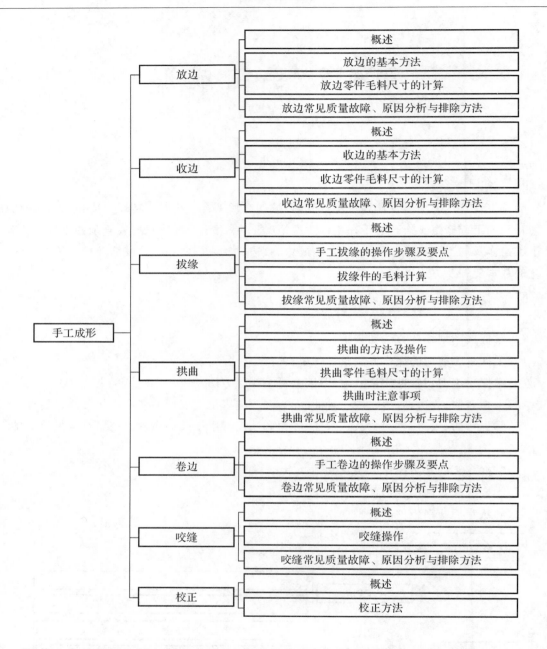

随着生产的不断发展和技术进步,绝大多数的成形工艺是在机器上完成的,手工方法往往作为补充加工或修整工作。对于在单件生产情况下,或对于一些形状比较复杂的零件,仍离不开手工操作及加工。手工成形也需要一些简单的胎型、靠模和各种各样的工夹具,这些工夹具一般是通用的、万能的。手工成形件的质量如何,取决于操作程序的安排是否合理以及所选用的工、夹、胎具是否合适,然而最重要的是取决于操作工人的实践经验的多少与操作技巧的高低。这种方法虽然劳动强度大,但由于使用的工具简单,操作比较灵活,至今仍被广泛采用。下面介绍弯曲、放边、收边、拔缘、拱曲、卷边、咬缝及校正等手工成形工艺的基本要领及方法。

4.1 手 工 划 线

一、概述

在被加工材料上划出加工界限的线(含冲点)叫做划线。划线工具如图 4.1 所示。

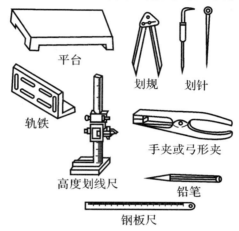

平台

划规　划针

轨铁

手夹或弓形夹

高度划线尺

铅笔

钢板尺

图 4.1　划线工具

二、划线的方法

1.按图样划线的方法和步骤

(1)仔细研究零件图并拟订划线计划。

(2)划线步骤如图 4.2 所示,最后检查划线。

(3)注意:铝合金用铅笔划线(镁合金用红铅笔),仅外形用划针;按图样划线要量取尺寸,不能平移。

2.按样板划线的方法和步骤

(1)磨尖划针,其角度为 15°~20°,如图 4.3 所示。

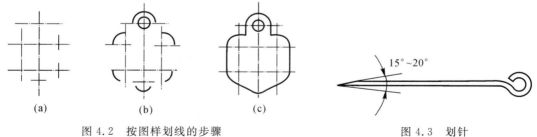

(a)　　　　　(b)　　　　　(c)

图 4.2　按图样划线的步骤

15°~20°

图 4.3　划针

(a)划中心线;(b)划圆弧和圆周线;(c)用直线将圆弧连接

(2)将样板放在材料上用夹子夹紧。

(3)划线时,使划针锥面沿样板外缘滑动,用均匀的压力划出线来,如图 4.4 所示。

(4)按样板钻孔时,应按样板孔位冲点。

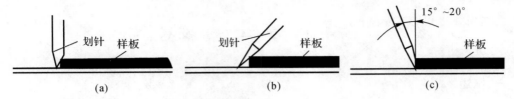

图 4.4 按划针划线

(a)划针未磨正确；(b)划针位置不正确；(c)正确

4.2 手工弯曲

一、概述

1.弯曲

将板材、型材或管材等弯成一定角度和曲度，形成一定形状零件的方法称为弯曲。

2.弯曲的类型

(1)手工弯曲。手工弯曲是指用手工操作将板料沿直线或曲线弯曲成一定的角度或弧度的方法。

1)弯折。把原来是一个平面的板料弯成两个或两个以上平面的板料的操作称为弯折。

2)卷曲。把单平面的板料卷成一个单曲面(如圆筒等)的操作称为卷曲。

(2)机械弯曲。机械弯曲是指将板料、条料、型材、管材等，用机械的方法在塑性变形的范围内沿直线弯成一定的角度或一定的弧度的方法。

3.典型弯曲件(见图 4.5)

图 4.5 典型弯曲件

4.手工弯曲所用工具(见图 4.6)

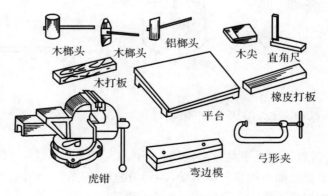

图 4.6 手工弯曲用工具

二、弯曲过程的变形分析

1.分析条件

(1)冷弯状态。钣金工作大多数是在室温下进行的,钢的再结晶温度约为 450℃,铝的再结晶温度约为 270℃,因而钣金工作大多数属于冷加工。

(2)假设板料弯曲后变形只发生在弯曲部位。

(3)为了便于观察变形情况,弯曲前在板料弯曲部分划出弯曲始线和弯曲终线(见图4.7)。

2.分析

(1)弯曲前。板料断面上三条线段的长度相等,即 $a'b' = ab = a''b''$。

(2)弯曲后。

1)长度的变化。

a.材料内层受压,长度缩短。

b.材料外层受拉,长度伸长,即 $a'b' < ab < a''b''$。

c.材料的中性层,长度不变。

2)宽度的变化。

a.当弯曲宽度 $B \leqslant 3t$(t 为材料厚度)时,弯曲区的外表面宽度变窄,而其内表面宽度变宽。

b.当弯曲宽度 $B > 3t$ 时,由于横向变形受到宽度方向大量材料的阻碍,宽度基本不变。

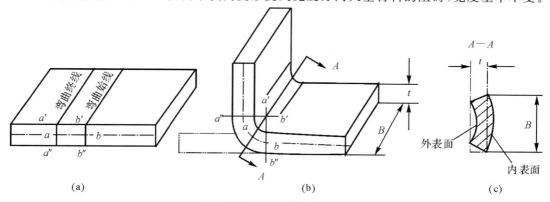

图 4.7　板料弯曲时的变形
(a)划出弯曲线的板料;(b)经弯曲成形的零件;(c)窄板料弯曲后的宽度变化

3.注意

(1)在材料厚度之间有一层长度不变,这一层叫作中性层。当金属板料塑性弯曲时,中性层的位置不是固定不变的,它是随着弯曲件的弯曲半径大小(即曲率大小)等发生变化。在一般情况下,这种变化不大,通常近似取在材料厚度的中间位置。要确定弯曲件展开料时,以中性层为基准进行计算。

(2)板料经过弯曲后,弯曲区的厚度一般要变薄,并产生冷作硬化。如果反复弯曲或弯曲半径太小,很容易断裂。因此弯曲时对弯曲次数(以后各章会讲)和弯曲半径要严加限制。

三、最小弯曲半径

最小弯曲半径是指弯曲零件的内弯曲半径 R 所允许的最小值。不同材料的最小弯曲半径的数值是不同的,使用时按材料牌号和状态查表可得。影响最小弯曲半径的主要因素有以下方面。

1.材料的力学性能及加工硬化程度

当材料的抗拉强度低、塑性差而加工硬化严重时,最小弯曲半径值大;反之就小。

2.弯曲角度

当材料相同时,弯曲角度越大,最小弯曲半径值就应越大;反之就越小。

3.材料的纤维方向(见图4.8)

(1)顺纹弯曲时最小弯曲半径值大;

(2)垂纹弯曲时最小弯曲半径值小;

(3)与纤维方向成45°方向弯曲时最小弯曲半径值介于前两者之间。弯曲线与纤维方向一般应保持60°,最小不能小于30°,否则易产生裂纹。

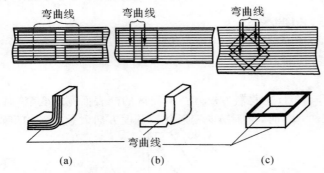

图4.8 纤维方向对弯曲半径的影响

(a)弯曲线与纤维方向垂直;(b)弯曲线与纤维方向平行;(c)弯曲线与纤维方向成一定角度

4.板料的边缘状况(见图4.9)

边缘有毛刺、加工硬化、表面划伤等缺陷,弯曲时易裂,因而须适当增大最小弯曲半径。

(1)位于弯曲部位的板料边缘要消除毛刺。

(2)弯边的交接处在允许的情况下,应钻出止裂孔。止裂孔的大小一般为$\phi \geqslant t+R$,止裂孔的中心在两弯曲中心线的交点上。

(3)弯曲线与开孔或开口的边距应大于弯曲半径与材料厚度之和。

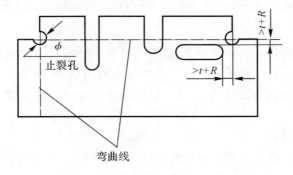

图4.9 弯曲件板料的边缘状况

5.板料的表面状态

如果弯曲材料表面有缺陷(如麻坑、锈蚀、划痕、毛刺、裂纹和硬化等),就会造成应力集中,允许的最小弯曲半径值就要增大。弯曲时应将板料有缺陷的表面作为弯曲内表面。

四、弯曲回弹

弯曲回弹是板料在塑性变形区域内(弯曲)变形,卸载后又略呈复原的状态。

1. 产生原因

由于材料在未卸载之前的总塑性变形中包含一部分弹性变形,即板料在塑性弯曲的同时还有弹性变形存在,从而使弯曲件产生角度和弯曲半径的回弹,影响弯曲件的准确度。从作用力与反作用力角度来说,被弯曲的板料外侧伸长,内侧受压缩短,卸载后,在反力作用下,外侧趋向缩短,内侧则趋向伸长,产生回弹。

2. 回弹角

回弹角是材料弯曲后回弹的角度。$\Delta\alpha = \alpha_1 - \alpha_2$,如图 4.10 所示。

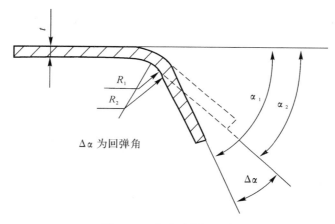

图 4.10　弯曲零件的回弹

由以上可知,在实际工作中,"回弹"对钣金零件的成形非常不利。回弹会使零件成形的准确度降低,并增加手工修整工作量。因此希望回弹角越小越好,最理想的状况是回弹角等于零。那么减小甚至消除回弹对弯曲件尺寸精度的不利影响,就需要找到回弹规律,从而采取适当措施,控制回弹。

3. 影响回弹因素

(1)材料的力学性能。材料的屈服强度 R_{el} 越高,回弹越大;材料的弹性模数 E 越大,回弹越小。

(2)变形程度。在弯曲中变形程度用相对弯曲半径,也就是弯曲半径 R 和材料厚度 t 的比值 R/t 来表示。R/t 小则回弹小(因为 R/t 小则表示零件的变形程度大);反之 R/t 值大时(零件的变形程度小)回弹大。在许可弯曲半径范围内,使 R/t 接近或等于 1~1.5,可使回弹最小。

(3)弯曲角度。弯曲角度大(即变形区大),则回弹大。

(4)弯曲形状。弯曲件截面形状不同回弹量也不同。一般形状复杂回弹小;一般 V 形件回弹大于 U 形件。

(5)弯曲形式。自由弯曲比用模子弯曲回弹大。

(6)材料的纤维方向。顺纹弯曲时,回弹小;垂纹弯曲时,回弹大。

(7)其他因素。影响回弹的因素还有如材料的厚度、宽度等。

4. 减小回弹的措施

(1)修整弯曲模角度,实现"过正"弯曲(见图 4.11)。

(2)采用顶面微凹的凸模和顶面微凸的顶件板,弯曲后利用底部产生的回弹来补偿两个圆角处的回弹,以进行 U 形件的弯曲(见图 4.12)。

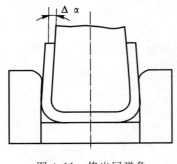

图 4.11　修出回弹角

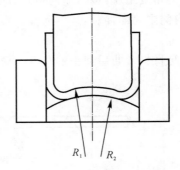

图 4.12　回弹相互补偿

(3)改变模具结构形状,把弯曲模做成局部凸起的形状使凸模集中地作用在引起回弹变形的弯曲变形区(见图 4.13)。改变弯曲变形区的应力状态,使其变成三向受压的应力状态。当 U 形件弯曲时,采用负间隙弯曲,使凸凹模之间的单边间隙比材料厚度小 3%～5%,弯曲过程中含有挤压作用,从而减少回弹角。

(4)利用橡胶或聚氨酯软凹模代替金属刚性模进行弯曲,利用调节凸模压入凹模的深度的方法控制弯曲角度(见图 4.14),使卸载回弹后所得零件的角度符合精度要求。

(5)在工艺上,采用校正弯曲代替自由弯曲。

(6)在零件设计上改进某些结构,以增加零件刚度来减少回弹。

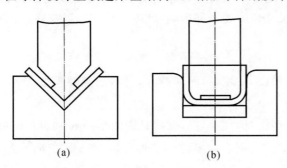

图 4.13　改变凸模形状减少回弹

(a)V 形模;(b)U 形模

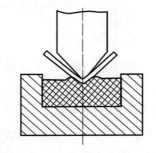

图 4.14　弹性凹模的单角弯曲

五、弯曲件展开尺寸的计算

弯曲件展开尺寸正确与否,直接影响零件的质量和生产效率。因为展开尺寸如果计算不准确会导致零件报废、材料浪费或增加修整工作量。弯曲件展开尺寸的计算方法有理论计算法、简化计算法和图解法(略)。

1. 理论计算法

(1)弯曲半径很小$\left(R < \dfrac{t}{2}\right)$时,展开尺寸计算法。

1)单角弯曲件展开尺寸[见图 4.15(a)]为

$$L = L_1 + L_2 + Kt \tag{4.1}$$

式中:K 为修正系数,介于 0.48~0.5 之间,软料取小值,硬料取大值;L_1,L_2 为直边内表面交线长度;t 为材料的厚度。

2)多角弯曲件展开尺寸[见图 4.15(b)]为

$$L = L_1 + L_2 + L_3 + \cdots + L_n + (n-1)K_1 t \tag{4.2}$$

式中:K_1 为修正系数,双角弯曲时介于 0.45~0.48 之间,多角弯曲时为 0.25(对于塑性好的材料可减至 0.125);L_1,L_2,$\cdots$,L_n 为直边内表面交线长度;t 为材料的厚度。

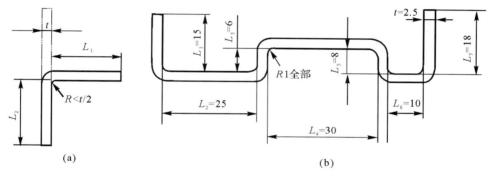

图 4.15 小弯曲半径的弯曲件

(a)单角弯曲件;(b)多角弯曲件

例 4.1 计算图 4.15(b)零件的展开尺寸。

解 取 $K_1 = 0.25$,将各值代入式(4.2),得

$$L = L_1 + L_2 + L_3 + L_4 + L_5 + L_6 + L_7 + (7-1) \times 0.25 \times 2.5 =$$
$$15 + 25 + 6 + 30 + 8 + 10 + 18 + 0.25 \times 2.5 \times 6 = 115.75 \text{ mm}$$

(2)中性层展开计算法。当弯曲件的弯曲半径 $R > \dfrac{t}{2}$ 且弯曲角度 α 为任意角时,其展开长度等于各直线部分长度和圆弧部分长度之和(见图 4.16)。

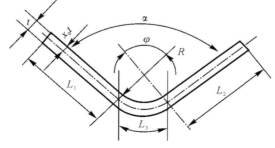

图 4.16 任意角弯曲件的展开

$$L = L_1 + L_2 + L_3$$

式中：L_1，L_2 为直边内表面交线长度；L_3 为中性层的弧长。

1）中性层弧长 L_3 的计算，即

$$L_3 = \frac{\pi\varphi}{180°}(R + x_0 t)$$

式中：x_0 为中性层位置系数（见表 4.1）；φ 为弧长 L_3 所对的角度；$\varphi = 180° - \alpha$（α 为弯曲角）；$R + x_0 t$ 为中性层半径；$\frac{\pi\varphi}{180°}$ 为弯曲弧长所对的弧度，$\frac{\pi\varphi}{180°} = 0.017\,5(180° - \alpha)$。

$$L = L_1 + L_2 + 0.017\,5(180° - \alpha)(R + x_0 t)$$

表 4.1　中性层位置系数

$\dfrac{R}{t}$	0.1	0.25	0.5	1.0	2.0	3.0	4.0	4 以上
x_0	0.32	0.35	0.38	0.42	0.46	0.47	0.48	0.5

2）中性层位置。中性层的长度在弯曲前后不变，但中性层的位置是变化的。当相对弯曲半径 $\frac{R}{t} \leqslant 4$ 时，中性层的位置向内表面移动；当 $\frac{R}{t} > 4$ 时，中性层位置可认为在板材厚度的 $\frac{1}{2}$ 处。

例 4.2　计算图 4.17 零件的展开尺寸。

解　从图 4.17 可知：材料厚度 $t = 2$ mm；弯曲的圆角半径均相等，即全部 $R = 8$ mm；相对弯曲半径 $\frac{R}{t} = \frac{8}{2} = 4$。

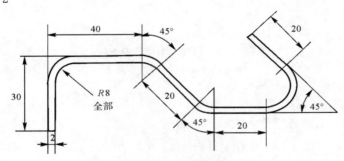

图 4.17　多角弯曲件

零件展开尺寸的计算过程如下：

a.求直线段总长：

$$\sum L_{直} = [30 - (8+2) + 40 - (8+2) + 20 + 20 + 20]\ \text{mm} = 110\ \text{mm}$$

b.求弯曲弧长所对的角度之和：

$$\sum \varphi = 90° + 45° + 45° + 180° - 45° = 315°$$

c.求总弧长：

按相对弯曲半径 $\frac{R}{t} = 4$，查表 4.1 得 $x_0 = 0.48$，有

$$\sum L_{弧} = \frac{\pi}{180°}\sum\varphi(R + x_0 t) = 0.017\,5 \times 315 \times (8 + 0.48 \times 2)\ \text{mm} = 49.39\ \text{mm}$$

d.求展开尺寸：

$$\sum L_{展} = \sum L_{直} + \sum L_{弧} = (110 + 49.39)\text{ mm} = 159.39\text{ mm}$$

2. 简化计算法

(1)薄铝板单角的直角弯曲件展开尺寸(见图 4.18)为

$$L = a + b - \left(\frac{R}{2} + t\right)$$

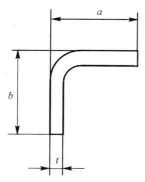

图 4.18　单角直角弯曲件

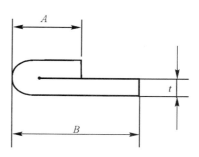

图 4.19　180°单角弯曲件

(2)弯曲 180°且 $\frac{R}{t} \approx 0.1$ 弯曲件展开尺寸(见图 4.19)为

$$L = A + B - \frac{t}{2}$$

例 4.3　计算图 4.20 零件的展开尺寸。

解　从图 4.20 可知:弯曲半径 $R = 2$ mm;材料厚度 $t = 2$ mm。

用简化计算法计算其展开尺寸为

$$L = 200 + 20 + 15 - \left(\frac{R}{2} + t\right) - \frac{t}{2} = 235 - \left(\frac{2}{2} + 2\right) - \frac{2}{2} = 231\text{ mm}$$

(3)直角弯边件弯曲前展开料高出模块尺寸 b 的计算(见图 4.21),即

$$b = H - 0.2(2R + t)$$

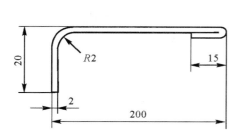

图 4.20　适用简化展开法的弯曲件

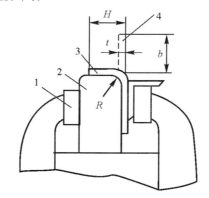

图 4.21　直角弯边的弯曲定位

1—钳口;2—模块;3—弯曲零件;4—弯曲前展开料

(4)用折弯模弯直角时,定位板至弯折中心的距离 b' 的计算(见图 4.22),即

$$b' = H - 0.2(R + 3t)$$

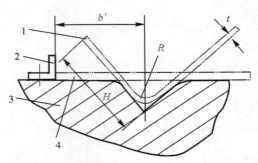

图 4.22 用折弯模弯直角时的定位

1—弯曲件;2—定位板;3—模块;4—弯曲前展开料

简化计算法对于多角弯曲计算出的展开尺寸误差较大,故不适用。上述弯曲零件展开尺寸的计算,没有考虑各种材料的性质、变形速度、弯曲方式、模具结构及零件精密程度等,因此展开尺寸计算值,应通过试验加以修正。具体应用某种方法,要根据零件的实际情况及要求确定。

六、手工弯曲操作方法及要点

1.板料的弯折

(1)单角弯折。

1)计算展开尺寸并下料,划出弯折线,如图 4.23 所示。

2)准备两块模块或轨铁,长度大于零件长度,倒圆角半径 R 与零件一致,如图 4.24 所示。

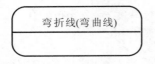

弯折线(弯曲线)

图 4.23 划弯折线(弯曲线)

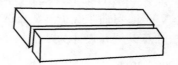

图 4.24 准备轨铁

3)将毛料夹紧在两块轨铁之间,使弯折线对准模块圆角半径 R 中心,如图 4.25 所示。

4)用橡皮打板或木打板压倒毛料后,先使弯边打制成根部略有隆起,然后打靠材料根部,使其靠模,如图 4.26 所示。

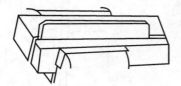

图 4.25 夹紧毛料

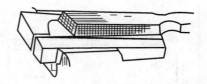

图 4.26 用橡皮条或木打板将弯边打靠

5)用木榔头将圆角半径 R 处从头至尾均匀捶击一遍,使其靠模,如图 4.27 所示。

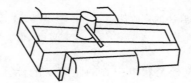

图 4.27 捶圆角半径 R 靠模

6)消除回弹。用顶板(或木尖)对准零件内弯曲半径 R 处成 45°,用木榔头轻轻敲打顶板(或木尖),将零件内弯曲半径 R 处均"顶"一遍,如图 4.28(a)所示。或用顶板(或木尖)对准零件边缘成 45°,用木榔头敲打顶板(或木尖)将弯折的边缘均匀顶一遍,使弯边相对于模块微微向内拱起,如图 4.28(b)所示。

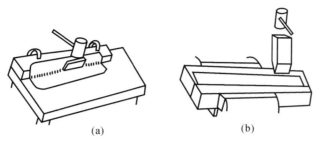

(a)   (b)

图 4.28 消除回弹

7)修整贴模。可先将弯曲件放在平台上,用橡皮打板拍平弯边内表面,如图 4.29 所示;再将零件夹在轨铁中,用木榔头或橡皮打板拍打修整至贴模,如图 4.30 所示。

   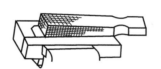

图 4.29 消除反凹   图 4.30 修整贴模

(2)多角弯折。方法同单角弯折,但须注意弯折顺序,一般是先里后外,如图 4.31 所示。

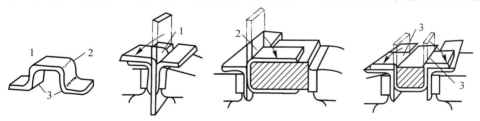

图 4.31 几形零件的弯折方法

多角弯折的操作要点。

1)每次弯折后对好角尺,保证弯边平直。

2)每次弯边尺寸要准确,否则误差积累无法返修。

3)在成形时,每次弯折可用长木打板压倒毛料后,再用木打板平放于弯边面上,用木榔头打至贴模,可使弯曲半径 R 处平直,弯边波纹少,如图 4.32 所示。

4)夹在虎钳上的轨铁要夹紧并垫实,防止敲打时材料下滑移位影响弯边尺寸。

2.板料的卷曲——圆筒的弯曲

(1)确定圆筒的展开尺寸并下料。

(2)先预弯板料的两端(约 1/4 板长),将板料放在轨铁上,用木榔头或木打板由外向内均匀锤击进行弯曲,如图 4.33 所示。

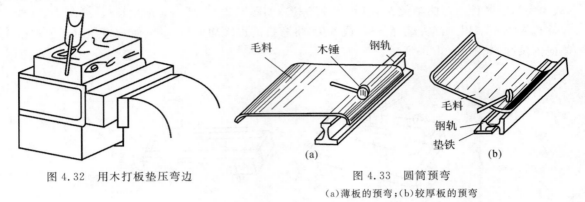

图 4.32　用木打板垫压弯边

图 4.33　圆筒预弯
(a)薄板的预弯；(b)较厚板的预弯

(3)弯曲中间部分,将预弯好的板料放在模胎或槽钢上,用型锤进行敲圆,注意弯曲位置线应与板料两边平行,如图 4.34 所示。

(4)图 4.35 进行手工合口后,将弯好的圆筒套在圆钢上矫圆。

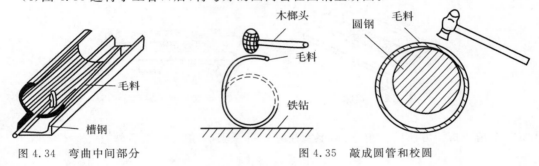

图 4.34　弯曲中间部分

图 4.35　敲成圆管和校圆

七、手工弯曲常见质量故障、原因分析与排除方法(见表 4.2)

表 4.2　手工弯曲常见质量故障、原因分析与排除方法

序号	故障原因	原因分析	排除方法
1	端头裂纹	(1)端头毛刺未修光。 (2)弯边交接处未钻止裂孔	(1)修光毛刺或将毛刺面朝内。 (2)钻止裂孔
2	弯曲半径 R 处外层裂纹	(1)弯曲半径小。 (2)弯折线与纤维方向平行。 (3)表面裂纹或划伤	(1)加大弯曲半径。 (2)弯折线与纤维方向夹角不小于 30°。 (3)剔除毛料表面裂纹
3	弯边反凹	弯折时受力不均,材料排放不均,因外层材料受牵制少,变形阻力小,易伸长	(1)用木尖对准零件弯曲半径 R 处成 45°,用木榔头轻轻敲打木尖,将弯曲半径 R 处均匀"顶"一遍,消除回弹。 (2)将弯折件放在平台上,用橡皮打板拍平弯边内表面

续表

序号	故障原因	原因分析	排除方法
4	弯边波浪翘曲	捶击不均,橡皮条抽打接触面短	(1)橡皮条抽打长度尽可能长。 (2)垫木打板捶击校平
5	印痕	工具选择不当,榔头侧击致伤	榔头要打平,铝合金尽可能不用铝榔头

4.3　放　　　边

一、概述

1.放边

使板料边缘伸展变薄的操作称为放边。

2.应用场合

加工凹曲线弯边零件(见图 4.36)。

3.放边工具及设备

(1)放边工具。放边工具有木榔头、铝榔头、胶木榔头、铁榔头、轨铁、铁砧、平台和顶杆橡皮打板等(见图 4.37)。

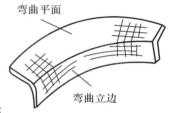

图 4.36　凹曲线弯边零件

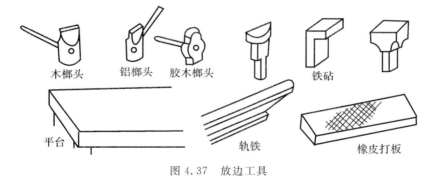

图 4.37　放边工具

(2)放边设备。

1)空气式点击锤(见图 4.38)。点击锤的功用是对板料或半成品进行局部放料(或放边)和消皱。锤击部分质量为 8 kg,适用于 2 mm 以下的硬铝板、铜板或软钢板锤击展放。机座与机头和装有砧体的砧座为点击锤的主要部分。电动机为点击锤的动力来源,机头上装有全部工作机构。工作时,砧座轴线必须与锤头的轴线相重合。

2)雅高机(见图 4.39)。雅高机原理很简单,它利用模具通过雅高机对成形部位施加外力,由模具的不同来控制力的方向,从而使加工部分达到预期的要求。雅高机是通过逐步成形达到设计形状的,校形精度高、准确可靠。它不仅可对钣金零件边缘进行无余量收缩、放边校形,还可对钣金件弯边及角度进行校形,以及消除大腹板零件的中间鼓动变形。在收缩、放料加工和对蒙皮的校形、收放加工中起到其他校形设备无法替代的作用。雅高机一般最大加工厚度为 6 mm。

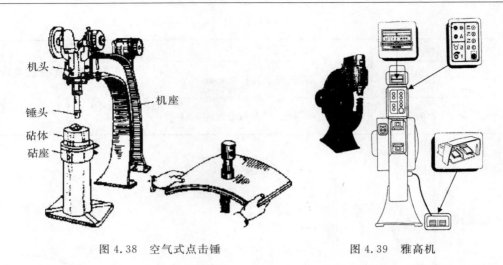

图 4.38　空气式点击锤　　　　　　　　图 4.39　雅高机

二、放边的基本方法

放边方法主要有打薄和拉薄或二者并用。

1.打薄放边

(1)操作步骤。

1)计算出零件的展开尺寸。

2)下展开料。

3)按零件弯边高度在弯板机或闸压床等通用弯曲设备上,将毛料弯成角材,并将放边边缘修光毛刺,如图 4.40 所示。

打光毛刺

图 4.40　毛料弯成角材

4)在平台或铁砧上捶放弯曲平面边的外缘,成形凹弯边符合样板要求,最后修剪外形,如图 4.41 和图 4.42 所示(选用一端带圆弧一端带窄口的胶木榔头或铝榔头,也可两种榔头交替使用。注意按料厚选用榔头的窄口尺寸。)。

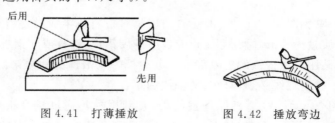

后用　　　　　　　　　　　　　　　　　　　先用

图 4.41　打薄捶放　　　　　　图 4.42　捶放弯边

(2)操作要点。

1)适用胶木榔头或铝榔头,榔头端面要光滑。捶打时,榔头要拿稳、打平、打正,锤痕要均匀平滑,不能打出坑或"月牙"印。

2)捶击点要外密内疏,锤痕要呈放射状,捶放边必须与铁砧表面平行并贴紧,如图 4.43 所示。

3)弯边根部不能捶击,否则会使零件扭曲和角度变形,捶击范围应在捶放面靠外缘 3/4 范围内,如图 4.44 所示。

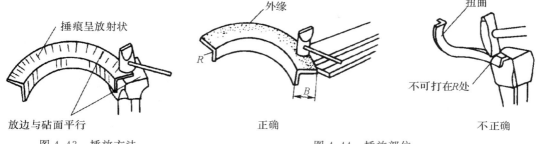

图 4.43 捶放方法　　　　　图 4.44 捶放部位

4)当放边宽度较宽、放边量大时,用空气式点击锤或雅高机放边效率高,质量好,如图4.45所示。

5)经常用样板检查弯曲度,避免放边过量,否则不易修正,还可能报废,如图 4.46 所示。

6)在捶放过程中,材料易产生加工硬化,要及时退火,否则易产生裂纹。若产生裂纹要及时剪掉、砂光。

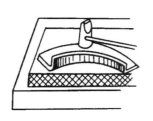

图 4.45 空气锤放边　　　　　图 4.46 用样板检查

(3)特点。打薄能使毛料得到较大的延伸变形,放边效果较为显著,但毛料变薄不均匀,表面质量不高。

2.拉薄捶放

(1)操作步骤。

1)计算出零件的展开尺寸。

2)下展开料。

3)用细锉或砂纸修光放边的边缘和端头圆角,防止产生裂纹。

4)用木榔头在厚橡皮或软木墩上捶打要放的边,利用橡皮或木墩软而有弹性的特点,使材料伸展拉长,如图 4.47 所示。

图 4.47 拉薄捶放　　　　　图 4.48 在型胎上顶放拉薄

5)顶放拉薄。对于料厚大于 1.5 mm,弯边高度较大,展放量大的凹曲线弯边零件,可采用在型胎上顶放(见图 4.48)。把零件夹在型胎上,用木榔头敲击顶木,顶木顶放板料使其伸展。由弯边根部圆角处开始顶放(见图 4.49),使平面上的料展放成立弯边,而最外缘不动。最后符合弯边高度,敲至贴模。但对于料薄高弯边的零件,顶放拉薄时特别注意拉薄顶裂问题。

(2)操作要点。

1)弯边处留工艺余量,余量不宜太大,弯边余量为 2~3 mm,最大不超过 5 mm,两端可留10~20 mm。

2)对易裂处用砂布打光,放边中出现裂纹应立即采取措施,如在裂纹处钻止裂孔、修光等。

3)放边应先两端后中间,将两端易变形的材料补充给中间部分。

4)为避免榔头失控而造成裂纹,可在型胎与毛料之间垫一楔形棒,如图 4.50 所示。

(3)特点。变薄较均匀,表面质量较好,但变形过程中易拉裂。该方法适用于成形弧度不大或材料较薄的零件。

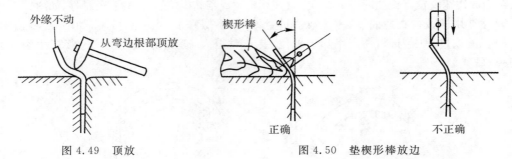

图 4.49　顶放　　　　　　　图 4.50　垫楔形棒放边

三、放边零件毛料尺寸的计算

1.半圆形直角材零件展开尺寸的计算

零件形状如图 4.51 所示。

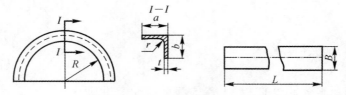

图 4.51　半圆形放边零件

(1)展开料宽度的计算。

按简化计算法进行计算,有

$$B = a + b - \left(\frac{r}{2} + t\right)$$

式中:B 为展开料宽度;a,b 为弯边宽度;r 为内圆角半径;t 为材料厚度。

(2)展开料长度的计算。

由于放边的平面上,由根部到外缘,材料伸展程度不同,外缘变薄量大伸展得多,而根部伸展得少,所以展开长度取放边宽度 1/2 处的弧长为准来计算。

$$L = \pi\left(R + \frac{b}{2}\right)$$

式中:L 为展开料长度;R 为零件弯曲半径;b 为放边宽度。

2.直角形角材零件展开尺寸的计算

零件形状如图 4.52 所示。

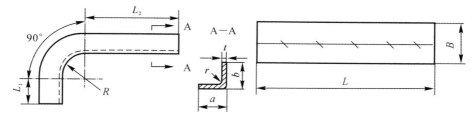

图 4.52　直角形放边零件

(1)展开料宽度的计算,即

$$B = a + b - \left(\frac{r}{2} + t\right)$$

式中:B 为展开料宽度;a,b 为弯边宽度;r 为内圆角半径;t 为材料厚度。

(2)展开料长度的计算,即

$$L = L_1 + L_2 + \frac{\pi}{2}\left(R + \frac{b}{2}\right)$$

式中:L_1,L_2 为直线段长度;R 为零件弯曲半径;b 为放边宽度。

四、放边常见质量故障、原因分析与排除方法(见表 4.3)

表 4.3　放边常见质量故障、原因分析与排除方法

序号	故障内容	原因分析	排除方法
1	翘扭	(1)捶放面与铁砧不平行。 (2)捶击根部引起	(1)放平捶展。 (2)捶展范围靠外缘 3/4 平面范围内
2	外形与样板不符	捶放量不当	(1)小于样板应增加捶放量。 (2)大于样板要适当收边
3	捶痕	(1)用力不均。 (2)工具不当	(1)捶要击平。 (2)增加接触面,新木榔头要先在平台上打毛
4	裂纹	(1)边缘不光。 (2)捶击集中。 (3)加工硬化。 (4)变形量过大	(1)打光边缘,发现裂纹及时排除。 (2)捶击要求均匀。 (3)增加中间退火工序。 (4)改进操作方法

4.4　收　　边

一、概述

1.收边

使毛料起皱收缩变短的过程称为收边。

2.基本原理

先使板料起皱,再把起皱处在防止伸展恢复的情况下压平。这样,板料被收缩,长度减小,

厚度增大。

3.变形特点

(1)收边属于压缩变形,使材料纤维缩短,厚度增加。

(2)收边是塑性变形过程,对材料敲击越多,加工硬化越加剧,变形抗力增加,严重时将产生裂纹,为使收边工作顺利进行,防止裂纹产生,操作方法要恰当,变形程度大的还要安排中间退火。

4.用途

加工凸曲线弯边一般采用收边(见图4.53)。

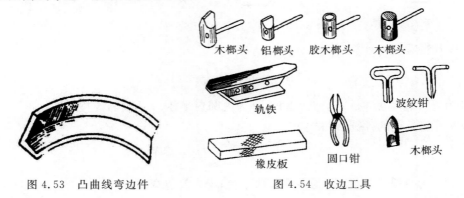

图 4.53　凸曲线弯边件　　　　　　　图 4.54　收边工具

5.收边用工具及设备

(1)收边工具(见图4.54)。

(2)收边设备。

1)收缩机(收边机)。用于收缩型材和板材,收缩厚度可达 2 mm,机床收缩频率为 140～150 次/min(见图4.55)。

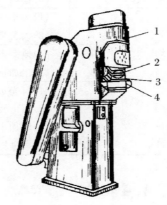

图 4.55　收缩机

1—收缩机;2—上收边模;3—下收边模;4—调节上、下模间隙手轮

2)雅高机(同放边)。

二、收边的基本方法

收边的方法很多,生产中工人常根据零件、毛料以及工具情况加以具体选择,甚至自己创

造出合适的方法,以下分别阐述最基本的收边方法。

1.折皱钳折皱 (折波钳起波)收边

折皱钳(折波钳)用两段直径 10 mm 左右铁棒弯制,钳口必须平整、光滑。

根据零件曲度的大小,用折皱钳在收边部位折起若干个波纹,再在轨铁上收平波纹或用弓形夹夹住毛料在平台上收平波纹,如图 4.56 所示。

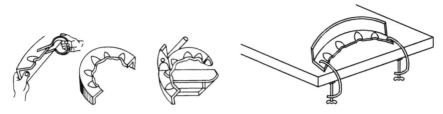

图 4.56 折皱钳折皱(折波钳起波)收边

以角材的收边为例介绍其操作方法及要点如下:

角材收边时,先下直毛料,在折扳机上弯成如图 4.57 所示的角材,再收缩至图 4.58 所示的形状。

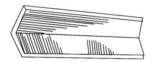 

图 4.57 收边前角材   图 4.58 收边后角材零件

(1)操作步骤。

1)用折皱钳在角材底面弯边部分做出折皱,波纹要均匀,尺寸要适当,如图 4.59 所示。

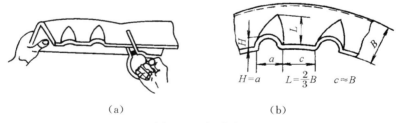

（a）   （b）

图 4.59 折波纹

(a)用折皱钳折波纹;(b)折波纹尺寸

2)消波纹收边(见图 4.60),在轨铁上用木榔头先将波纹边缘(开口边)收平,也就是将波纹封口,以避免波纹伸展,然后从波纹根部循序渐进地将波纹收平。在轨铁上用榔头收平波纹,在顶铁上注意不要顶住内弯角,以免顶伤零件,同时,从零件两端向内加力,以提高消除波纹效率。

注意:当零件收缩变形程度(H/R 零件)大时,如图 4.60 所示折波纹,收边可多次进行(第二次的波纹与第一次的波纹错开),直到符合要求形状,必要时还须安排中间退火。

3)收边后在平台上校正收边平面,如图 4.61 所示。

4)槽形断面的凸弯边收边,两弯边折波纹要同时做出并相互对应(见图 4.62),否则零件易产生扭曲。手工收边方法同上。

(2)操作要点。

1)收边前角材弯角应大于所需角度约2°,如果弯曲程度大,弯角还要大些,如图4.63所示。

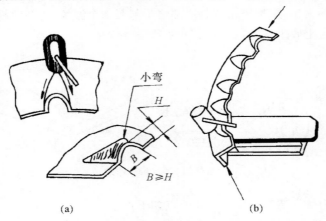

图 4.60 消波纹收边

(a)消波纹顺序;(b)在顶铁上收边

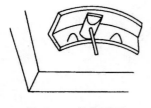

图 4.61 整修平面

图 4.62 槽形件折波纹

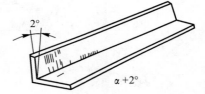

图 4.63 收边前角材弯角

2)折波纹尺寸要适当,高度不宜太高,应与宽度相等,折波纹长度不大于零件底边的2/3,折波纹要分布均匀,两个折波纹间的距离约等于底边宽,如图4.59(b)所示。

3)收边要从波纹的顶点开始,并轮流敲打皱的两侧,为把波纹消除,将波纹赶至工作边缘,直到平整,如图4.60(a)所示。

2.橡皮打板收边

当修整零件时,对板料松动部位用橡皮打板抽打,使材料收缩,这种方法收边量不大,只在材料较薄时采用。这种方法收得均匀,零件表面光滑,但效率较低,如图4.64(a)所示。

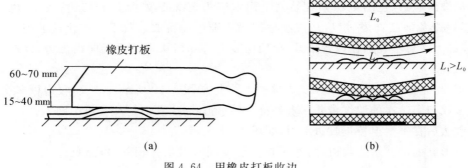

图 4.64 用橡皮打板收边

其原理如图 4.64(b)所示,抽打时,橡皮打板因惯性而产生弯曲,此时底面长度 L_1 大于原始长度 L_0,当橡皮接触毛料波纹时,波纹受压后有向外舒伸趋势,但因橡皮底面迅速缩短,利用橡皮很好的摩擦力使包覆区内材料收缩。橡皮打板用中等硬度的厚橡皮板制造。

3.搂边收边

将毛料夹紧在型胎上,毛料下面用顶棒顶住,先将根部固定,再用木榔头敲打顶住的毛料部分,使毛料收缩靠模,如图 4.65 所示。

以盆形件的收边为例介绍其操作方法及要点如下。

盆形件按模胎进行搂边,其收边效率较高,这种成形是拉-收结合,以收为主。

(1)操作步骤。

1)将毛料画好弯折线,夹紧在模胎上,如图 4.66 所示。

2)左手用顶棒顶住毛料下部(应视弯边高度选择适当顶棒),右手用木榔头在被顶的材料上将毛料从根部打弯,并使弯边根部先贴模。两手协调逐渐在圆周方向移动,使毛料在圆周上均匀地向下弯曲(见图 4.67)。收缩每一圈时力求使材料贴模后再收下一圈,并把多余料赶向边缘,毛料边缘起波浪。

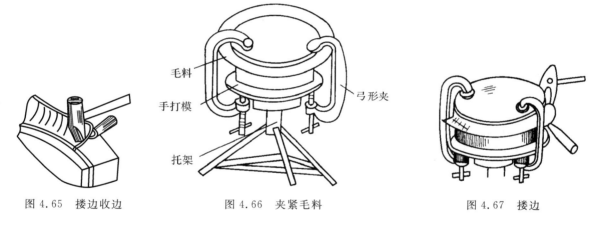

图 4.65　搂边收边　　　　　　图 4.66　夹紧毛料　　　　　　　　图 4.67　搂边

3)继续搂边,直到逐渐把毛料边缘的波浪收平,将毛料圆周搂至符合弯边高度尺寸,并贴模,如图 4.68 所示。

4)取下零件,修剪多余毛料,在轨铁上收边、平皱,如图 4.69 所示。

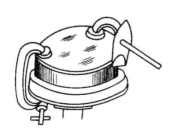

图 4.68　继续搂边　　　　　　　　图 4.69　在轨铁上校正

5)辅助收边[见图 4.70(a)]。可在收缩机或雅高机上进行,但须留收边余量。当料厚大于或等于 2 mm,边高小于或等于 25 mm,可按图 4.70(b)在模具上顶收弯边,并用橡皮打板或铅条抽打贴模,也可在图 4.70(c)凹模上内顶弯曲半径 R 根部。

6)最后在模具上校正贴模,并按样板划线修剪余料,如图 4.71 所示。

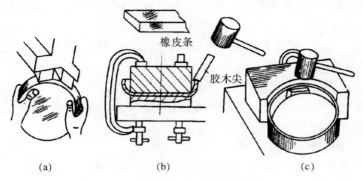

图 4.70 辅助收边

(a)在收缩机上收边;(b)顶靠弯边再用橡皮打板抽打;(c)内顶弯曲半径 R 根部

图 4.71 在模具上校正

(2)操作要点。

1)搂收时,是从根部开始一圈一圈在同一高度上进行,并逐渐向边缘推进,收缩每一圈时,力求使材料贴模后再收下一圈,把多余材料赶向边缘。

2)搂收时木榔头着力表面应轻一些,这样收缩的零件表面光滑。

4.收缩机(收边机)收边或雅高机收边

收缩机收边原理如图 4.72 所示,当上、下模相碰时,楔形收缩块紧压材料向内移动,使边缘收缩,这种方法主要缺点是咬伤零件表面,最好是在边缘留出余量,最后剪去。雅高机收边原理同放边。

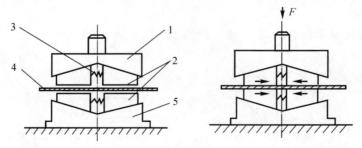

图 4.72 收缩机收边

1—上模座;2—上、下斜块;3—弹簧;4—毛料;5—下模座

三、收边零件毛料尺寸的计算

1.角材收成半圆形零件展开尺寸的计算

零件形状如图 4.73 所示。

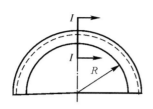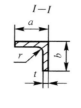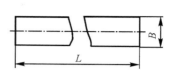

图 4.73 半圆形零件

（1）展开料宽度的计算：

$$B = a + b - \left(\frac{r}{2} + t\right)$$

（2）展开料长度的计算：

$$L = \pi(R + b)$$

上二式中：a，b 为弯边宽度；r 为内圆角半径；R 为零件弯曲半径；t 为材料厚度。

2.直角形角材零件展开尺寸的计算

零件形状如图 4.74 所示。

（1）展开料宽度的计算：

$$B = a + b - \left(\frac{r}{2} + t\right)$$

（2）展开料长度的计算：

$$L = L_1 + L_2 + \frac{\pi}{2}(R + b)$$

上二式中：a，b 为弯边宽度；L_1，L_2 为直线段长度；r 为内圆角半径；R 为零件弯曲半径；t 为材料厚度。

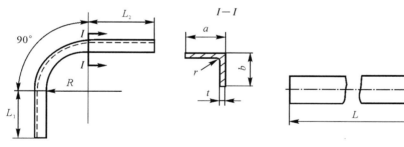

图 4.74 直角形零件

四、收边常见质量故障、原因分析与排除方法（见表 4.4）

表 4.4 收边常见质量故障、原因分析与排除方法

序号	故障内容	原因分析	排除方法
1	拱曲	收边量不足	应在拱曲范围内酌量收边
2	翘曲	收边过量	在翘曲范围内，在与平台接触处酌量放边
3	外形不对	（1）收缩不够外形大。 （2）收缩过量外形小	（1）增加收缩量。 （2）适当排放

续表

序号	故障内容	原因分析	排除方法
4	角度不对	(1)平面不平。 (2)收、放量不当	针对具体原因排除
5	材料折叠	折皱尺寸不对,产生死皱	折皱高度、宽度相等
6	榔头印痕	(1)捶击不均。 (2)侧击	(1)均匀捶击。 (2)防侧击
7	裂纹	(1)死皱重叠。 (2)加工硬化未及时退火。 (3)应力集中	(1)正确折皱。 (2)增加中间退火。 (3)应随时修光边缘毛刺和凹陷

4.5 拔 缘

一、概述

1.拔缘

拔缘是利用收边和放边的方法,将板料的边缘加工成曲线弯边零件。用拔缘制出的部分零件如图 4.75 所示。

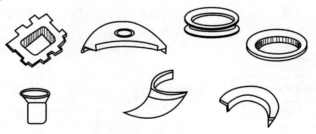

图 4.75 用拔缘法制出的零件

2.手工拔缘的工具

手工拔缘用工具除收边、放边工具外,还有不同形状的砧座、角顶和手打模,如图 4.76 所示。

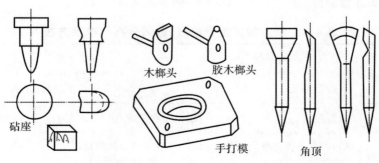

砧座　木榔头　胶木榔头　手打模　角顶

图 4.76 手工拔缘工具

3.分类

(1)按加工方法分为手工拔缘和机器拔缘。

(2)按拔缘的对象分为以下三类。

1)内拔缘(也叫孔拔缘)。沿凹曲线或内孔进行放边,得到弯边,增加零件的刚性和减轻质量,例如孔翻边。

2)外拔缘。沿凸曲线对外形进行收边,得到弯边,增加零件的刚性,例如飞机的框板和肋骨类零件,一般是外拔缘。

3)管节拔缘。沿管口进行收边,得到弯边,增加管端的刚性和连接后的密封性,例如飞机的各类管件、导管等,管节拔缘已被机器扩口等工艺代替。

(3)按操作方法分为无模具拔缘和有模具拔缘。

二、手工拔缘的操作步骤及要点

1.无模具外拔缘

(1)操作步骤。

1)下毛料并修光边缘毛刺,划出拔缘宽度线,如图 4.77 所示。

2)将要拔缘的边在铁砧上敲出根部轮廓线,再敲出波纹或用折波钳作波纹,如图 4.78 所示。

3)再逐个平波纹使边缘收缩成凸弯边,然后划线去余料,如图 4.79 所示。

(2)操作要点。

1)当弯边高度小于 10 mm 时,把毛料放在木榔头或铁棒上拔缘,可提高工效,如图 4.80 所示。

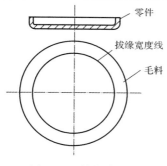

图 4.77　外拔缘零件

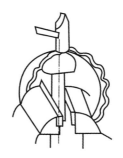

图 4.78　做波纹

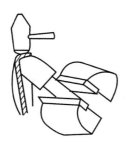

图 4.79　平波纹收缩

图 4.80　用木榔头做顶棒

2)当弯边高度大于 10 mm 时,先在顶铁上按弯曲线敲出根部轮廓,如图 4.81 所示。

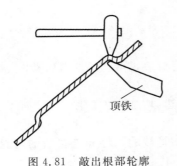

图 4.81　敲出根部轮廓

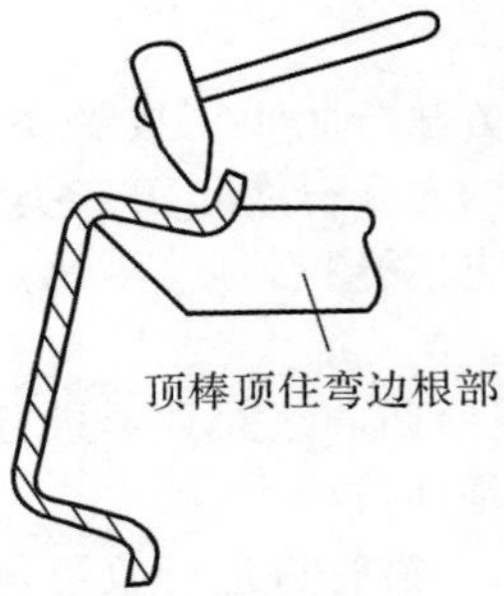

图 4.82　继续搂边

3)再用顶棒顶住弯边根部,向下搂边,收缩弯边,逐步增加弯边高度,用榔头锤击时要转动材料,使材料变形均匀,如图 4.82 所示。

4)最后修整弯边。如口部稍加收缩,可提高拔缘效果,如图 4.83 所示。

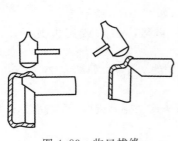

图 4.83　收口拔缘

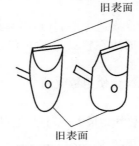

图 4.84　拔缘木榔头

5)拔缘时用旧的木榔头效果好,新的木榔头和胶木榔头易使材料加工硬化,效果不好,如图 4.84 所示。

2.无模具内拔缘

(1)操作步骤。

1)计算展开尺寸,下毛料并砂光边缘,划出拔缘线,如图 4.85 所示。

2)用打薄方法成形内拔缘。图 4.86(a)先在有弯曲半径 R 的顶铁上用尖头或圆头木榔头制出拔缘根部;再图 4.86(b)调整毛料角度,用胶木榔头或铝榔头排开边缘达到拔缘高度。

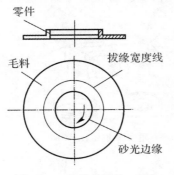

图 4.85　内拔缘零件、毛料

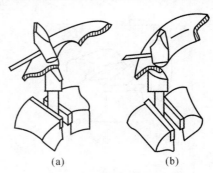

图 4.86　打薄制内拔缘
(a)制根部;(b)制出弯边

3)拉薄伸展制内拔缘。先在厚橡皮板上用榔头将内弯边拉薄,如图 4.87(a)所示;再图 4.87(b)在顶铁上制弯曲半径 R 修整弯边。

（2）操作要点。

内拔缘是放边过程,成形难点是变薄量的控制及防止拉裂。

1)边缘毛刺一定要沿圆周方向砂光,如图 4.88 所示,拔缘中出现波纹要及时排除。

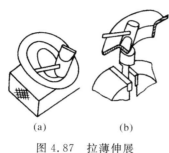

图 4.87　拉薄伸展

（a）拉薄；（b）修整弯边

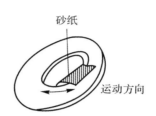

图 4.88　砂光边缘

2)当铝合金拔缘前、后的孔径之比 $d/D<0.8$ 时,一次拔缘有困难,应增加中间退火工序,或改用搂边的方法成形,如图 4.89 所示。

3)用转移补充材料的方法减少变薄,如图 4.90 所示的口框,从 A 处开始拔缘成形弯曲半径 R,使直线部分材料向弯曲半径 R 弯边转移,最后弯曲直线部分。

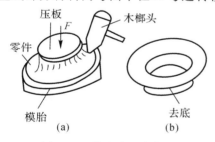

图 4.89　收边成形内弯边

（a）在模具上搂边；（b）零件

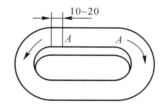

图 4.90　转移补充减少变薄

3.按模具外拔缘

可用搂边收缩的方法拔缘（见图 4.91）。

图 4.91　按模具外拔缘

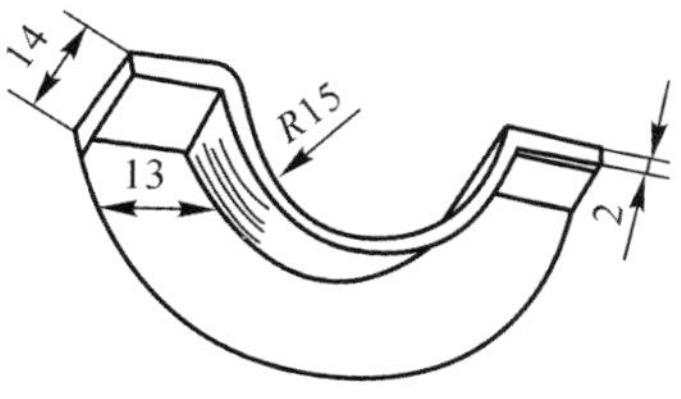

图 4.92　内拔缘零件

4.按模具内拔缘

图 4.92 零件为凹曲线拔缘零件,因边高拔缘成形易产生裂纹,但方法正确不仅可防止裂纹,还可减少变薄。

（1）操作步骤。

1）下料，去毛刺并砂光边缘。

2）将毛料按模具定位并夹紧，如图4.93所示。

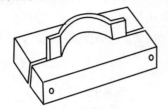

图4.93　按模具弯曲

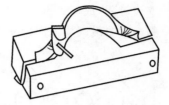

图4.94　转角收边

3）先弯曲成形转角处，如图4.94所示。

4）再用尖榔头制半圆处弯边根部，如图4.95所示。

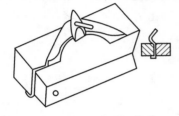

图4.95　制半圆根部

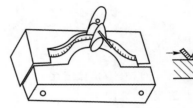

图4.96　顶、放弯边

5）顶、放弯边，从两端向中间弯曲边缘（外缘制小弯边），如图4.96所示。

6）从两端向中间平皱并校平，如图4.97所示。

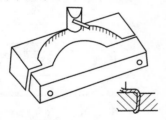

图4.97　消除波纹、校平

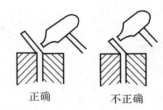

正确　　　　　不正确

图4.98　内拔缘操作

7）划线、剪切余料、去毛刺。

（2）操作要点。

1）敲打时不能打弯边外缘，否则易变薄拉裂，应从根部向外拔缘，如图4.98所示。

2）对大孔拔缘，经常在厚橡皮上放边拉薄再拔缘，如图4.99所示。

3）放工艺余量向凹弯边补充材料，减少变薄，防止端头材料变短，如图4.100所示。

4）在材料变形的极限范围内，可用合适的木榔头或模芯一次冲出，如图4.101所示。

5）对于较大的圆孔或椭圆孔进行拔缘，可用塑料板或精制层板制成凸模块进行拔缘，如图4.102所示。

6）对特殊形状的零件，例如腰形盒子（见图4.103），有内、外拔缘，应注意折波时小弯曲半径R处折波多，大弯曲半径R处折波少；拔缘时先收边，后放边先收小弯曲半径R处，后放大弯曲半径R处。

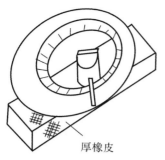

图 4.99 拉薄再拔缘

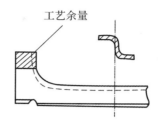

工艺余量

图 4.100 放工艺余量

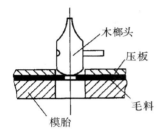

木榔头
压板
毛料
模胎

图 4.101 用木榔头拔缘

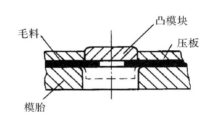

凸模块
毛料
压板
模胎

图 4.102 用凸模块拔缘

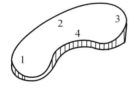

图 4.103 复合拔缘

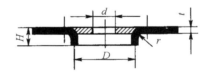

图 4.104 计算毛料孔径的图形

三、拔缘件的毛料计算

1.内拔缘毛料内孔的计算(见图 4.104)

$$d = D - 2(H - 0.43r - 0.72t)$$

2.外拔缘毛料的计算(见图 4.105)

$$D_毛 = \sqrt{d^2 + 4dh}$$

3.平面腹板弯边件的计算

毛料展开一般可按弯曲件计算,即取毛料的尺寸等于中性层的长度,如图 4.106 所示。

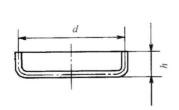

图 4.105 计算毛料外径的图形

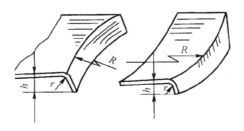

图 4.106 平面弯边件的几何尺寸

四、拔缘常见质量故障、原因分析与排除方法(见表 4.5)

表 4.5　拔缘常见质量故障、原因分析与排除方法

序号	故障内容	原因分析	排除方法
1	根部顶伤	(1)顶铁不光。 (2)顶铁选择不正确	(1)打光工作面。 (2)正确使用顶铁
2	外形与样板不符	弯曲线位置不准确	划出弯折线随时用样板检查
3	角度偏大	(1)外拔缘收缩量不够。 (2)内拔缘放边量不够	(1)增加收缩量。 (2)增加放边量
4	榔头印痕	(1)捶击不均匀。 (2)榔头使用不当	(1)均匀捶击。 (2)正确使用收、放榔头
5	裂纹	(1)边缘不光。 (2)捶击集中。 (3)变形量过大。 (4)加工硬化	(1)打光边缘,出现裂纹及时排除。 (2)捶击要均匀。 (3)改进操作方法。 (4)增加中间退火工序

4.6　拱　　曲

一、概述

1.拱曲

把板料用手工捶击的方法,制成凹凸曲面形状零件的操作称为拱曲。用拱曲制出的部分零件如图 4.107 所示。

图 4.107　拱曲零件

2.原理

把板料周边起皱向里收缩,使中间展放向外拉,逐渐成为凸凹曲面的零件。例如,制半球形(见图 4.108),先使板料周边起皱向里收缩,然后在材料的中部加以捶击展放向外拉伸,这样反复进行,就可制成半球形。拱曲零件因边缘收缩变厚,底部受拉变薄,如图 4.109 所示。

3.手工拱曲工具

图 4.110 为手工拱曲工具有木榔头、金属榔头、砧座、顶杆和模具等。

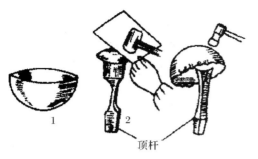

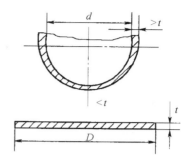

图 4.108　半球形零件的拱曲

图 4.109　拱曲零件厚度变化

1—零件；2—皱缩；3—伸展中部或修光

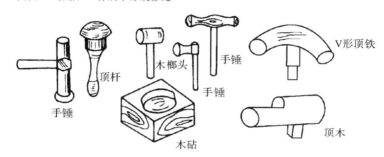

图 4.110　拱曲用工具

二、拱曲的方法及操作

拱曲的方法有冷拱曲和热拱曲两种。

1. 冷拱曲

冷拱曲的方法有三种：用顶杆手工拱曲、在模胎上手工拱曲和在砧座上手工拱曲。

(1)用顶杆手工拱曲。这种拱曲方法可拱曲深度较大的零件，在顶杆上用收缩和排展交错的方法进行。

操作步骤(见图 4.108)：

1)首先把毛料的边缘做出皱。

2)在顶杆上将边缘的皱褶打平，使边缘的毛料因收缩而向内弯曲。

3)随后用木槌轻而均匀地捶击中部，使中间的毛料伸展拱曲。

4)最后用平头锤在圆顶杆上把拱曲好的零件进行修光，再按要求划出零件边沿线，按线切割、去毛刺，继续后面的各工序。

操作要点：

1)捶击零件中部时要轻而均匀，且捶击位置要稍过支点，木捶要握紧，防止打偏而产生严重锤痕。

2)捶击时要不断旋转毛料，根据目视随时调整捶击部位，使零件表面光滑，并用切面样板控制拱曲程度。

3)不能集中到一处捶击，以免中部毛料伸展过多而凸起。

(2)在模胎上手工拱曲。这种拱曲方法可拱曲尺寸较大、深度较浅的零件。

操作步骤：

1）拱曲时，先将毛料压紧在模胎上，从边缘开始逐渐向中心部位捶击，如图 4.111 所示。图 4.111(a)(b)(c)是手锤由边缘逐渐向中心的拱曲过程；图 4.111(d)是利用橡皮伸展毛料。

2）最后用平头锤在顶杆上修光捶击的锤痕。

操作要点：

1）捶击要轻而均匀，分几次拱曲，使毛料逐渐向下凹，均匀伸展直到毛料全部贴模。

2）捶击过程中可在橡皮、软木、沙袋上辅助伸展毛料，如图 4.111(d)所示。

3）达到所需形状后在顶杆上修光捶击的锤痕。

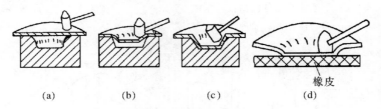

(a)　　　(b)　　　(c)　　　(d)

图 4.111　在模胎上拱曲

(a)　(b)　(c)手锤由边缘逐渐向中心的拱曲过程；(d)在橡皮上伸展

（3）在砧座上手工拱曲。拱曲砧座可用硬木、铅砧等做成不同尺寸的浅坑。拱曲手锤锤面有不同的尺寸，根据零件凹陷的大小和深浅选用，如图 4.112 所示。

操作步骤及要点：

1）先从毛料的外缘开始拱曲，如图 4.113 所示。

2）每捶一下即转动毛料，使圆周变形均匀，由外向内，逐渐进行，如图 4.114 所示。

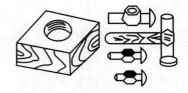

图 4.112　砧座及拱曲锤

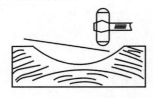

图 4.113　从外缘开始

图 4.114　由外向内

3）继续向中心进行，逐渐拱曲，直至完成所需深度，如图 4.115 所示。

4）把拱曲的零件放在球形砧座上，用榔头轻敲去除皱纹并修平整，如图 4.116 所示。

图 4.115　向中心进行

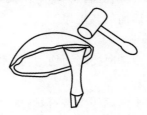

图 4.116　去皱

2.热拱曲

(1)热拱曲。通过加热使板料拱曲成形的方法称为热拱曲。

(2)应用。热拱曲主要用于厚板料的拱曲。

(3)原理。利用金属的热胀冷缩原理(有时再辅加外力)来进行拱曲(见图 4.117)。在毛料 A 处三角形 abc 加热后,因外冷,胀不出去,只能被压缩变厚。原三角形 abc 被收缩成 a_1bc_1,故 A 处毛料经加热冷却而被收缩变厚,如果沿毛料对称而均匀地进行分区加热,便可收缩成拱曲零件(见图 4.118)。

 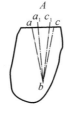

图 4.117　热拱曲原理

图 4.118　热拱曲零件

(4)操作要点:

1)若加热点多,点的范围大,则拱曲度也大。

2)加热温度根据材料确定,加热工具可用喷枪。

3)双曲度零件可先滚弯,按样板确定加热点,固定后,在压紧情况下进行加热拱曲,如图 4.119 所示。

4)用样板控制拱曲度,拱曲度不够要加热再收缩,但加热部位不应重复,同时热拱曲过程要配合手工修整。

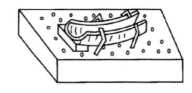

图 4.119　压弯后热拱曲

三、拱曲零件毛料尺寸的计算

拱曲零件的毛料尺寸常采用计算法和实际比量法确定。

1.计算法

按表 4.6 中公式计算毛料尺寸为近似值,可根据需要再留一定余量。

2.实际比量法

用透明纸或塑料薄膜按实物或模具的形状压成皱褶包在实物或模胎上,沿边缘切割线剪下来,再将纸或塑料薄膜展开加余量即为毛料。

表 4.6　拱曲零件毛料尺寸计算公式

序　号	图　例	毛料直径 $D_{毛}$
1	![图例]	$D_{毛} = \sqrt{2d^2} = 1.41d$

续表

序号	图例	毛料直径 $D_{毛}$
2	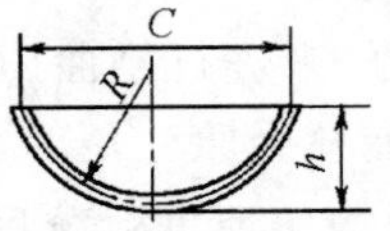	$D_{毛} = \sqrt{C^2 + 4h^2}$
3	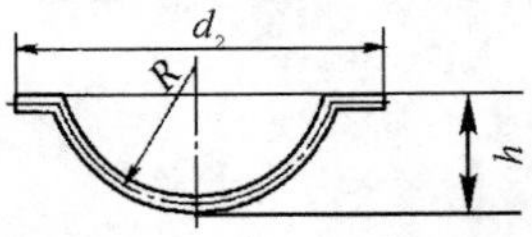	$D_{毛} = \sqrt{d_2^2 + 4h^2}$
4	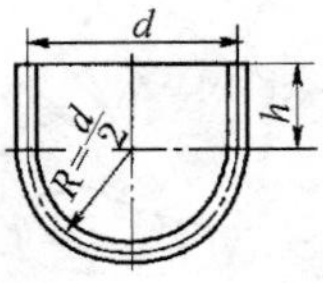	$D_{毛} = 1.41\sqrt{d^2 + 2dh}$

四、拱曲时注意事项

(1)原材料要求有好的延展性,在冷拱曲过程中如果产生加工硬化,要及时进行中间退火。

(2)毛料余量不能太大,否则就难收缩。在拱曲前应先检查表面质量,有划伤的一面要朝内。

(3)准备切面样板,检查拱曲形状。

(4)在拱曲、收缩时,要恰当选择顶铁、榔头,否则会因效率低、加工硬化加剧而导致破裂。

(5)厚薄控制要恰当。

五、拱曲常见质量故障、原因分析与排除方法(见表 4.7)

表 4.7 拱曲常见质量故障、原因分析与排除方法

序号	故障内容	原因分析	排除方法
1	深度不够	(1)边缘收缩量不足。 (2)中间未充分展开	(1)增加收缩量。 (2)适当排放
2	榔头印痕	(1)锤击不均。 (2)榔头使用不当。 (3)榔头不光	(1)均匀锤击。 (2)放料采用胶木榔头,收边采用木榔头。 (3)砂光榔头工作面
3	底部拉裂	(1)展放量过大。 (2)毛料表面有缺陷	(1)改进操作方法,展开要均匀。 (2)选用合格材料
4	边缘裂纹	(1)死皱重叠。 (2)加工硬化。 (3)应力集中	(1)正确消皱,防止皱纹堆积。 (2)增加中间退火。 (3)随时修光边缘毛刺和微小裂纹

4.7 卷 边

一、概述

1.卷边

为增加零件边缘的刚性和强度,把零件的边缘卷曲过来,这道工序称为卷边。

2.应用

飞机上整流罩、机罩,日常用的锅、盆、桶的边沿经过卷边起到增加强度和美观的作用。

3.分类

卷边分为夹丝卷边和空心卷边两种(见图 4.120)。

4.卷边零件展开尺寸的确定

展开长度等于卷曲部分长度与直线部分长度之和(见图 4.121)。其计算公式为

$$L = L_1 + \frac{d}{2} + L_2$$

式中:L 为卷边零件展开长度;$L_1 + \frac{d}{2}$ 为直线段长度;d 为铁丝直径;L_2 为零件卷曲部分展开长度 (卷曲 270°)。

卷曲部分展开尺寸为

$$L_2 = \frac{3}{4}\pi(d+t) = 2.35(d+t)$$

将 L_2 代入 L 得

$$L = L_1 + \frac{d}{2} + 2.35(d+t)$$

式中:t 为材料厚度。

注意:展开料宽度应与零件宽度一致。

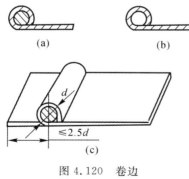

图 4.120 卷边
(a)夹丝卷边;(b)空心卷边

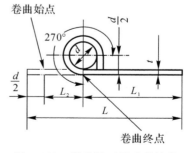

图 4.121 卷边展开尺寸的计算

5.卷边工具(见图 4.122)

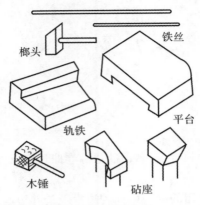

图 4.122　卷边工具

二、手工卷边的操作步骤及要点

1.操作步骤

(1)在毛料上划出两条卷边线(始、终线)[见图 4.123(a)],并修光毛刺,有

$$L_1 = 2.5d, \quad L_2 = \left(\frac{1}{4} \sim \frac{1}{3}\right) L_1$$

式中：d 为铁丝直径。

(2)将毛料放在平台上(或方铁、轨道上),使其露出平台的尺寸等于 L_2,左手压住毛料,右手用锤敲打露出平台部分的边缘,使料边向下弯曲 $85° \sim 90°$,如图 4.123(b)所示。

(3)再将毛料向外伸并弯曲,直至平台边缘对准第二条卷边线为止,也就是使露出平台部分等于 L_1,并使第一次敲打的边缘靠上平台,如图 4.123(c)(d)所示。

(4)将毛料翻转,使弯曲边朝上,轻而均匀地敲打弯曲边向里扣,使卷曲部分逐渐成圆弧形,如图 4.123(e)所示。

(5)放入夹丝,先将两端扣合防止夹丝外跑,再从头至尾逐一扣合,完全扣合后再轻轻敲打卷边,使之包紧夹丝,如图 4.123(f)所示。

(6)翻转零件,使接口靠在平台边缘上,轻轻敲打,使接口咬紧,如图 4.123(g)所示。

手工空心卷边的操作过程和夹丝卷边的操作过程一样,但最后把铁丝抽出来。抽时把铁丝一端夹住,在旋转零件的同时向外拉出夹丝。

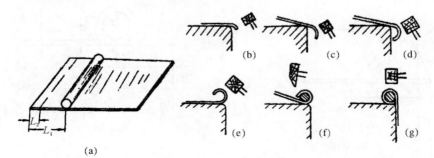

图 4.123　夹丝卷边过程

2.操作要点

(1)毛料展开长度要算准确,否则卷边尺寸不对无法修复。

（2）使用特种顶铁如图 4.124 所示，图中是校正铰链的情况，校圆校直的效果好。

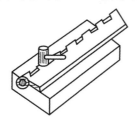

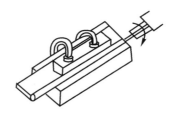

图 4.124　校形特种顶铁　　　　　图 4.125　气钻取夹丝

（3）长的空心卷边零件，抽丝困难时，可在卷边前将夹丝表面涂油，取丝时将零件一头固定，用气钻夹紧夹丝，开动气钻向外抽出夹丝，如图 4.125 所示。

三、卷边常见质量故障、原因分析与排除方法（见表 4.8）

表 4.8　卷边常见质量故障、原因分析与排除方法

序号	故障内容	原因分析	排除方法
1	外形不对	卷边展开尺寸不正确	正确计算卷边展开长度
2	不圆滑	捶击不均匀	均匀捶击
3	卷边直径不对	（1）夹丝直径不正确。 （2）卷边始线、终线位置不对	（1）正确选择夹丝直径。 （2）正确划出卷边始线和终线
4	压痕	（1）顶铁不光。 （2）顶铁选择不当	（1）打光顶铁工作面。 （2）按卷边零件形状选择合适的顶铁

4.8　咬　　缝

一、概述

1.咬缝

把两块材料的边缘（或一块板料的两边）折弯扣合，并彼此压紧，这种连接叫做咬缝。咬缝连接很牢固，在许多地方用来代替钎焊。

2.咬缝的形式及用途（见表 4.9）

表 4.9　咬缝的形式及用途

序号	种　类	结　构	特点及应用范围
1	立式单咬缝		用于屋顶铁瓦及多节弯头对接，接合强度不高
2	立式双咬缝		用于刚度大且牢靠处，咬缝较困难

续 表

序号	种 类	结 构	特点及应用范围
3	卧式单咬缝		既有一定强度,又很平滑,应用较广,如盆、桶、水壶等
4	卧式双咬缝		强度高、牢靠,如屋顶水槽
5	角式咬缝		用于角形的连接处,具有较大的连接强度,如壶、桶底部连接
6	匹兹堡咬缝		外表面平整、光滑,刚性好,适用于矩形弯管和各种罩壳结构连接

3.咬缝工具

手工咬缝使用的工具有手锤、弯嘴钳、拍板、角钢和轨铁等(见图 4.126)。

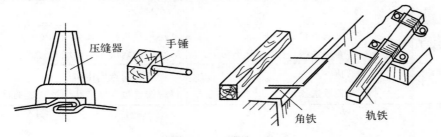

图 4.126　咬缝工具

二、咬缝操作

1.咬缝余量

咬缝毛料要根据咬缝形式留适当余量,否则不能保证咬缝零件的尺寸,余量按表 4.10 留取,每层的具体宽度尺寸根据图纸要求确定。

表 4.10　咬缝余量分配

咬缝形式	咬缝层数	留余量层数	余量分配/层	
			第一个边	第二个边
立式单咬缝	3	3	2	1
立式双咬缝	5	5	3	2
卧式单咬缝	4	3	2	1
卧式双咬缝	6	5	3	2

2.操作方法及要点

(1)图 4.127 为卧式单咬缝过程。

1)在板料上划出扣缝的弯折线。

2)把板料放在角钢或轨铁上,按弯折线把板料边折成 90°。

3)翻转板料,使弯边朝上继续将边向里折成 30°。

4)将板料伸出咬缝宽度,将板料拍打到与角钢或轨铁约成 45°。

5)将咬口拍打至与板料的间隙稍大于材料厚度,这样就完成了一边咬口的制作。

6)用同样的方法弯折另一边,注意弯折方向。

7)两边弯折好之后,扣起来对正。

8)用锤或拍板在角钢或轨铁上敲打压合,可先将两端和中部咬合死,再咬合其他部位。

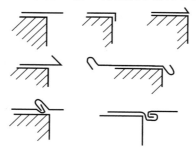

图 4.127 卧式单咬缝

(2)其他咬缝过程如图 4.128～图 4.132 所示。

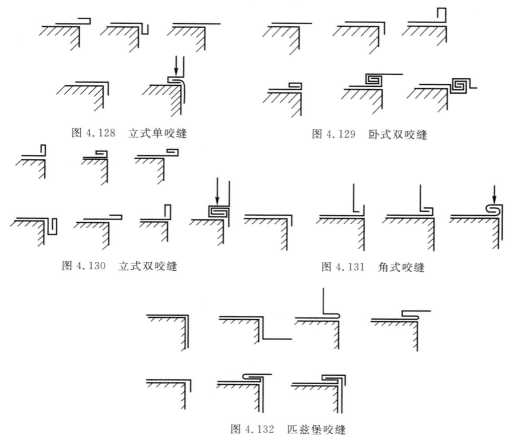

图 4.128 立式单咬缝   图 4.129 卧式双咬缝

图 4.130 立式双咬缝   图 4.131 角式咬缝

图 4.132 匹兹堡咬缝

127

三、咬缝常见质量故障、原因分析与排除方法（见表 4.11）

表 4.11　咬缝常见质量故障、原因分析与排除方法

序号	故障内容	原因分析	排除方法
1	外形不对	(1)展开料尺寸不准确。 (2)咬缝余量不准确	(1)正确计算展开尺寸。 (2)按咬缝宽度和形式留放余量
2	咬缝不平整	捶击不均匀	均匀捶击
3	咬缝不牢靠	(1)操作顺序不当。 (2)咬缝未压紧	(1)按咬缝操作过程操作。 (2)用榔头或压缝器将咬缝压紧
4	咬缝位置不对	(1)展开料对接处位置不对。 (2)两边咬缝余量分配不对	(1)正确画展开图和下展开料。 (2)按咬缝形式正确分配两边余量

4.9　校　　正

一、概述

1.校正
消除不需要的变形,达到要求形状的操作称为校正。

2.校正工作的必要性
在加工过程中,由于外力去掉后产生的回弹变形、材料相互牵制引起的变形、热处理产生的变形、原材料本身不规矩产生的变形等,使校正工作很难避免,为保证零件形状尺寸符合使用及装配要求,校正工作是必不可少的。

3.校正要求
准确判断变形部位、合理选用工具、掌握操作要领。

4.校正用工具及设备
校正用工具如图 4.133 所示。校正用设备有收缩机、空气式点击锤、雅高机和油压床等。

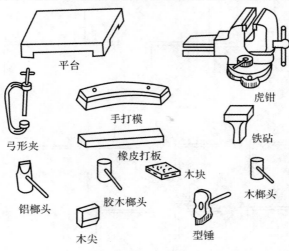

平台　　虎钳　　手打模　　铁砧　　弓形夹　　橡皮打板　　木块　　木榔头　　铝榔头　　胶木榔头　　型锤　　木尖

图 4.133　校正用工具

二、校正方法

以典型结构零件为例说明校正方法。

1. 平板零件校正

平板零件常见的变形为中间鼓动和周边松动两种。

（1）消除中间鼓动。

1）平板件中间鼓动的原因是中间松四周紧。

2）消除中间鼓动的方法是使中间的料收缩，使周边的料伸展。

具体操作方法如下：

a. 判断变形部位。中间鼓动一般不易看出，检查平板零件是否有鼓动，可用双手反复辦动，松动处就会有响声，要沿零件几个方向反复检查，就能准确地找到松动处，同时也能发现板料较紧部位。

b. 合理选用工具。对于铝合金零件可用铝榔头、胶木榔头或橡皮打板进行校正。

c. 图4.134 先用橡皮条抽打整个板面并使橡皮条盖过鼓动区，使鼓动收缩。

d. 再用榔头由内向外捶放鼓动四周，越往外捶击点越密且要均匀，如图4.135所示。

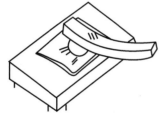

图4.134　橡皮条抽收

图4.135　捶放四周

（2）消除周边松动。

1）周边松动产生原因是中间紧、周边松。

2）消除周边松动方法是使中间的料伸展，周边的料收缩。

具体操作方法如下：

a. 判断变形部位。周边松动呈波浪式，中间贴平台。

b. 合理选用工具。对于铝合金零件可用铝榔头、胶木榔头或橡皮打板进行校正。

c. 将松动侧起小弯［见图4.136(a)］，再把板反过来在平台上用橡皮打板拍打收缩边缘［见图4.136(b)］。

d. 图4.137 用榔头由外向内捶放，捶击点越往内越密且要均匀。

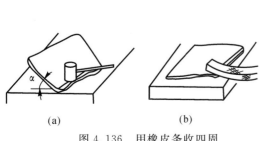

(a)　　　　　　(b)

图4.136　用橡皮条收四周

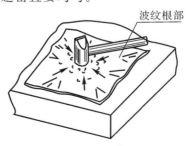

波纹根部

图4.137　由外向内捶放

2.其他零件的校正

(1)带孔板件的校正。带平孔的平板,其孔周边易松动。

带加强孔(减轻加强孔、加强窝、加强肋)的孔周边在淬火后"发紧"。

1)消除平孔周边松动。图 4.138 用橡皮打板抽打孔四周,使材料收缩并校平。孔周边松动严重时,可放在平台上距孔边缘 10~20 mm 处用胶木榔头或铝榔头由内向外捶放,捶击点内疏外密(见图 4.139)。

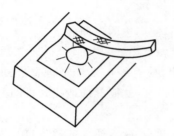
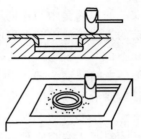

图 4.138　橡皮打板收孔四周　　　图 4.139　消除孔周松动

2)消除加强孔周"发紧"。在加强孔的圆周外缘 R 切点外侧 5~15 mm 外,用胶木榔头或金属榔头敲击孔周围,捶击点内密外疏(见图 4.140)。其他部分用橡皮打板抽打校平。

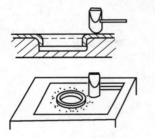
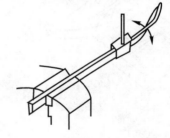

图 4.140　捶放加强孔四周　　　图 4.141　校扭

(2)直板条的校正。常见的变形有扭曲、弯曲、不平。

1)校扭。图 4.141 一头夹在虎钳上,另一头用扳手夹住板料朝扭曲反方向扭转校正。

2)校平。在平台上检查并校正凸起处。

3)校弯。把零件靠紧直尺,确定弯曲部位[见图 4.142(a)],将凹边展放使其伸直[见图 4.142(b)]。

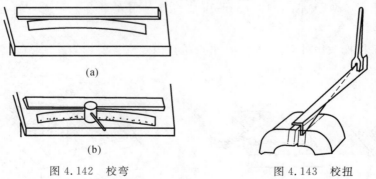

(a)

(b)

图 4.142　校弯　　　　　　　图 4.143　校扭

(3)单弯边件的校正。常见的变形有扭曲、外凸、反凹、不平或角度不对等。

1)校扭。零件刚性小时用手扭正,刚性较大时可夹在虎钳上用扳手扭正(见图4.143)。

2)校外凸。图4.144将底面凹边放开,从弯曲最严重处开始,同时配合修平底面。

3)校反凹。图4.145对零件纵向反凹可用规铁加垫,木尖校正,木尖角度比零件角度小半度,弯曲半径R与零件一致。也可在收缩机上收凸边,然后敲平收边处两面。

4)校角度。角度偏大时(见图4.146),用木尖校弯曲圆角半径R;角度偏小时(见图4.147),在顶铁上敲击弯曲圆角半径R使零件角度增大。

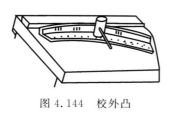

图 4.144　校外凸

图 4.145　校反凹

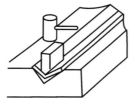

图 4.146　校正偏大角度

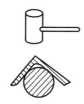

图 4.147　校正偏小角度

5)校平。弯边收缩过多或展放过多会引起弯边不平。应先检查弯曲圆角半径R与平台的贴合度。若中间空[见图4.148(a)],弯边处收缩不够,应收A处边缘;若两端空,中间贴合[见图4.148(b)],表明弯边处展放不够,应展放A处边缘。

(4)蒙皮零件的校正。蒙皮零件的表面质量一般要求很高,除划伤等缺陷有规定外,不应留有明显的加工痕迹,否则影响表面质量。当蒙皮表面不光,有皱纹、扭曲、鼓动时,一般用硬木榔头、铝榔头平皱,用橡皮打板抽打。

校正用的榔头、平台都要光滑,校正时尽可能用硬木榔头。当用铝榔头时,可涂油进行捶击,使平台与零件表面、锤头与零件表面都有一层油,来保护零件表面、基本消除捶痕和印记等。

对于较厚的单曲度蒙皮,当有小的凸起或边缘有波浪不直时,可垫以硬橡皮来校正。双曲度蒙皮,一般都用滚轮来放辗"紧"的部位(见图4.149),仅在区域很小或无法滚辗时才用捶击。

滚辗时所使用的滚轮,如图4.150所示。一般上滚轮是平的,下滚轮则须根据所滚辗的零件确定,当零件曲度较大或须往里卷时,应使用尖滚轮;当曲度较小或往外张时,应使用平滚轮。一般在伸展量大或材料较硬的情况下,滚轮应压得轻些。在靠近滚辗区的周围,也应该进行适当的轻度滚辗,以便消除滚辗部位对周围的影响。对于带孔的零件,孔的周围应尽量不滚或少滚,否则容易"松"动。如果变形大时,最好在校正以后再开孔。

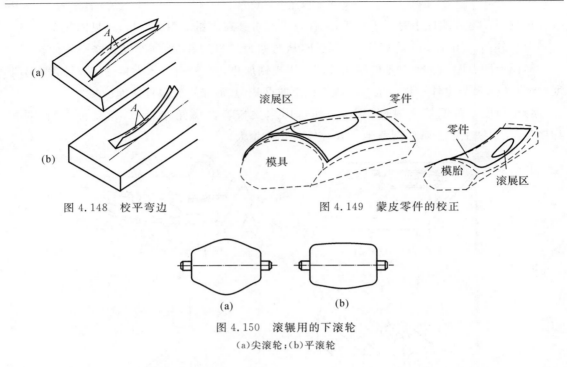

图 4.148　校平弯边

图 4.149　蒙皮零件的校正

图 4.150　滚辗用的下滚轮

(a)尖滚轮;(b)平滚轮

(5)框板外形的校正。框板是指具有内凹外凸的弯边零件。框板件校正的内容主要有弯曲度、腹板不平、扭曲及弯边角度等。

1)校正弯曲度。当弯曲度偏大时(见图 4.151),展放凹弯边腹板面,捶击点不超过腹板面 1/2 宽度;当弯曲度偏小时(见图 4.152),展放凸弯边腹板面,捶击点不超过腹板面 1/2 宽度。

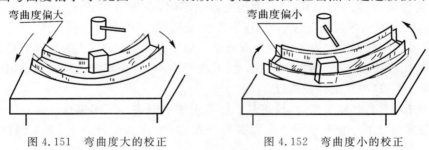

图 4.151　弯曲度大的校正

图 4.152　弯曲度小的校正

2)校正腹板面不平及扭曲。腹板中间悬空造成不平的校正(见图 4.153),收缩悬空处的弯边。腹板端头翘起造成不平的校正(见图 4.154),展放不平处的弯边。

3)校正弯边角度。如图 4.155 所示,要在弯边处用木榔头收边或放边校正。

(6)环状件的校正。环状件变形有淬火后腹板平面翘曲、弯边角度不对等。

1)校正腹板平面翘曲。在平台上检查翘曲情况,将贴合处置于平台边缘,两手将起翘处压平(见图 4.156),并在平台上校平腹板面。

2)校正弯边角度。对于外缘弯边角度偏大,采用收边校正角度;对于孔弯边角度偏大,采用放边校正角度。

(7)大型框板件的校正(见图 4.157)。常见的变形有零件淬火后缺口的弯边放松扩张,加强窝、减轻孔收缩拉紧,平孔周边松动,翻边孔周边"发紧",平面扭曲,凹弯边曲度变大等。

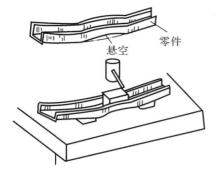

图 4.153　腹板中间悬空的校正

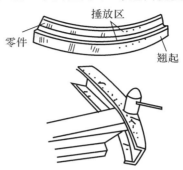

图 4.154　腹板端头翘起的校正

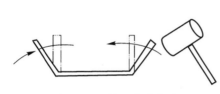

图 4.155　校正弯边角度

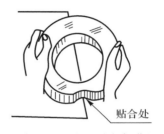

图 4.156　校正腹板翘曲

常用的校正方法如下:

1)将淬火后零件放在模具上,先用橡皮打板抽打至大致贴模(见图 4.158)。

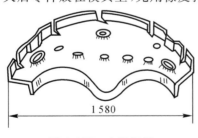

图 4.157　大型框板

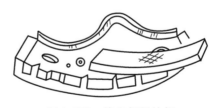

图 4.158　橡皮打板抽打

2)用胶木榔头放松加强窝、减轻孔、翻边孔周边根部(见图 4.159)。

3)将零件反面用铝块或胶木块捶展加强窝、减轻孔、翻边孔根部的周围(见图 4.160)。

图 4.159　放松弯边孔周

图 4.160　压展弯边孔周反面

　4)再用橡皮打板均匀抽打腹板至平整,如有鼓动、扭曲可按平板件校正方法排除(见图
4.161)。

5)匀捶放凹弯边腹板面,使材料放松直到符合外形尺寸(见图4.162)。

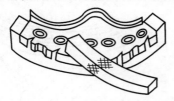 

图4.161　橡皮打板抽校腹板面　　　　图4.162　捶放凹弯边

(8)加强件淬火后的校正(见图4.163)。常见的变形有淬火后凹弯边曲率加大,外形扭转,下陷上翘或下垂,使下陷区不平行等。

常用的校正方法有以下几种。

1)校正扭曲。将零件夹在虎钳上用扳手扭校。

2)校正下陷。图4.164下陷端下垂是因为下陷区弯边收缩不够,可在收缩机上收缩至符合要求。上翘是收缩过多,将下陷区弯边放边至符合要求。

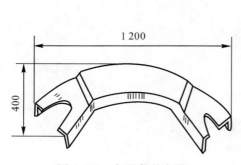 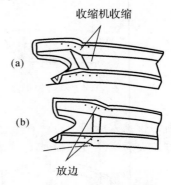

图4.163　加强件的变形　　　　图4.164　校正下陷

3)腹板面校平。将腹板面放在平台上,如中间顶两端翘,在轨铁上展放弯边,并校对角度(见图4.165)。如中间空两端顶,用胶木块靠紧弯边弯曲圆角半径R处向下捶打,校平板面(见图4.166),也可在收缩机上收缩弯边边缘至符合要求。

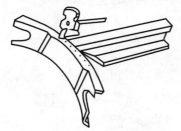 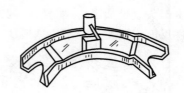

图4.165　捶放弯边　　　　图4.166　校正内弯曲

(9)Γ形件的校正(见图4.167)。常见的变形有成形后B面产生拱曲,A面弯角偏大等。

常用的校正B面拱曲有以下两种方法:

1)加热校正。把零件夹紧在手打模内,在A面加热至合理温度,用榔头收缩A面到贴模为止,使B面贴模,如图4.168所示。

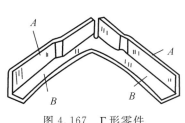

图 4.167　Γ形零件

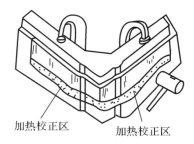

图 4.168　加热校正拱形

2)冷校。用特制槽形块和两块 10～15 mm 厚的垫块,按图 4.169 收缩 A 面,使 B 面达到平直要求,校正角度如图 4.170 所示。

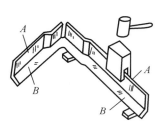

图 4.169　冷校拱形

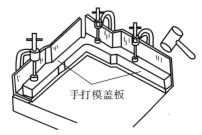

图 4.170　校正弯角

(10)挤压型材零件的校正。这类零件厚度厚,窄而长,两边的根部所形成的外角是尖角,内角是圆角,校正的劳动强度很大。

型材零件校正的内容也是曲度、扭转和弯边角度。一般来说,零件角度的校正较困难。

型材角度的校正,如图 4.171 所示。

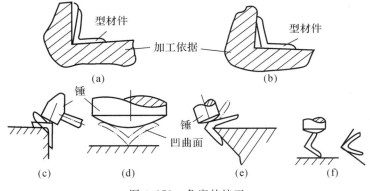

图 4.171　角度的校正

(a)型材角度小;(b)型材角度大;(c)正确加角操作;(d)不正确加角操作;(e)正确减角操作;(f)不正确减角操作

安全小·提示

手工成形安全操作规程如下:

(1)工作前确保模胎、夹具、工具有没有问题。

(2)当搬运笨重的模胎和夹具时,使用吊车抬运时,动作要协调一致。

(3)放置模胎,装夹模胎时,要平稳、牢靠。

(4)使用木榔头、橡皮敲打零件时,注意不要伤人。

(5)使用弓形卡子时,要夹牢。

(6)加工镁合金钣金时,禁止烟火。

(7)工作后,整理好模胎、夹具、工具、零件、工作地。

思 考 题

1.什么叫划线?

2.简述手工剪切的操作过程及要点。

3.什么叫弯曲?手工弯曲如何分类?

4.何谓最小弯曲半径?影响最小弯曲半径的主要因素有哪些?

5.什么叫弯曲回弹?它是怎样产生的?

6.减少弯曲回弹的措施有哪些?

7.试分析口形零件(见图 4.172)弯曲操作过程。

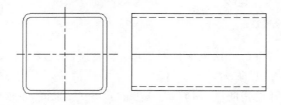

图 4.172 口形零件弯曲操作过程

8.什么叫放边?常用的放边方法有哪几种?

9.简述放边常见质量故障、产生原因和解决方法。

10.什么叫收边?简述收边原理。

11.收边的方法有哪些?

12.简述收边常见质量故障、产生原因和解决方法。

13.什么叫拔缘?拔缘有哪几种?简述拔缘常见质量故障、产生原因和解决方法。

14.什么叫拱曲?手工拱曲常用的工具有哪些?

15.常用的拱曲方法有哪些?简述拱曲常见质量故障、产生原因和解决方法。

16.什么叫卷边?卷边分为哪几种?应用在什么地方?简述卷边常见质量故障、产生原因和解决方法。

17.什么叫咬缝?咬缝分为哪几种及应用特点是什么?简述咬缝常见质量故障、产生原因和解决方法。

18.什么是校正?校正工作的必要性是什么?

19.校正的操作要点有哪些?

20.平板零件中间鼓动、周边松动的校正方法是什么?

第 5 章 弯 曲

内容提示

弯曲是钣金工作主要操作之一，弯曲按照操作方式不同可分为手工弯曲和机械弯曲，本章主要讲述压弯、滚弯和拉弯等机械弯曲方法的原理、特点、工艺及常见质量故障、原因分析与排除方法。

教学要求

(1)了解压弯、滚弯、拉弯的基本原理及力的计算。
(2)掌握压弯、滚弯、拉弯的工艺方法。
(3)了解弯曲的设备结构和传动原理。
(4)了解管子弯曲成形工艺方法。

内容框架

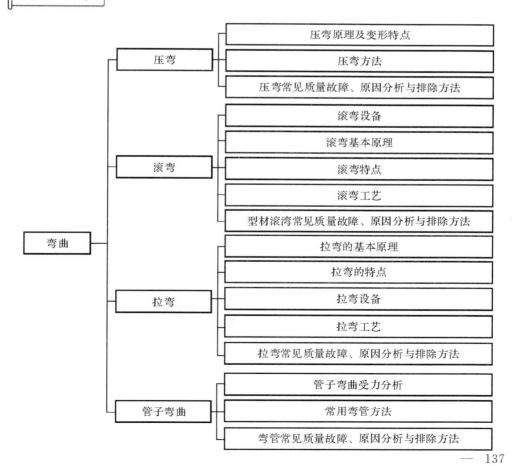

弯曲是钣金工作主要操作之一,4.2 节主要介绍了手工弯曲的操作,本章主要介绍机械弯曲成形方法。机械弯曲是将板料、条料、型材、管材等,用机械的方法在塑性变形的范围内沿直线弯成一定的角度或一定的弧度的操作。目前采取的方法很多,这里重点介绍飞机制造中常用的压弯、滚弯和拉弯等三种机械弯曲的方法。

5.1 压 弯

一、压弯原理及变形特点

1.压弯原理

由于板料具有一定的塑性,因此能用弯曲的方法将其弯成所需的各种形状。压弯是在板料上加压产生弯矩,而使其弯曲成形的方法。

以 V 形件的压制为例,简要说明板料压弯时的变形过程,如图 5.1 所示。

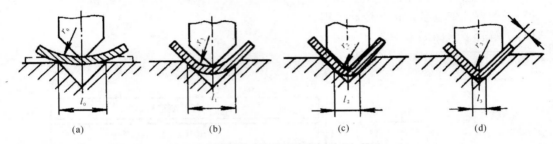

图 5.1 板料弯曲变形过程

(a)(b)自由弯曲;(c)接触弯曲;(d)校正弯曲

(1)自由弯曲阶段。如图 5.1(a)所示,板料开始弯曲时,板料与上、下模具为三点接触,弯曲半径 r_0 不受上、下模具形式的约束,此刻的弯曲力臂 l_0 最大。随着上模的压下,板料弯曲半径 r_1 不断减小,弯曲力臂 l_1 也同样减小,如图 5.1(b)所示。

(2)接触弯曲阶段。随着上模的不断压下,板料的弯曲变形程度加大,其弯曲半径和弯曲力臂也不断减小,直到板料与下模完全接触,弯曲角度与下模基本相同,如图 5.1(c)所示。

(3)矫整弯曲阶段。上模继续压下,板料弯曲程度变大,此时板料与上模为三点接触,与下模是两点接触,其弯曲角度小于下模的角度,这是板料由接触弯曲阶段向矫整弯曲过渡的阶段。上模继续下压,直至板料与下模完全贴合,如图 5.1(d)所示。此时板料的弯曲半径为最小值 r_3,完成了一个 V 形件压制的全部过程。

2.压弯变形特点

压弯时材料产生外拉内压,中间有一层为不受拉也不受压,称中性层,弯曲变形受最小弯曲半径的限制和回弹的影响。

3.弯曲力的计算

选用压弯机床时,须进行弯曲力的计算。弯曲作用力与下列因素有关:

(1)金属的力学性能。金属的强度越高,所需的弯曲力越大。

（2）毛料的厚度和宽度。毛料越厚越宽，所需的弯曲力越大。

（3）弯曲时变形程度。变形程度越大，所需的弯曲力越大。

（4）其他因素。如弯曲时有无压料装置，模具的间隙等对弯曲力的大小都有影响。

弯曲力的计算公式：

$$F = kBtR_m$$

式中：F 为一个弯角弯曲作用力，N；B 为毛料宽度，mm；R_m 为抗拉强度极限，MPa；t 为毛料厚度，mm；k 为系数，取决于弯曲半径 R 与毛料厚度 t 之比（见表 5.1）。

表 5.1　系数 k 值确定

$\dfrac{R}{t}$	0.1	0.25	0.5	1.0	2.0	5.0	10.0
系数 k	0.55	0.48	0.4	0.3	0.2	0.10	0.06

例 5.1　弯曲 2 mm 厚，40 mm 宽的零件，当弯曲半径为 4 mm 时，设 $R_m = 28$ MPa，求所需弯曲力。

解　$t = 3$ mm，$B = 40$ mm，$R_m = 280$ MPa，$\dfrac{R}{t} = \dfrac{4}{2} = 2$，查表 5.1，得 $k = 0.2$。

$$F = kBtR_m = 0.2 \times 40 \times 2 \times 28 \text{ N} = 448 \text{ N}$$

故弯曲此零件一个弯角所需弯曲力为 448 N。

二、压弯方法

1. 折弯机弯曲

折弯机主要用来弯曲简单的直线零件，按加工方法来分，折弯机有普通折弯机和数控折弯机两种。

（1）普通折弯机。普通折弯机按传动方式分有机动折弯机和手动折弯机两种。手动折弯机如图 5.2 所示。

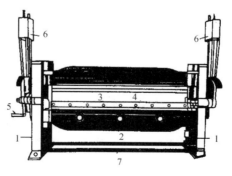

图 5.2　手动折弯机
1—支柱；2—折板；3—下台面；4—上台面；5—手柄传动机构；6—平衡配重；7—支撑

目前，常用普通折弯机都是机动折弯机，因为手动折弯机消耗人力较大，效率低。机动折弯机主要由床架、传动丝杆、上台面、下台面和折板等组成。

折弯机的工作部分是固定在台面和折板上的镶条,其安装情况如图 5.3 所示。上台面和折板的镶条一般是成套的,具有不同的角度和弯曲半径,可根据需要选用。

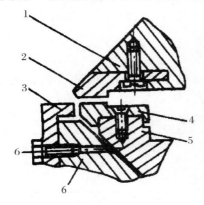

图 5.3　折弯机上镶条的安装情况
1—上台面;2—上台面镶条;3—折板镶条;
4—下台面镶条;5—下台面;6—折板

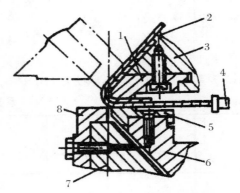

图 5.4　镶条的使用情况
1—上台面镶条;2—特种垫板;3—上台面;4—挡板;
5—下台面镶条;6—下台面;7—折板;8—折板镶条

折弯机的操作过程如下:

1)升起上台面,将选好的镶条装在台面和折板上,如果所弯制零件的弯曲半径比现有镶条稍大时,可加特种垫板,如图 5.4 所示,这样工作时,垫板要垫在毛料的下边。

2)下降上台面,翻起折板至 90°角,调整折板与台面间的间隙,以适应材料厚度和弯曲半径,为避免弯折时擦伤毛料,间隙应稍大些。

3)退回折板,升起台面,放入的毛料靠紧后挡板。若弯折较窄的零件或不用挡板时,毛料的弯折线应对准台面镶条的外缘线。

4)下降上台面,压住毛料。

5)翻转折板,弯折至要求角度。为得到尺寸准确的零件,应注意回弹,必须很好地控制弯折角度。

6)退回折板,升起上台面,取下零件。

(2)数控折弯机。使用数控折弯机可比普通折弯机节 20%~70%的加工成本,经济效果十分显著。比较先进的数控系统一般都具有以下主要功能:彩色图形显示,并能预先显示每一折弯工序的折弯过程;自动绘制折弯零件的毛料展开图;确定最优折弯顺序;选择模具;判断折弯过程中零件与模具是否发生干涉;自动编程。

数控折弯机一般都采用专用数控系统,控制轴数越来越多,功能越来越齐全,不仅可以控制后挡料位置,还可对滑块的趋近速度、折弯速度、折弯压力和保压时间等进行控制。近年来已出现具有模具库的自动换模系统,模具库内放置了若干组已在模座上装配好的模具,由换模机械手按指令取下用毕的模具放入模具库,并取出所需模具装上,整个过程自动进行。瑞典双机联动数控折弯机 Optima Tandem 320/4550。此设备是将两个同型号的折弯机并在一起,以实现超长零件(最长9 000mm)的成形。双机联动折弯机还可单独操作当作两台设备来使用。整个控制系统由计算机控制,有单动、双动两种模式,可实现手动、半自动、全自动三种操作方式。该设备优越性在于:较传统的折弯设备增加自动挠度补偿系统,使弯曲线的直度得以保证;该设备能够实现折弯过程中回弹的自动补偿;该设备还可以实现渐进折弯成形,即通过较小的弯曲半径,可以成形弯曲半径数十倍于它的大曲率半径的零件。数控折弯机的主要优点:

1)零件的折弯精度比普通折弯机高,而且整批零件的精度一致。

2)生产率比普通折弯机提高三倍以上,零件的弯角越多,生产率提高也越多。

3)减少半成品的堆放面积和缩短半成品的堆放时间,也相应减少了半成品的搬运、堆放工作量。

4)数控折弯机一般都有折弯角度直接编程的功能,只要输入几个数据,经过一次试折和修正,即可完成调整工作,不需要技术熟练的工人。而在普通折弯机上需要凭经验经过几次试折。

2.闸压床弯曲

飞机框肋上的缘条和长桁都是用型材弯曲而成的。一般采用挤压型材,当缺乏适合的挤压型材或在轻型结构中,也可用板弯型材。型材的显著特点是窄而长,断面形状有 V 形、U 形、几形和 Z 形等,除 V 形断面外,都包含两个或更多弯角。板弯型材须经多次压弯才能制成,因毛料很长,普通冲床不能适应压弯成形需要,而必须使用专用的闸压床,因而闸压床主要用来将金属条料或板料弯曲成各种型材,最适合加工窄而长的直线零件。闸压床可弯成的各种零件断面如图 5.5 所示。

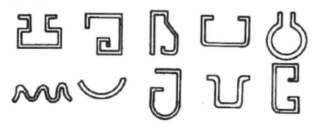

图 5.5 用闸压床弯曲的各种零件断面

闸压属于自由弯曲。将板料放在开有 V 形槽的凹模上,由 V 形凸模压向毛料(见图5.6)。随着凸模下降,毛料弯成一定的角度,并形成一定的弯曲半径。弯角大小决定于凸模进入凹模的深度,准确地调节凸模的行程,便可弯出不同的弯角。自由弯曲的回弹很大,闸压弯曲时,可通过"过弯"来加以修正,先将角度弯小一些,卸载后经过回弹,获得所需弯角。"过弯"量须经过试压确定。

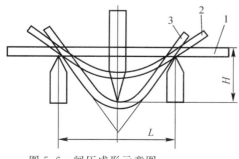

图 5.6 闸压成形示意图

1—弯曲前;2—弯曲后;3—卸载后

图 5.7 闸压床

　　闸压床的种类很多,但主要有两大类,即机械双曲轴式和液压式。闸压床如图 5.7 所示,工作台一般由整块钢板制成埋入地下,以保证在最大工作压力下变形量小。当工作时拖板上、下运动好像闸门一样起落,故称闸压床。其传动原理如图 5.8 所示。

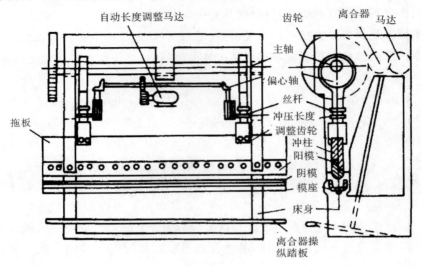

图 5.8　闸压床传动原理图

　　当主轴转动时,拖板上下运动。在拖板的下端固定有上模座,上模座上钻有若干孔眼,用以安装上模。上模的上下位置可用螺杆加以调整,螺杆用一个小电动机带动,同时装有自动断电开关,使上模的上下运动不致超过所允许的限度。闸压床有一个很坚固的床身,台面上有安装下模的槽子,闸压床由脚踏板开动,动力部分是电动机,在电动机与主轴之间装有离合器,每踏一次踏板,上模上下运动一次。为便于工作时毛料定位,在工作台后边装有挡料机构,结构如图 5.9 所示。根据需要,滑块 2 沿支架 5 可前后移动,挡料 1 还可微调。

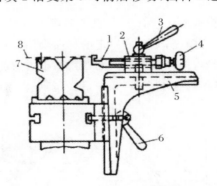

图 5.9　闸压床的挡料机构

1—挡料板;2—滑块;3,6—固紧笔柄;4—微调螺母;5—支架;7—下模;8—毛料

　　液压式闸压床与一般闸压床的不同点是液压传动代替了曲轴传动,由于液压系统能在整个行程中对板料施加全力,过载时自动保护,易于实现自动控制,因此液压式是现代最常用的闸压床。

闸压床操作过程如下。

(1)开车前检查各部分工作是否正常,发现问题及时修理,特别要仔细检查脚踏板(离合器)是否灵活好用,如发现连续冲击绝不允许使用。

(2)将拖板下降至最低位置,调整拖板的最低点到工作台面的垂直距离即闭合高度,闭合高度比模具总高度高 30～50 mm。

(3)升起拖板,安装上模和下模。一般是先把下模放在工作台上,然后下降拖板再装上模。在安装上模时,要保持两端平行,从拖板固定槽的一端,一边活动一边往里推至拖板中间位置,使机床受力均衡,并用螺钉紧固(见图 5.10)。

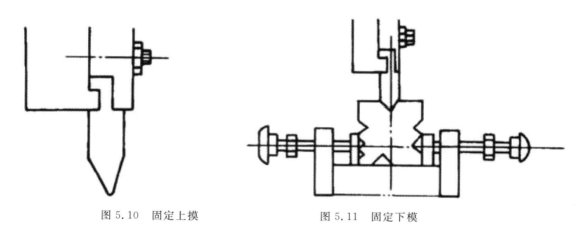

图 5.10　固定上模　　　　　　图 5.11　　固定下模

(4)开动拖板的调整机构,使上模进入下模槽口,并移动下模,使上模的中心线对正下模槽口的中心线,将下模固定(见图 5.11)。

(5)升起拖板,按弯曲尺寸调整挡料板(见图 5.9)。

(6)按要求调整弯曲角度。弯曲角度只须调整上模进入下模的深度,就很容易达到要求。一般先用废料调试,调好后再正式进行弯曲工作。

闸压床上用的弯曲模具可分为通用(见图 5.12)和专用模具(见图 5.13)两类,通常采用通用弯曲模。

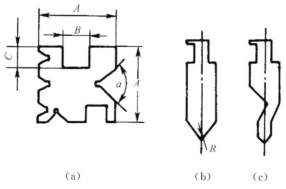

(a)　　　　　　　(b)　　　　(c)

图 5.12　通用弯曲模

(a)通用凹模;(b)直臂式凸模;(c)曲臂式凸模

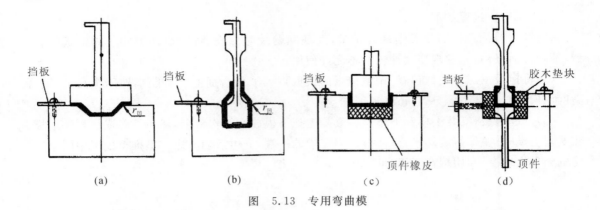

图 5.13 专用弯曲模

通用弯曲模的上模一般是 V 形的,有直臂式和曲臂式两种,如图 5.12(b)(c)所示,下端的圆角半径是做成几种固定尺寸组成一套,圆角较小的上模夹角制成 15°。下模一般是在四个面上分别加工出适应机床弯制零件的几种固定槽口,如图 5.12(a)所示,槽口形状一般是 V 形、矩形,都能弯制钝角和锐角零件。下模长度一般与工作台面相等或稍长一些,也有较短的。弯曲模上、下模的高度根据机床闭合高度确定,在使用弯曲模时其弯曲角度大于 18°。

当选用通用弯曲模弯制零件时,下模槽口的宽度不应小于零件的弯曲半径与材料厚度之和的 2 倍,再加上 2 mm 的间隙,即

$$B > 2(t + R) + 2$$

式中:B 为下模槽口宽度,mm;t 为零件材料厚度,mm;R 为零件的弯曲半径,mm。

这样,在弯曲时毛料不会因受阻而产生压痕或刮伤现象,同时为减少弯曲力,对硬的材料应选用较宽的槽口,而对软的材料,大的槽口会导致成形的直边呈现弧线,故应选用较小的槽口。在弯曲带有多弯边的零件时,下模槽口中心至其边缘的距离不应大于所弯部分的直边长,图 5.14(a)中的尺寸 d 必须小于尺寸 c,否则无法放置材料。已弯成钩形的材料再弯曲时,应采用带躲避槽的下模[见图 5.14(b)]。

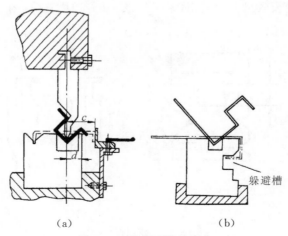

(a)　　　　　　　　　(b)

图 5.14 带弯边件的弯曲

对于上模的选择也须根据零件的形状和尺寸的要求。上模工作端的圆角半径应略小于零

件的弯曲半径;一般采用直臂式上模,而当直臂式上模挡碍时应换成曲臂式上模。

采用通用弯曲模弯制多角的复杂零件时,根据弯角的数目、弯曲半径和零件的形状,须经多次调整挡板和更换上模及下模。弯制时先后的次序很重要,其原则是由外向内依次弯曲成形。

例如,弯曲如图 5.15(a)所示零件,由于弯曲半径相同而各部分尺寸不相等,因此弯曲时须多次调整挡板位置,下模可用同一槽口,在前三次弯曲时,可采用直臂式上模[见图 5.15(b)],最后一次采用曲臂式上模[见图 5.15(c)]。

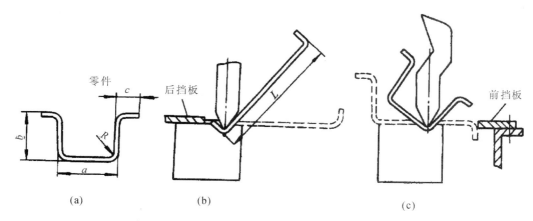

图 5.15　槽形零件弯曲工序
(a)零件;(b)第一、二道工序;(c)最后一道工序

例如,弯曲如图 5.16 所示的复杂零件,由于各边尺寸不等,弯曲半径也不相同,因此当弯制该零件时,第一道工序可按零件的弯曲半径 R_1 和尺寸 a 确定上下模,并调整挡板。当进行第二道工序时,由于 R_2 与 R_1 不同,且直边 d 与 a 不同,因此必须更换上模和重新调整挡板。同样在第三、四道工序时也应更换上模和重新按尺寸调整挡板。第四道工序使用曲臂式上模。

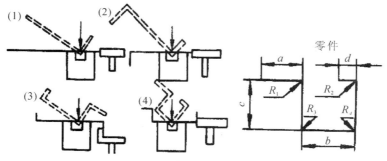

图 5.16　复杂零件弯曲工序

在生产中如嫌更换模具麻烦,也可直接采用带躲避槽的下模和曲臂式上模,但要注意曲臂式上模强度差,易变形。当成批生产时,为了提高效率,应成批地进行各个分工序。弯制时注意首件检查和中间抽查,以保证整批零件的质量。

3. 冲压弯曲

冲压弯曲是用弯曲模在冲床上进行弯曲工作。飞机上冲压弯曲的零件很多,如连接角片、卡箍及各种支架等。

弯曲件种类繁多,为了适应不同的弯曲成形需要,弯曲模的形式也是多种多样的。现举出几种典型结构着重介绍。

(1)V形件弯曲模。图 5.17 凸模 3 安装在标准槽形模柄 1 上,并用两个销钉 2 定位,组成上模。槽形模柄一侧的销孔扩大 0.5 mm,便于打入销钉。毛料由定位板 4 定位,沿定位面加工出倒角,便于放入毛料。由顶杆 6 和弹簧 7 组成的顶件装置,工作行程起压料作用,可防止毛料横向移位,回程时可将弯曲件从凹模 5 内顶出。其中槽形模柄一般是固定非圆凸模,并使凸模结构简单、容易加工。在其侧面打入两个横销,防止凸模拔出。销钉是定位连接作用。定位板是起定位作用,但其尺寸不易过大,以便取放零件方便、安全。顶杆是将零件从凹模型腔内顶出,弹簧是与顶杆一起组成弹压卸料装置。

(2)U形件弯曲模。图 5.18 U形弯曲模(两块)用螺栓固定在下模座 6 的两侧,凹模 2 上有两块定位板 3,中间有顶板 4。凸模 1 固定在上模座 5 上。

将毛料送进两定位板间,开动冲床,凸模下降到一定距离与毛料表面接触,将毛料压在顶板上,凸模继续下降,而两端未被压的材料沿着凹模圆角滑动,先向上弯起,然后进入凹模成形。同时顶板向下运动,压缩橡皮,贮蓄能量,当凸模上升时,顶板借橡皮的弹力把零件顶出。

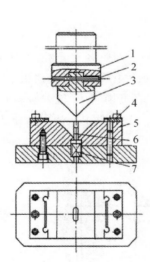

图 5.17　V形件弯曲模

1—模柄;2—销钉;3—凸模;4—定位板;
5—凹模;6—顶杆;7—弹簧

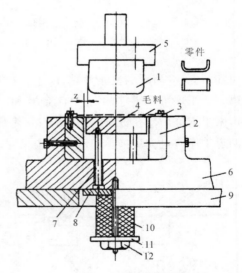

图 5.18　U形件弯曲模

1—凸模;2—凹模;3—定位板;4—顶板;
5—上模座;6—下模座;7—顶板螺栓;8—垫板;
9—冲床工作台面;10—橡皮;11—垫圈;12—螺母

(3)半圆形件弯曲模。图 5.19 半圆形冲弯模,其凹模与两边的圆角半径 $r_凹$ 应该相等。凹模用两个定位销和四个螺钉固定在下模座 7 上,凹模有两个 U 形定位板 4。

将毛料送进两定位板间,开动冲床,凸模下降到一定距离与毛料表面接触,当凸模继续下降,毛料弯曲且沿着凹模圆角滑动,同时顶件器 8 向下运动并压缩弹簧。凸模再往下降,毛料弯曲成形。同时弹簧压紧贮蓄能量,当凸模上升时,顶杆借弹簧的弹力把零件顶出。

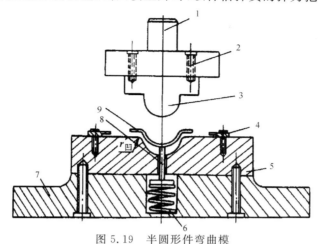

图 5.19　半圆形件弯曲模

1—模柄;2—螺钉;3—凸模;4—定位板;5—凹模;6—弹簧;7—下模座;8—顶件器;9—零件

(4)闭角弯曲模。弯曲角小于 90°的 U 形零件,用图 5.20 的弯曲模,可一次弯曲成形。从图中可以看出,在凹模 2 内装有两个能转动的活动模块 3,并由弹簧 5 的拉力以销钉 6 靠在止动块 7 上。

将平直的毛料放在定位板 4 内,开动冲床,使凸模下降,零件先弯成 U 形(见图 5.20 左面),零件随凸模继续下降,与活动模块 3 接触后,就迫使模块 3 克服弹簧 5 的弹力而转动,这时弹簧 5 被拉长,同时将零件弯曲成形(图 5.20 右面)。凸模上升带动模块 3 反向转动,并将零件顶出凹模外。模块 3 的销钉 6 又靠弹簧 5 的拉力紧靠在止动块 7 上。

(5)圆管形件弯曲模。圆筒直径 $d \leqslant 5$ mm 的弯曲件属于小圆筒形件,$d \geqslant 20$ mm 的弯曲件属于大圆筒形件。弯制大圆筒形件可采用一次弯曲成形(见图 5.21)和两次弯曲成形(见图 5.22)。

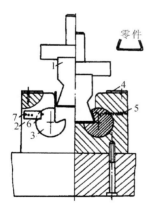

图 5.20　闭角弯曲模

1—凸模;2—凹模;3—活动模块;4—定位板;
5—弹簧;6—销钉;7—止动块

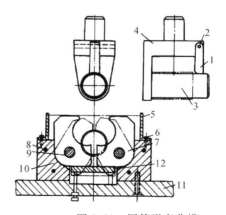

图 5.21　圆管形弯曲模

1—支撑;2—销子;3—凸模;4—上模座;
5—定位板;6—销钉;7—活动凹模块;8,9—销钉;
10—凹模;11—下模座;12—顶板

147

图 5.21 活动凹模块 7 由顶板 12 托住,当凸模向下运动将毛料压下时,凹模块 7 受力向内转动,并将毛料弯曲成形。当凸模上升时已弯成的圆管零件,套在凸模 3 上随之上升,因支撑 1 能绕销子 2 转动,由此可顺利地取出零件;凹模块 7 靠顶板下面的橡皮(图中未画出)的弹性而复原。

对于小圆筒形件,一般先将坯料弯成 U 形,再将 U 形弯成圆形,具体如图 5.23 所示。

(6)Z 形件弯曲模。Z 形件一次弯曲即可成形,图 5.24 为 Z 形件弯曲模。在冲压前,压块 5 在橡胶 6 的作用下与凸模托板 7 端面齐平,这时压块 5 与上模座分离。同时顶块 10 在顶料装置的作用下处于与下模座持平的初始位置,毛料由定位销定位。弯曲时,上模座下压,活动凸模 8 与顶块 10 将毛料夹紧,由于橡胶的弹力大于顶块 10 上顶料装置的弹力,毛料随活动凸模 8 与顶块 10 下行,先完成左端弯曲。当顶块 10 向下运动到与下模座 1 相接触时,橡胶 6 开始压缩,活动凸模 8 静止,使凸模 3 相对于压块 5 产生向下的相对运动,从而完成毛料右端的弯曲。当压块 5 与上模座 4 相接触时,制件得到校正。

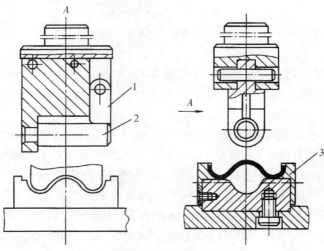

图 5.22 大圆筒两次弯曲模
1—支撑板;2—凸模;3—定位板

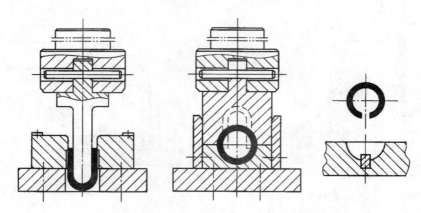

图 5.23 小直径圆筒件弯曲模

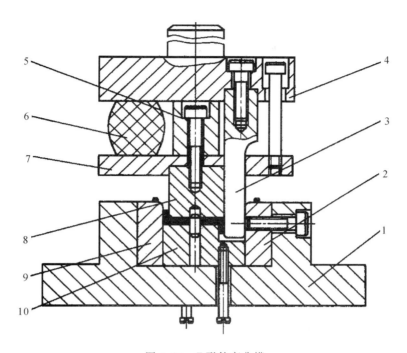

图 5.24　Z 形件弯曲模

1—下模座；2—反侧压块；3—凸模；4—上模座；5—压块；

6—橡皮；7—凸模托板；8—活动凸模；9—凹模；10—顶块

4. 自动弯曲机上的弯曲成形

对于薄带料、线材需经多次弯曲成形的小零件，批量又很大时，如果采用一般的模具在通用压力机上加工很不方便，有的甚至很困难。而采用多滑块自动弯曲机配上相应的简单模具，可以完成各种复杂零件的弯曲成形，整个生产过程除了上料和装模、调整需人工进行外，其余均由机床进行连续自动化生产，因而生产效率很高。此外，由于自动弯曲机具有较高的送料精度（可达 ±0.05 mm），因此加工零件的一致性很好。在自动弯曲机上工作时，料宽常常等于零件展开宽度。送料进距常常等于零件的展开长度。排样一般不留搭边，无废料，材料的利用率高，因而是一种十分先进的加工方法。

自动弯曲机是由凸轮驱动来控制装在滑块上的模具对毛料进行多个方向弯曲成形的。其模具主要包括具有级进模的冲裁部分和独立的弯曲成形部分。模具的各部分为独立的单一体，从而使结构大为简化。同样的零件，如果用多工位的级进模加工，不仅模具结构十分复杂，而且模具制造费用比自动弯曲机模具制造费用高得多。冲裁部分可以对卷料（要求长度超过 10 mm）进行冲裁（冲孔、切边等）、压筋、压包等，弯曲成形部分则借助装在多个滑块上的凸、凹模按预定的程序将毛料进行切断、弯曲、卷圆和搭接等工序，图 5.25 为自动弯曲机冲压成形工艺过程。

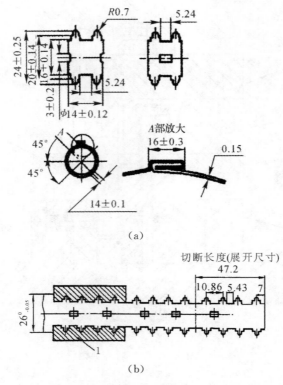

（a）

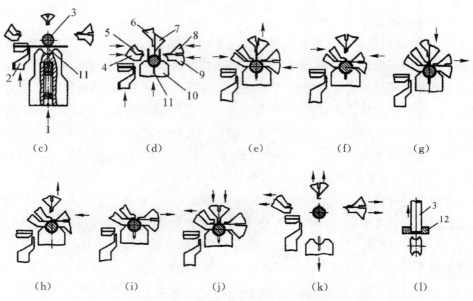

（b）

图 5.25　自动弯曲机冲压成形工艺过程

（a）零件图；（b）冲裁过程；

（c）　（d）　（e）　（f）　（g）

（h）　（i）　（j）　（k）　（l）

图 5.25　自动弯曲机冲压成形工艺过程

（c）～（l）弯曲成形过程

1—连续模；2—切刀；3—芯轴；4—左弯模；5—左辅模；6—后弯模；

7—后辅模；8—右辅模；9—右弯模；10—前弯模；11—压料杆；12—卸料板

三、压弯常见质量故障、原因分析与排除方法(见表 5.2、表 5.3)

表 5.2 闸压零件常见质量故障、原因分析与排除方法

序号	故障内容	原因分析	排除方法
1	弯边高度不对	(1)毛料边缘不直,引起局部超差。 (2)定位挡块松动。 (3)模具间隙不均	(1)下准毛料,对超差的毛料应在弯前排除故障。 (2)调整挡块并固紧。 (3)调对间隙
2	弯边角度不对	(1)角度偏大,上模压入量不够。 (2)角度偏小,上模压入量过大。 (3)角度一头大、一头小,系拖板与台面不平行	(1)调对上模压入量。 (2)排除机床故障,保持拖板下平面与台面平行
3	外形不对	(1)挡块位置不对。 (2)弯折线算错。 (3)多弯边压弯顺序不对	(1)调整挡块并固紧。 (2)算准弯折线位置。 (3)由外向内依次弯曲,逐个检查合格再弯
4	表面伤痕	(1)毛料模具未擦干净。 (2)模具不光引起拉毛	(1)擦净表面。 (2)模具排故

表 5.3 局部压弯常见质量故障、原因分析与排除方法

序号	故障内容	原因分析	排除方法
1	表面压伤	(1)模具太短。 (2)模具端头圆角半径 R 小	(1)将上模加长,端头圆角半径 R 加大。 (2)毛料上垫 0.8~1.2 mm 铝板或垫薄橡皮
2	收边起皱	(1)模具间隙偏大。 (2)收缩变形量	(1)适当缩小间隙加强支衬。 (2)分次压弯,手工辅助除皱
3	外形不对	模具未修回弹或修得不够	按实际需要修回弹
4	直边上表面塌肩	直边刚性大,不易成形,模具无顶块或高度不够	修对顶块尺寸

5.2 滚 弯

通过旋转的滚轴,使毛料弯曲的方法叫滚弯。滚弯的实质就是连续不断的弯曲。滚弯适用于板材(如飞机上单曲度蒙皮)和型材的弯曲。

一、滚弯设备

1．三轴滚弯机(见图 5.26)

三轴滚弯机又分为对称式与不对称式两类。

图 5.26　三轴滚弯机

1—上滚轮；2—下滚轮；3—手柄；4—导轮

2．四轴滚弯机(见图 5.27)

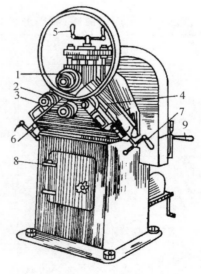

图 5.27　四轴滚弯机

1—上滚轮；2—侧滚轮；3—下滚轮；4—侧滚轮；5,6,7—手柄；8—机座；9—制动手柄

国产 XG－1 型材滚弯机如图 5.28 及图 5.29 所示。它的特点是带有靠模装置,能大大提高滚制变曲率外形的效率。由于采用靠模的传动方式,型材送进与靠模转动更加协调。型材和板材不同,剖面具有一定的高度。剖面各点的线速度不同,在滚弯过程中,型材与滚轮间会产生滑动。如果靠模机构由滚轮主轴带动,就不能和型材的实际送进过程相协调。为此,如图 5.29 所示,在滚轮主轴上套装一个摩擦靠轮,靠轮的外缘滚花,贴紧带余量的小弯边,依靠零件带动旋

转。摩擦靠轮的运动经过两对链轮传至靠模,靠模推动顶杆沿滑轨上下偏移,后者通过随动阀门控制弯曲轮的升降。由于零件材料力学性能的波动,靠模滚弯后有时要稍微修整外形。

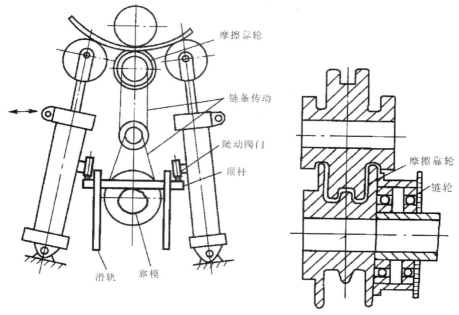

图 5.28　用靠模控制的 XG-1 型材滚弯机　　　图 5.29　靠模带动方法

　　图 5.30 为 VPR-9-SPEC-CNC 数控四轴滚弯机结构图。该机床不仅可加工平面内弯曲零件,还可加工空间三维零件,整个加工过程可以按照事先编制的数控程序由计算机自动控制,可成形最大截面模量为 28 cm² 的型材,型材截面宽度不大于 180 mm,高度不大于 120 mm,垂直方向最小弯曲半径 150 mm,水平方向最小弯曲半径 1 200 mm,最大扭转角度 15°。数控滚弯机可实现基本加工参数的储存(包括侧轮位置、成形速度、夹持力等参数的储存),用于以后的零件加工。该机由工作滚轮、机架、机座、支承滚轮及传动系统组成,四个工作滚轮通过两端的轴承体和油缸连接在一起,安装于两个机架中,在机架中设置有下工作滚轮和侧工作滚轮的滑动导向槽,由油缸驱动工作滚轮在导向槽中作直线位移。上滚轮和下滚轮均为主动滚轮,通常由液压马达通过行星减速器驱动。

图 5.30　VPR-9-SPEC-CNC 数控四轴滚弯机

3. 多轴滚弯机

当零件的产量大时,可设计一系列专用滚轮,在多轴滚弯机上用抽滚的方法制出直型材,这样生产效率高、零件质量好。如自行车、摩托车的钢圈、挡泥板、装饰条等零件都是在专用多轴滚弯机上成形的。多轴滚弯机如图5.31所示,抽滚过程如图5.32所示。

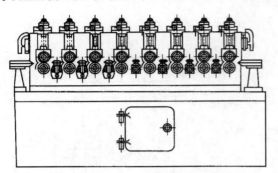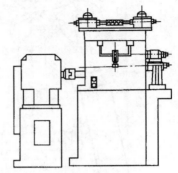

图 5.31　多轴滚弯机

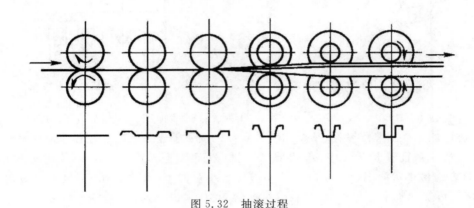

图 5.32　抽滚过程

二、滚弯基本原理

1. 板材滚弯

图5.33板料滚弯时,毛料在滚轴作用力和摩擦力的连续加载下,通过滚轴产生塑性弯曲变形。毛料经滚弯后所要求得到的曲率半径 R 是由滚弯时的曲率半径 R_0 经过卸载回弹后而获得的。因 R_0 与三滚轴的相对位置有关,R 也就取决于三个滚轴的相对位置和毛料的力学性能及厚度。滚弯时曲率半径 R_0 与滚轴之间的关系,可表示为

$$\left(\frac{d_2}{2} + t + R_0\right)^2 = a^2 + \left(H + R_0 - \frac{d_1}{2}\right)$$

式中:t 为材料厚度;R_0 为滚弯时零件的曲率半径;d_1,d_2 为分别为上、下滚轴的半径;a 为两下滚轴之间的半间距;H 为上、下滚轴之间的相对距离。

两个滚轴之间的半间距 a 和上、下滚轴之间的相对距离 H 均为可调变量。为了滚弯后获得要求的曲率半径 R,需要调整 a 或 H,但调节 H 要比改变 a 值更为方便。H 值可按下式求得:

$$H = \frac{d_1}{2} - R_0 + \left[\left(R_0 + \frac{d_2}{2} + t\right)^2 - a^2\right]^{\frac{1}{2}}$$

由于板料的回弹量事先难以计算确定,因此上述关系式不能准确地计算出所需的 H 值来,仅供初卷参考。实际生产中,大都采取试测的方法,即凭经验大体调整好上滚轴的位置后,逐渐试卷直到合乎要求的曲度为止。

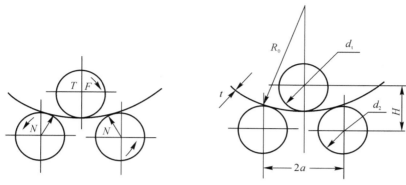

图 5.33　板材滚弯示意图

2. 型材滚弯

滚弯型材使用的多为四轴滚弯机,其工作原理如图 5.34 所示。滚弯机的工作部分由四个滚轮组成,中间一对滚轮 1 和 2 是由机械传动反向转动的导轮。3 是随动的弯曲轮,4 是随动的支承轮。弯曲轮的上下位置可通过机床的液压系统进行调节。上导轮的上下位置可通过手轮加以调整。支承轮 4 和下导轮 2 的轮面位于同一平面。

滚弯开始前,先将上导轮提起,调节弯曲轮使其与下导轮和支承轮位于同一平面上。将毛料放在三个滚轮上后,放下上导轮压紧毛料。然后开动液压系统,根据要求的弯曲半径 R_0,将弯曲轮调节至适当位置。当弯曲轮上升时,毛料受到外加弯矩的作用,位于弯曲轮和导轮间的毛料产生弯曲变形。

机床开动后,导轮同时反向转动,毛料在导轮间的摩擦力的作用下向着弯曲轮送进。滚弯的过程可以看成是毛料上无数个小弧段的依次连续弯曲的过程,也就是连续加载-卸载的过程。如果各滚轮的相对位置保持不变,则滚弯结束后,凡是经过加载-卸载全过程的断面,其曲率都应相同。因此,用滚弯方法可以弯制等曲率型材弯曲件。

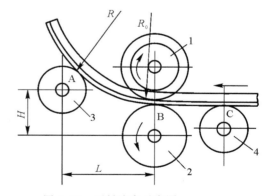

图 5.34　型材滚弯示意图
1,2—导轮;3—弯曲轮;4—支承轮

毛料经过滚弯后形成的曲率半径 R 主要与滚轮间的相对位置、上导轮直径、材料的力学性能和型材的断面形状等因素有关。当其他条件不变时,在滚弯过程中如果按照一定规律调节弯曲轮的位置,即改变尺寸 H 和 L(见图 5.34),这样就可以滚弯出变曲率的型材弯曲件。有些机床安装靠模,利用靠模在滚弯过程中调节弯曲轮的相对位置,以弯制符合要求的变曲率型材弯曲件。

三、滚弯特点

(1)通用性好。板材滚弯时,由干钣金件多是较薄的金属板材或型材,均在常温下通过塑性变形滚弯成形,滚弯时不须加热,且一般不用在滚弯机上附加工艺装配。型材滚弯时,只须附加适于不同剖面形状、尺寸的滚轮。

(2)零件的回弹可通过调整滚轮(滚轴)位置的方法加以补偿。

(3)滚弯机床结构简单,使用和维护方便。

(4)滚弯成形效率较低,且精度不高。

四、滚弯工艺

1.板材滚弯

目前,国内板材滚弯普遍使用的是三轴滚弯机,滚弯成形的零件有等曲度的、变曲度的和锥形的三种。

(1)等曲度零件的滚弯。等曲度零件即圆筒形零件,是滚弯成形中最简单的一种,在滚弯过程中,只要保持上滚轴上下不动,三根滚轴相互平行,即可实现。当然,曲度需要经过几次由小到大地试卷,才能最后达到要求。操作时,毛料一定要放正,否则滚出的零件是扭曲的[见图5.35(b)]。因此,滚弯前,最好划一条基准线;滚弯时,使基准线与上滚轴的轴线重合[见图5.35(a)],再开始弯卷,这一点对于大型厚板料的滚弯尤为重要,因为这样的零件,后续的修整量大且相当困难。

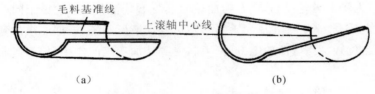

图 5.35　滚弯圆筒形零件示意图

在对称三轴滚弯机上成形时,板料两端各有一未经弯曲的直线段[见图 5.36(a)]。直线段的长度与两个滚轴的间距 $2a$ 值有关。为了减小直线段,调整机床时,$2a$ 值取最小值,但成形力增大。对于零件前后两端的直线段可采用垫板使其弯曲成形。可将垫板放在板料下面,与板料一起由滚轴滚弯[见图 5.36(c)]。也可采用板料两端留工艺余量,成形后切断消除直线段或先闸压成形始末端曲率,而后滚弯成形消除直线段。

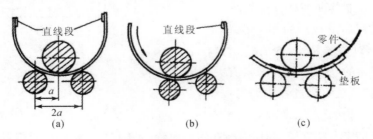

图 5.36　滚不到的直线段

(a)对称三轴滚弯机滚不到的直线段;(b)非对称三轴滚弯机滚不到的直线段;(c)利用垫板排除直线段

当在非对称三轴滚弯机上滚弯时,所得零件 R 在前端面有直线段,而后端仍可变成所要求的曲度[见图 5.36(b)],因此把板料调头再滚一次,便可消除直线段。

(2)变曲度零件的滚弯。在滚弯过程中,三根滚轴保持相互平行,并随时改变上滚轴的上下位置,就可弯卷出变曲度零件。上滚轴随时改变的量,虽有指示器表示,但也难控制。因此,有的滚弯机上装有靠模装置,在滚弯过程中,上滚轴依靠模上下移动。采用靠模时,只要靠模做得准确,就能卷制出合乎要求的曲度。但因靠模制造的误差和传动机构的误差,尽管这些误差可以通过调整机构进行修正,却很难消除。尤其,在生产批量较小时,调整靠模时间过长,不合算。另外,在滚弯同一批零件时,由于毛料厚度及材料硬度上的差异,使滚弯的曲度大小不一,较厚或较软的毛料,滚弯的曲度就大些,反之就小些,毛料厚度越大,这种现象越突出。因此,有的工厂不采用靠模滚弯。

不采用靠模滚弯变曲度零件,一般采用的方法是把零件近似地看作由几个不同半径 R 组成的,按半径 R 分段、分次滚弯,即曲度由小往大逐次卷成(见图 5.37)。滚弯时,首先以 R_1 调整上滚轴的位置,毛料从 a 端滚弯到 f 端,使 ef 段曲度符合要求;然后以 R_2 调整上滚轴,从 a 端滚弯到 e 处,使 de 段的曲度符合要求。当上滚轴接近 e 点时,缓慢适量地上升,使曲度圆滑过渡,以防 R_1 和 R_2 间出现棱角。依次从 a 到 d、从 a 到 c、从 a 到 b 来完成全部滚弯工序Ⅰ,Ⅱ,Ⅲ,Ⅳ 和 Ⅴ。批量生产时,为提高效率,全批零件的工序Ⅰ都完成后,再进行工序Ⅱ。在各个工序中,最好每个零件都进行检查,检查时采用样板或模胎。

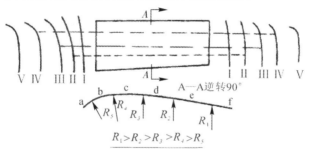

图 5.37　不用靠模滚弯变曲度零件示意图

(3)锥形零件滚弯。从理论上讲,在滚弯过程中两根下滚轴保持平行,上滚轴倾斜不上下移动(或两根下滚轴成一定角度,上滚轴水平不上下移动),可滚弯制出等曲度的锥形零件。上滚轴在滚弯过程中如连续作上下移动,则可制成变曲度的锥形零件。实际上,还必须使毛料两端在滚轴间送给的速度不同,才能滚弯出符合要求的等曲度或变曲度的锥形零件。因为这种零件(见图 5.38)两端的曲度不同,展开长度也不同,因此在滚弯时,要求两端有不同的滚弯速度。曲度大的一端(B 端)速度应慢些,曲度小的一端(A 端)速度应快些。在滚弯时板料是同时承受三根滚轴的滚压,滚轴一般是圆柱形,所以根本不可能同时得到几种不同的速度,从而易出现弯曲线与板料等百分比线不重合而产生的扭曲弯形。为解决这一问题可采用分段滚弯(即将毛料分段送进机床),具体步骤是:先按样板在毛料的内表面的两边划出百分比线(见图 5.39),然后将上滚轴对正百分比线,如图中 $a-a'$,使滚轴在等百分比线的前后两个区间内滚动;再由手工调整毛料,使上滚轴对正 $b-b'$,重复上述操作,逐段滚弯,直至最后获得所需零件。

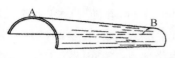

图 5.38　典型锥形零件示意图

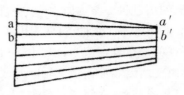

图 5.39　毛料等百分比线

2.型材滚弯

型材滚弯与板材滚弯的不同点在于,当型材滚弯时,需要按型材的断面形状设计制造滚轮,将滚轮装在滚轴上,通过滚轮进行滚弯。

(1)滚轮的典型结构。

1)Π形型材滚轮。应使弯曲轮尺寸 A 与零件一致,否则滚弯时会产生畸变(见图5.40)。

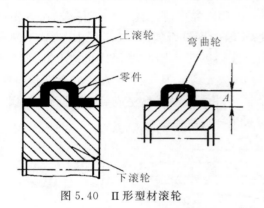

图 5.40　Π形型材滚轮

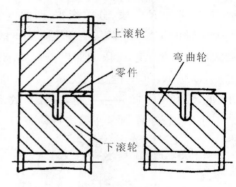

图 5.41　L形型材受展靠背滚弯滚轮

2)L形型材滚轮。当零件直壁受展时,应使零件靠背滚弯,以减少扭曲(见图5.41)。当零件的直边收缩时,滚轮结构如图5.42所示,亦需两零件靠背滚弯减少扭曲,为防止滚轮轴向窜动造成间隙不均,下滚轮与弯曲轮都要加挡块以便控制扭曲,由于直壁收缩,材料变厚,选取直壁间隙时应按实际厚度+(0.1~0.3)mm 原则进行。

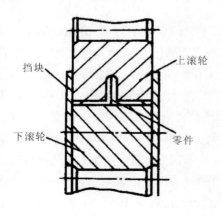

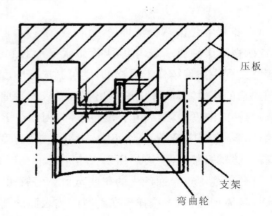

图 5.42　L形型材受压靠背滚弯滚轮

3)Z形型材滚轮。此类型材刚度大,直边处更难变形,故滚轮上要设计顶块,以减少弯边凹陷(见图 5.43)。

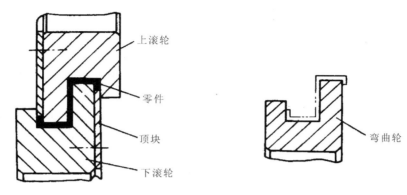

图 5.43　Z形型材滚轮

4)组合式滚轮。由于材料厚度公差不稳定,故上、下滚轮最好采用组合结构(见图 5.44),以便根据实际厚度调整间隙。

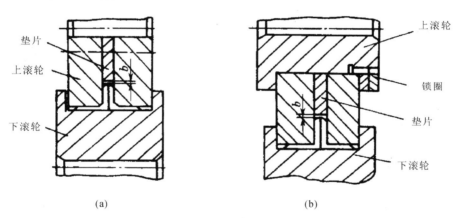

(a)　　　　　　　　　　　　　(b)

图 5.44　组合式滚轮

(a)带垫片组合滚轮;(b)组合式螺纹连接滚轮

(2)操作方法。

1)检查开关是否良好,模具是否洁净。

2)安装调整模具,使上下滚轮、弯曲轮的中心线在同一平面内(可用加垫方法调整),并使滚轴轴线平行。

3)按零件的滚弯曲率要求初步调整弯曲轮至上下滚轮的距离。

4)擦净毛料表面污物并润滑。

5)滚弯时分次缩短弯曲轮的距离,逐步成形弧度,并准确控制机床的启动与停止,当零件滚弯产生偏斜、扭曲及伤痕时,应及时取下零件排除后再进行滚弯。

(3)操作要点。

1)上下滚轮间隙调整要适当,间隙过小材料受压面被碾薄,间隙过大材料受压面不平,会引起截面畸变;弯曲轮间距每次缩短太多,将使弯曲半径显著变小,易使收缩的立边失稳起皱,如果是受展的立边则易撕裂。

2)滚弯后零件的弧度要略小于要求的弧度,以便补偿滚后校形的弧度增大。

3)不对称型材要组合成对称型材滚弯,这是提高滚弯质量的重要方法。

4)滚弯中要充分发挥材料的塑性,如加强滚轮润滑减少摩擦,提高熟练程度,减少滚弯次数,进而减少加工硬化,当然,必要时可增加中间退火工序。

5)滚弯时两端不能成形会留有直线段,因此毛料每端需留加工余量100~150 mm,以便滚弯后切除。

6)在多轴滚弯机滚弯成形时,安装滚轮要注意保持基本中心线成一直线,再根据主滚轮的位置调整好辅助导轮及导板的位置,同时滚弯毛料宽度要符合要求,否则不能保证零件质量和毛料的正常送进。

(4)型材滚弯常见质量故障、原因分析与排除方法(见表5.4)。

表 5.4　型材滚弯常见质量故障、原因分析与排除方法

序号	故障内容	原因分析	排除方法
1	断面畸变	(1)型材截面刚性不一。 (2)型材截面受压不均,根部过压产生开斜角,梢部过压产生闭斜角。 (3)模具与型材断面不一致	(1)加强模具刚性支衬。 (2)保持机床主轴平行,模具间隙保持均匀。 (3)排除模具故障
2	纵向扭曲	(1)型材截面不对称的影响。 (2)模具间隙不均,致使型材受压不均	(1)采用组合滚弯消除非对称影响。 (2)机床主轴要平行,刚性要好。 (3)增加模具支持作用
3	皱纹	(1)一次收缩变形量太大,材料失稳。 (2)模具间隙小,型材不易收缩	(1)弯曲轮调整要适当。 (2)根据材料实际厚度调整间隙。 (3)排除皱纹再滚
4	裂纹	(1)弯曲变形过量,弯曲轮调整不当。 (2)材料冷作硬化严重、未消除。 (3)边缘状况不好	(1)一次成形弧度不宜太大。 (2)减少有害摩擦,减少加工硬化。 (3)增加中间退火。 (4)砂光边缘毛刺
5	零件R部分出现发状凹陷	主轴偏斜松动	调整机床
6	表面质量差	(1)型材断面与模具尺寸不符,导致擦伤。 (2)模具表面不光,产生咬伤。 (3)毛料表面不清,造成压伤	(1)型材断面尺寸要预先保证。 (2)提高模具耐磨度,降低粗糙度,并加强润滑。 (3)滚前擦净毛料

续表

序号	故障内容	原因分析	排除方法
7	直线段和过渡段	弯曲轮至导轮间的距离不合适	（1）调整弯曲轮至导轮间的距离。 （2）采用预成形的工艺措施（即滚弯前将毛料的两端进行预成形，然后再滚弯），或滚弯后修整

5.3 拉 弯

飞机上的框肋缘条、机身前后段和发动机短舱的长桁，都是尺寸大、相对弯曲半径大的变曲率挤压型材弯曲件。这类零件是组成飞机骨架的受力零件，直接影响到飞机的气动力外形，因而形状准确度的要求很高。为了制造这类型材弯曲件，生产中普遍采用拉弯的方法。

一、拉弯的基本原理

型材零件在弯曲过程中施加一定的拉力，使其产生拉伸弯曲变形，简称拉弯。

拉弯的过程如图 5.45 所示。毛料放入两夹头内并夹紧预拉[见图 5.45(a)]，将预拉的毛料沿拉弯模弯曲[见图 5.45(b)]，最后补加拉力使其贴模[见图 5.45(c)]。

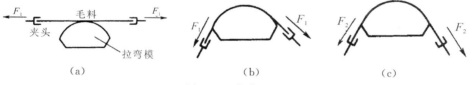

图 5.45 拉弯过程示意图

(a)预拉夹紧毛料；(b)沿拉弯模弯曲毛料；(c)补拉成形

任何材料用一般弯曲方法加工时在断面上产生内层受压、外层受拉、中性层不变的应力状态[见图 5.46(a)]。在弯矩 M 的作用下，剖面上引起拉应力 R_1 和压应力 R_2，卸载后弯矩 M 去掉，零件在异号的应力作用下回弹很大，因而使零件不能完全保持弯曲过程中所得到的形状。而拉弯时，板料同时受到拉伸与弯曲的作用[见图 5.46(b)]，外层拉应力逐渐加大，内层压应力最初因抵消而减小，随后也开始受拉，由于拉伸力 F 的数值逐渐增大，因此最终使零件在沿整个厚度上分布的都是拉应力。这样当拉力 F 和弯矩 M 去掉后，基本上能保持原来弯曲时零件的形状，这就是拉弯和压弯或滚弯的根本区别。拉弯的基本原理，就是在毛料弯曲的同时，加以切向拉力，改变了毛料断面内的应力状态，减小或基本消除弯曲回弹，从而提高零件的准确度。飞机上的各种骨架零件，如长桁、框缘、肋缘等，很多具有较大的相对曲率半径，而外形准确度又要求极高，这类零件如果采用普通方法弯曲，不但难于修整回弹，而且有时甚至不可能成形。这种生产上的需要推动了新的弯曲方法的探索，于是产生了拉弯的成形方法。

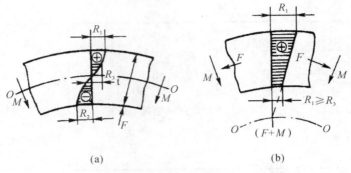

图 5.46 弯曲和拉伸时材料剖面上应力分布图

(a)简单弯曲时板料中产生的应力状态；(b)拉伸时板料中产生的应力状态

按照加载方式和次序的不同,拉弯的方法有三种,一种是先弯后拉,当毛料沿拉弯模弯曲后,由于摩擦的作用,尽管经过涂油润滑,后加的拉力也很难均匀地传递到毛料的所有断面,如图 5.47 所示。为了使 $A—A$ 断面达到必要的拉力 F_1 须在毛料的外端加远比 F_1 大得多的力 $F(F=F_1+$ 摩擦力),显然摩擦力增加了毛料外端的负

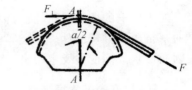

图 5.47 先弯后拉时拉力的传递

担,当摩擦力很大和弯曲角 α 很大时,外端毛料因受力过大以致破裂,或使拉力的效果显著降低,故先弯后拉时,拉力过于滞后,出现了摩擦力,限制拉力沿毛料纵长方向均匀传递;另一种为先拉后弯,但拉力的作用超前,毛料虽然获得均匀的塑性拉伸,但是不能有效防止弯曲后所出现的异号应力分布。因此,生产中最多是采用第三种先拉后弯,最后补拉的复合方法。

二、拉弯的特点

(1)回弹小,精度高,可拉制相对弯曲半径大的零件。拉弯对各种型材零件,不仅减小回弹保证了曲度,而且是沿模具被拉弯曲,防止了断面的畸变和扭曲。由于弯曲卸载后,几乎没有什么回弹,故拉弯零件的质量较高。

(2)模具结构简单,亦不用修回弹。在小批生产中,拉弯比其他压力加工方法要经济得多,这是因为拉弯所使用的模具结构简单,成本低廉,由于拉弯具有这些优点故应用较广泛。

三、拉弯设备

型材拉弯设备按照构造特点,主要分为转台式拉弯机和转臂式拉弯机两种。

1.转台式拉弯机

转台式拉弯机的基本原理是台面连同模具在工作过程中旋转,而拉伸作动筒则固定不动。拉伸作动筒固定在床身上［见图 5.48(a)］,工作时,旋转台面 1 上装有拉弯模 2 及夹头 3。液压作动筒 4 装于支臂 5 上,作动筒活塞杆 6 的端头固定有夹头 7。毛料夹紧后,利用液压拉伸毛料,然后开动台面,使毛料盘绕于模具上,在绕弯过程中,毛料将活塞杆 6 逐渐拉出,排出作动筒前腔的液体,使毛料所受的拉力保持不变,绕弯结束以后,再视零件的需要加以补拉。转台式拉弯机的优点是构造比较简单,能弯制正反曲率的型材［见图 5.48(c)］。但是拉伸作动筒的行程需要很大,拉力又只能从一端加于弯曲毛料,力的传递路线长,受到零件与模具间摩擦力的抵消作用,降低了补拉的效果。

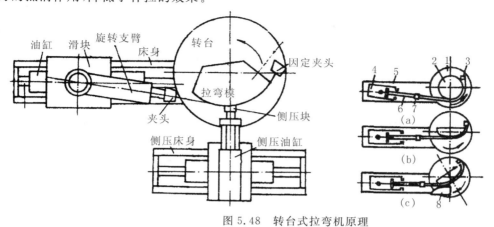

图 5.48 转台式拉弯机原理

XL-2 转台式型材拉弯机结构如图 5.49 所示。

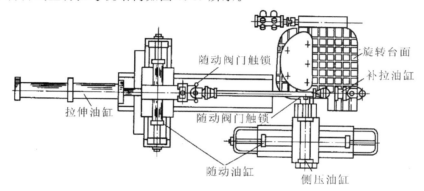

图 5.49 XL-2 转台式型材拉弯机

2.转臂式拉弯机

转臂式拉弯机的基本原理是台面固定不动,由两侧转臂连同拉伸作动筒环绕模具旋转。图 5.50(a)为 XL-6 转臂式拉弯机,台面 1 固定不动,由两侧转臂 2 连同拉伸作动筒 3 环绕模具 8 旋转。每个转臂上分别装有拉伸作动筒,转臂由装在床身上的作动筒 4 用拉杆 5 带动旋转。模具对称装在工作台面上,操作时,将毛料两端夹紧后开动拉伸作动筒,使毛料受拉,然后转动转臂,使毛料绕模具弯曲成形,最后进行补拉。图 5.50(b)为 XL-7 转臂式拉弯机,装有压紧作动筒 9 可带动凸模压紧毛料。转臂式拉弯机的优点是弯曲毛料两端同时对称受力,拉力传递均匀,零件的贴模效果好。

XL-6 转臂式型材拉弯机结构如图 5.51 所示。

工厂常用拉弯机的型号规格见表 5.5。应用最多的是转臂式拉弯机。

随着科学技术的发展,数控拉弯机成为航空、航天、汽车制造、建筑等行业型材零件加工的关键设备。数控型材拉弯机,具有极强的加工各种黑色及有色金属板制和挤压型材零件的弯曲成形能力。可有效地防止皱褶的产生;提高零件的抗拉刚性;具有回弹小,成形质量高等特性。其中 30 t 数控型材拉弯机改进了以往的成形过程控制,变传统压力控制为位置控制。数控拉弯位置控制系统能够保证一个成形零件的内侧纤维在整个成形的任何过程都处于屈服点之上，避免了任何压缩破坏，并使压缩最小化，回弹量最小化。对于材料性能和材料变化不敏感，该控制系统能精确地重复相同的运动。在预拉伸、弯曲、补拉伸过程中，系统能自动、连续地调整零件的重复精度到±0.25 mm。A－7B 数控拉弯机和 A－6B 数控拉弯机使用参数见表5.6。

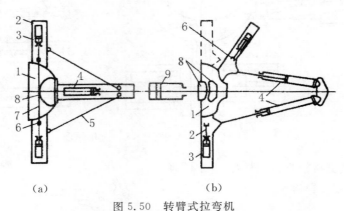

(a)   (b)

图 5.50　转臂式拉弯机

(a)XL－6 转臂式拉弯机；(b)XL－7 转臂式拉弯机

1—台面；2—转臂；3—拉伸作动筒4—弯曲作动筒拉杆；5—拉杆；6—夹头；7—毛料；8—拉弯模；9—压紧作动筒

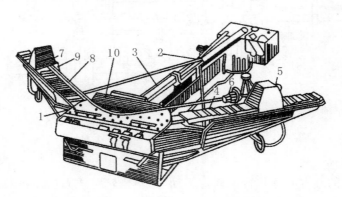

图 5.51　XL－6 转臂式型材拉弯机

1—台面；2—滑块；3—液压筒；4,8—导轨；5,7—液压拉伸筒；6,9—夹头；10—弯曲模

表 5.5　工厂常用拉弯机的型号规格

型号	毛料长度范围/m	最大拉力/kN	最大弯曲度/(°)	构造形式	备　注
XL－6	1～5.5	90	180	转臂式，有两臂联动或单动两种	可附加前顶缸压力 300 kN
XL－7	1～6	250	220	转臂式，两臂单动	
XL－8	2～9	600	220	转臂式，两臂单动	
62703	1～5	300		转臂式，两臂单动	前顶缸压力 150 kN

续表

型号	毛料长度范围/m	最大拉力/kN	最大弯曲度/(°)	构造形式	备 注
XL-2	3.3	300		转台式,带侧压	侧压缸压力 120 kN

表 5.6　数控拉弯机使用参数

制造能力		拉弯机型号及参数	
		A-7B	A-6B
最大拉力/kN		300	150
毛料长度/mm		152.4~8 382	200~6 000
零件直径/mm		203.2~1 702	310~1 700
摇臂(单臂)	向前	10°	10°
	向后	90°	90°
前压紧最大作用力/t		侧压装置 20	侧压装置 20
前压紧最大行程/mm		侧压行程 152.4	侧压行程 150
夹头夹罐内径/mm		$\phi100,\phi150$	$\phi100$
典型零件		大中型拉弯件	中小型拉弯件

四、拉弯工艺

拉弯方法可以用于各种材料制成的挤压和板弯型材,这些材料有碳钢、合金钢(包括耐热不锈钢)以及铝合金、镁合金、钛合金等。制定型材零件拉弯工艺过程的中心环节是选择合理的拉弯用量,以求在最小的拉伸量下获得必要的零件准确度。由于生产中普遍采用先预拉,后弯曲,最后补拉的操作程序,因此所谓合理的拉弯用量,主要是指拉弯次数和补拉量,生产中拉弯过程主要采用一次拉弯和两次拉弯两种方案。

1. 一次拉弯

一次拉弯适用于变形较小的中小型型材零件的拉弯。

一次拉弯的工艺过程:下料→淬火→在淬火后材料的时效期内预拉 0.7%~1.0%→保持拉力不变,将型材毛料弯曲至贴合模具外形→补拉→检验。

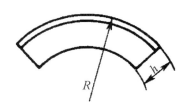

图 5.52　零件的相对弯曲半径

在一次拉弯中,为了获得理想的梯形应力分布[见图 5.46(b)],零件的相对弯曲半径 $\dfrac{R}{h}$(见图 5.52)不能小于表 5.7 的数据。

表 5.7 一次拉弯相对弯曲半径极限值

材料牌号	零件相对弯曲半径 R/h		
	热处理状态		
	淬火及时效	新淬火	退火
7A04(LC4)	—	≥18	≥15
2A12(LY12)	≥20	≥15	≥15

注:h—型材剖面高度;R—内弯曲半径。

随着零件弯曲角的增大,摩擦力对于拉力传递的阻滞作用愈益显著,补拉效果逐渐降低。为此,必须相应增大零件相对弯曲半径的下限。对于精制层板模具,并采用润滑时,新淬火状态下的 2A12(LY12) 和 7A04(LC4) 的一次拉弯极限条件见表 5.8。

表 5.8 弯曲角增大时,一次拉弯相对弯曲半径极限值

弯曲角 α	90°	120°	150°	180°~220°
相对弯曲半径 R/h	23	27	34	38

2. 两次拉弯

两次拉弯适用于变形程度大的大中型型材零件的拉弯。

两次拉弯的工艺过程:下料→退火→预拉(1%左右)→不变预拉力绕拉弯模弯曲→淬火→弯至贴模后进行补拉→修正检验。

3. 拉力及毛料长度的确定

(1)拉力计算。拉力的大小,用经过试验确定的表压来控制,因为用表压控制简单方便。拉力按下列公式初步计算得出:

$$F_1 = R_{el}S$$
$$F_2 = (0.7 \sim 0.9)R_m S$$

式中:F_1 为预拉力;F_1 为补拉力;R_{el} 为屈服极限;R_m 为强度极限;S 为型材的断面面积。

拉弯零件的毛料长度为

$$L = l_1 + 2(r + l_2 + l_3)$$

式中:L 为零件的展开长度;l_1 为零件展开长度(在拉弯模上量取);l_2 为夹持余量(与机床及夹头的构造有关,约为 50 mm);l_3 为模具距夹头间的尺寸(常取 25 mm);r 为模具端头圆角半径。

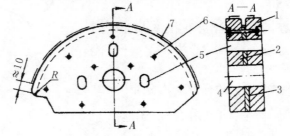

图 5.53 拉弯模的典型结构

1—上模;2—底板;3—垫板;4—减轻孔;5—安装孔;6—螺栓;7—零件

4.拉弯模及夹块

根据零件的材料和厚度,拉弯模的材料可选用厚铝板、塑料板和钢板来制造,有时也可以采用厚铝板周围或局部用钢板加强的形式。拉弯模的典型结构如图 5.53 所示,它是由上模、垫板和底板三块拼成,用埋头螺栓连接。模子的两端头,根据装配要求和加工的需要每端应适当加长,放边的比收边的要长些,一般比零件的边缘加长 10 mm 左右。根据机床台面上的孔,钻出拉弯模上的安装孔,为便于安装和调整,孔要开得大些,一般是开成椭圆形。为了减轻质量,在适当位置开出减轻孔,拉弯时为使夹头能自由地进到模子的后方,以保证拉力方向与模具两端相切,并减小两端的拉弯余量,因此拉弯模两端要做成缺口或斜角。为了使毛料容易流动和防止划伤零件,模具的两个端头应倒成圆角,一般圆角 R 为 20 mm 左右。当采用模具加热拉弯时,拉弯模上要加工出放置电热管的孔。

拉弯时,夹头内的夹块,必须根据型材的断面形状更换,夹块的形状如图 5.54 所示。为防止毛料滑出做成齿面,齿面要能可靠地啮入毛料,均匀传递抗力,所有夹块表面要与毛料表面接触,并使抗力的合成通过毛料断面的重心。

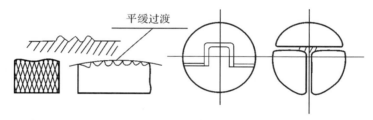

图 5.54　拉弯机夹头内的夹块

五、拉弯常见质量故障、原因分析与排除方法(见表 5.9)

表 5.9　拉弯常见质量故障、原因分析与排除方法

序号	故障内容	原因分析	排除方法
1	拉断或出现细颈	(1)表压过大。 (2)弯曲速度过快	(1)减小拉力。 (2)低速弯曲
2	不贴模	(1)表压过小。 (2)弯角大,补拉效果差	(1)加大拉力。 (2)模具修回弹 (3)松夹前用榔头敲修贴模
3	截面畸变	(1)模具尺寸与型材截面不协调,板弯型材未考虑拉弯横向收缩。 (2)复杂截面未加垫块支衬	(1)正确协调毛料截面和模具尺寸。 (2)复杂截面加垫块支衬

5.4 管 子 弯 曲

在现代飞机上有很多管子零件,按其功用可分为结构管子、系统导管和操纵拉杆的管子。它们的外形有直管、比较规则的平面弯曲件以及又弯又扭的空间弯曲件,后者在液压、燃料和冷气系统导管中是常见的。这些管件的主要制造工序有切割、管端成形(如扩口、缩口、波纹等)和弯曲。

一、管子弯曲受力分析

当管子受外力作用而弯曲时,其受力简图如图 5.55 所示。管子在弯曲力矩 M 的作用下,在管子外侧 a 点由于受拉力 F_1 的作用,管子材料发生塑性变形而减薄或开裂;靠内侧 b 点由于受压力 F_2 的作用而使管壁增厚或形成折皱。在 a 点拉力 F_1 的合力 N_1 垂直作用于管子的外侧面;在 b 点压力 F_2 的合力 N_2 垂直作用于管子内侧面;管子在 N_1 和 N_2 作用下,常常会因为工艺不当而使截面发生压扁成椭圆形。

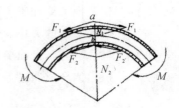

图 5.55 管子弯曲时受力简图

弯曲后的管子会产生一定的回弹。影响回弹的因素很多,通常是先进行理论计算,然后再根据实际情况进行调整,最后才能确定准确数值。

飞机上的弯曲导管,其相对厚度和相对弯曲半径都很小,如现代高速运输机上就有不少用不锈钢管材制成的通风、暖气和排气等管道,都是空间弯曲件。这类导管弯曲的主要困难是预防管壁失稳起皱和圆截面的畸变。管壁失稳起皱和圆截面的畸变等现象,需要在工艺上采用预防措施,以增加管壁抵抗失稳的能力,增加剖面抵抗畸变的刚度。常见的方法是弯曲以前在管内加填充物(如黄砂、石英砂、松香和低熔点合金等),或在弯曲时用辅助装置支撑管子的内、外壁。一般而言,管径在 10 mm 以上,无论何种材料管子,弯曲时最好都要填充。填充物的选用,应根据管子的相对厚度、相对弯曲半径大小、椭圆度与波纹度的容差范围、材料种类等因素来确定。

二、常用弯管方法

1.手工弯管

(1)手工弯曲小直径管子。对于一些小直径的管子,可以利用简单的弯曲模具,采用手工弯曲的方法进行。手工弯管装置如图 5.56 所示,主要由平台1、定模 3、滚轮 5 和杠杆 4 组成。定模固定在平台上,它具有与管子外径相适应的半圆形凹槽。弯曲前,先将管子 2 一端置于定模凹槽中,并用压板固紧。然后扳动杠杆,则固定在杠杆上的滚轮(也具有

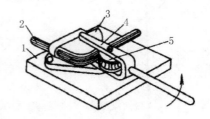

图 5.56 手工弯管装置
1—平台;2—管子;3—定模;4—杠杆;5—滚轮

与管子外径相适应的半圆形凹槽)便压紧管子,迫使管子绕定模弯曲变形。当达到管件所要求的弯曲角度时即停止弯曲,从而完成绕弯过程。管件的弯曲半径不同,定模的直径则相应不同。

(2)手工装砂热弯。对于直径较小的管子,可以在冷态下手工自由弯曲。但是,对于直径较大的管子,手工弯曲时所需力矩过大,必须在折弯处局部加热。加热弯管时,其主要工序有灌砂、划线、加热和弯曲。

1)灌砂。为防止管件断面畸变,通常需在管坯内装入填充物。对于直径较大的管子,一般使用砂子。灌砂前用锥形木塞将管子的一端塞住,并在木塞上开有出气孔,以使管内空气受热膨胀时自由泄出,灌砂后管子的另一端也用木塞塞住。管径较小时也可将管端压扁封口,弯曲后必须经过切割端头和清洗等工序。装砂时,管子两端应留出20～30 mm 的余量。装入管中的砂子应该清洁干燥,使用前必须经过水冲洗、干燥和过筛。因为砂子中含有杂质和水分,加热时杂质的分解物将沾污管壁,同时水分变成气体时体积膨胀,使压力增大,甚至将端头木塞顶出。砂子的颗粒度一般在2 mm 以下。若砂子颗粒度过大,就不容易填充紧密,管子弯曲时易使断面畸变;若砂子颗粒度过小,填充过于紧密,弯曲时不易变形,甚至使管件破裂。

2)划线。划线的目的是确定管子加热的长度及位置。加热区域的大小与弯曲角度、弯曲半径的大小有关。首先按图样尺寸定出弯曲部分中点位置,并由此向管子两边量出弯曲的长度,然后再加上管子的直径,这样便确定了管子的加热长度。生产实践表明,按该方法确定的加热长度较为合理。

3)加热。管子经灌砂、划线后,便可进行加热。加热可用木炭、焦炭、煤气等作燃料或用喷灯、氧乙炔焰加热。普通的煤因含有大量的硫,会渗入钢中,造成管子质量下降,所以不宜作燃料。加热时,应尽量减少加热的持续时间,避免过烧现象。钢管的加热温度为600～800℃,即钢管呈现樱红色时即可弯曲。加热铝合金管子时,可在弯曲处外缘涂以皂液,当皂液受热变成深褐色时,说明温度已达到350～450℃,即可进行弯曲。管子的弯曲应尽可能在加热后一次完成,若增加加热次数,不仅会使钢管质量变坏,而且增加了氧化层的厚度,导致管壁减薄。

4)弯曲。若管子的直径较小时,可采用如图5.57所示的半圆形凹槽模具,用杠杆进行弯曲。当管子的直径比较大时,要将管子放在平台上,利用电动绞车等进行弯管(见图5.58)。

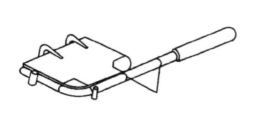

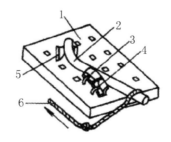

图 5.57　小管子手工弯曲过程

图 5.58　用电动绞车弯管

1—平台;2—管子;3—模具;4—卡子等;5—钢桩;6—钢丝绳

2.机械弯管

(1)绕弯。在弯管机上进行管坯绕弯如图5.59所示。弯管模胎4固定在机床主轴上,由电动机经过蜗轮蜗杆传动,作顺时针方向旋转,管子6由夹块3夹紧在弯管模上,在管子和弯管模胎相切的切点附近装有压块1,内侧垫有防皱块5,管子内部塞有芯棒2,当弯管模胎转动时,管子即绕弯管模胎逐渐弯曲成形。加防皱块的弯管机示意图如图5.60所示。

芯棒的作用是从管材内部支撑管壁,预防管材截面畸变和管壁起皱。常用的芯棒有以下几种形式:圆柱芯棒、单侧型面芯棒、单球式芯棒和多球式芯棒等(见图5.61)。

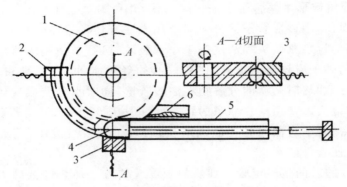

图 5.59　管子绕弯工作原理图

1—压块;2—芯棒;3—夹块;4—弯管模胎;5—防皱块;6—管子

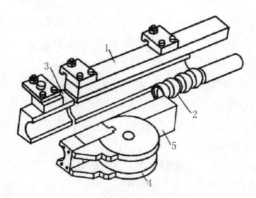

图 5.60　加防皱块的弯管机示意图

1—移动式压块;2—芯棒;3—夹块;4—弯管模胎;5—防皱块

下面以圆柱芯棒为例,对芯棒的尺寸、安装和材料等要求加以说明。由于管子的内径总有偏差,为使芯棒能顺利地插入管内又能起到维持管形和防止起皱的作用,芯棒的外径应比管子名义内径小0.3 mm。芯棒前端的表面要光滑,以免擦伤管子内表面,芯棒的另一端用螺纹与拉杆连接,拉杆固定在机床的尾部支架上,这样只要旋转拉杆就可以调整芯棒端头在管子弯曲变形区的前后位置。图5.62表示弯管模胎、防皱块、芯棒和管子都保持良好的接触,因而能保证弯管的质量。其中α角应保持90°,芯棒端头的超前量L通常在0~5 mm之间,超前量随弯管的相对弯曲半径的大小可选用适当的数值。芯棒可用中碳钢和低合金钢制成,而铝青铜芯棒仅用于不锈钢的管子弯曲。

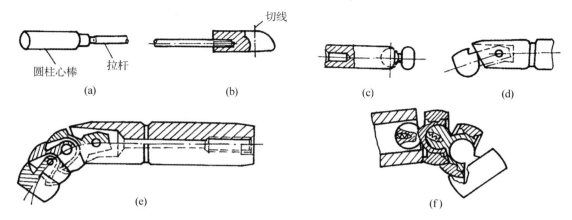

图 5.61 各种芯棒形式

(a)圆柱芯棒;(b)单侧型面芯棒;(c)球窝式单球芯棒;(d)轴销式单球芯棒;

(e)铰接式多球芯棒;(f)球窝式多球芯棒

防皱块的前端呈圆弧刃口形,如图 5.63 所示。插在弯管模胎和管子之间,前端应紧靠管壁和弯管模胎相切处,有效地填补了弯管模胎和管子内侧之间的空隙,起着从外面支撑管壁,防止起皱的作用。防皱块的工作表面应具有一定的硬度和表面粗糙度,一般用工具钢或铬钼钢制造,硬度为 HRC50～55,表面粗糙度 R_a 应小于 0.8 μm。

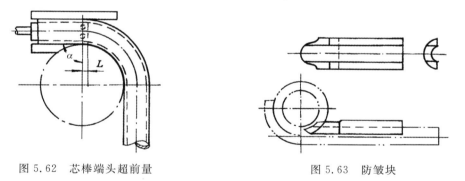

图 5.62 芯棒端头超前量   图 5.63 防皱块

近年来,由于航空工业的迅速发展,导管的生产数量越来越多,弯管的精度要求也日益提高。如果一根管子上有好几个弯度,弯度之间还有空间转动角度,这样弯管时就需根据钢丝工作实样经常对比正在弯曲的管子,既费工时,也不易保证质量。程序控制弯管机和数控弯管机就是为了解决这一矛盾的。美国伊顿公司生产 VB 系列弯管机是一种由触摸屏幕控制、可编程的、自动的、水平转动的弯管机。全套设备由 VB 系列数控弯管机和 VECTORI 测量-编程机两大部分组成。数控弯管机由弯曲头组件、小车、床身、液压动力机构、电力柜及操作控制台等组成,如图 5.64 所示。VECTORI 管子测量-编程机是一台专用的测量管形的、独特的五坐标测量机,如图 5.65 所示。

(2)滚弯。整圆或螺旋圆形的弯管在滚弯机上滚弯比其他弯管法更为方便。可使用三轴滚弯机(见图 5.66)或多轴滚弯机。管子弯曲时管内要有填充物防止圆管截面畸变。

(3)冲模压弯。此法生产率高,模具调节简单。对外径为 10 mm 以上的薄壁管在弯曲前要填填充物,防止管壁起皱和管截面畸变。此法也有些缺点,如管子与凸凹模开始接触处,剖面会有一些畸变;在模具上修回弹量比较困难。冲模压弯法见表5.10。

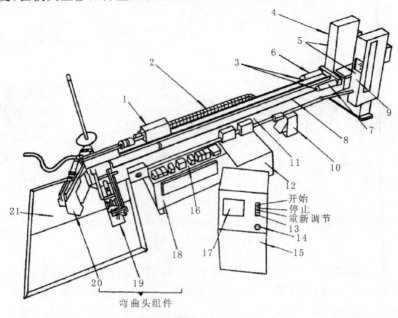

图 5.64　数控弯管机构件(VB 系列)

1—小车;2—小车电缆套;3—小车驱动电机;4—主回路开关;5—电力柜;6—Y 轴小车驱动;
7—B 轴小车驱动;8—轨道;9—液压动力操作面板;10—油/气体冷却器;11—机床床身;12—液压动力部件;13—手动开关;
14—紧急开关;15—操作者控制台;16—液压集合管;17—触摸荧光屏;18—液压存储箱;19—固定臂;20—弯曲臂;21—安全垫

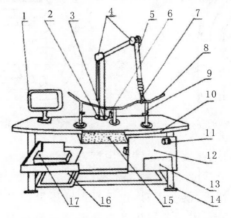

图 5.65　VECTORI 管子测量机

1—数字终端;2—测头臂灯;3—电源灯;4—编码器;5—测头臂;6—机床原点圆柱;7—测头;8—管子;9—测量管子的托架;
10—台面;11—电源开关;12—计算机硬件储存器;13—磁盘放置处;14—支架;15—键盘;16—打印纸存放处;17—打印机

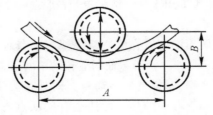

图 5.66　三轴滚弯机滚弯管子

表 5.10　冲模压弯法

冲模压弯方法	图示	说明
对称管件冲模压弯	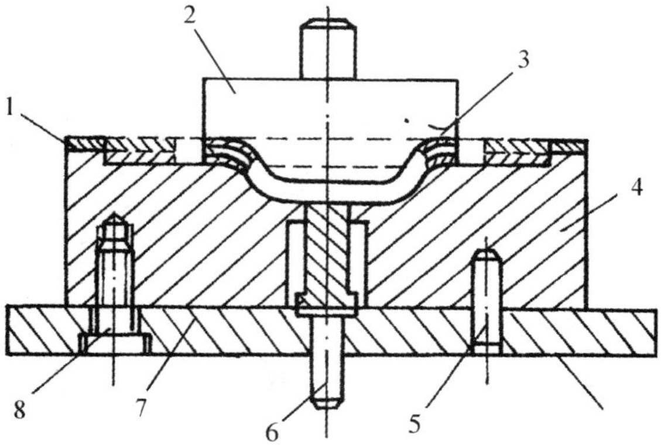	1—挡板；　2—凸模； 3—管子；　4—凹模； 5—销钉；　6—顶杆； 7—底座；　8—螺钉 　一次冲压弯曲左右两件,然后从中间断开
V 形管件冲模压弯	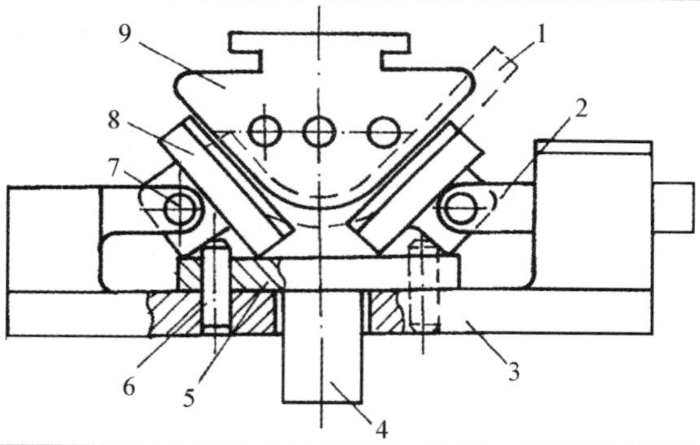	1—管子；　2—支杆； 3—底座；　4—顶杆； 5—托板；　6—销钉； 7—活动销；　8—凹模； 9—凸模
U 形管件冲模压弯	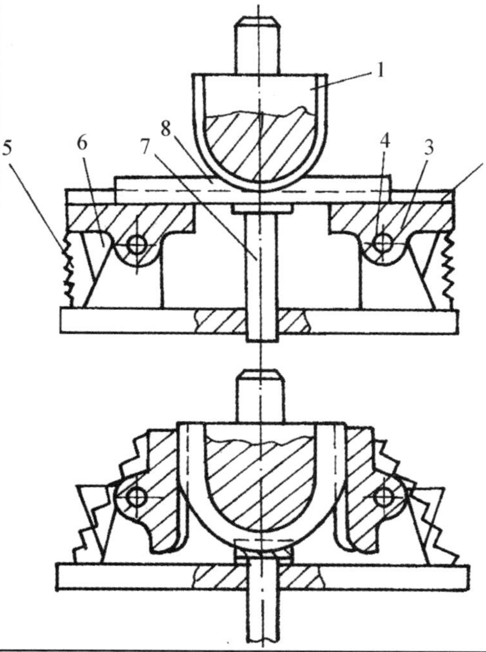	管子放在夹块的凹槽内,其直径比管子外径稍大。 1—凸模；2—摆动式夹块； 3—凹模；4—枢轴；5—弹簧； 6—挡片；7—顶件器；8—管子

（4）拉弯。在管子内充液压或填充料的情况下,对管子进行拉弯（见图 5.67）,使管子内、外侧壁均处于受拉应力状态,卸载后回弹量极少,又不会起皱,提高了弯管的准确度。

（5）热弯。铝及铝合金、碳钢及合金钢等管子除了可采用上述冷弯方法之外,还可采用热弯成形,以获得比冷弯更小的相对弯曲半径。不锈钢导管因会产生晶界腐蚀,不允许热弯。加热方式可采用焊枪加热、自阻加热（图 5.68 电焊机对管子的自阻加热,管子通过低电压大电流,依靠管子自身的内阻加热。）、高频电加热（图 5.69 滚轮 1 使管子向右推进,感应线圈 2 发生的高频电磁场作用使管子加热,温度可达 800～1 200℃。管子的弯曲是由滚轮 3 完成的。位于弯曲后方区域的管子由装在感应圈上的环形装置喷水冷却到 300℃,使管子获得足够的刚性。）。

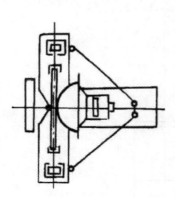

图 5.67 拉弯机弯管示意图

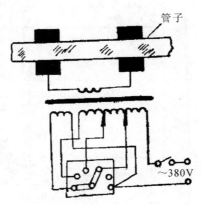

图 5.68 自阻加热示意图

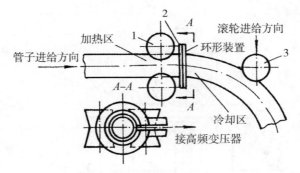

图 5.69 用高频电流加热弯管

1—滚轮；2—感应线圈；3—滚轮

（6）推弯。推弯主要用于弯制弯头。根据推弯工艺特点,又可分为冷推弯管和芯棒式热推弯管两类。

冷推弯管装置如图 5.70 所示,主要由压柱 1、导向套 2 和弯曲型模 4 组成。弯曲型模由对中的两块拼成,以方便其型腔加工。弯管时,把管子 3 放在导向套中定位后,压柱下行,对管子端口施加轴向推力,强迫管子进入弯曲型腔,从而产生弯曲。

芯棒式热推弯管工作原理如图 5.71 所示,管子 7 套在芯杆 5 上,由管子支承辊 8 支承。推板 6 位于管子末端,对管子施加轴向推力 F。加热炉 2 的热源 3 对管子进行加热。这样,管子在推力作用下,边加热边向前移动,最后从芯棒 4 末端推出,形成管弯头 1。

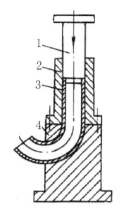

图 5.70　冷推弯管装置

1—压柱;2—导向套;3—管子;4—弯曲型模

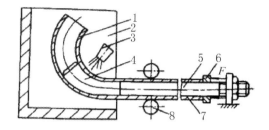

图 5.71　热推弯管工作原理

1—弯头;2—加热炉;3—热源;4—芯棒;

5—芯杆;6—推板;7—管子;8—支承辊

(7)工业机器人弯管技术。工业机器人是面向工业领域的多关节机械手或多自由度的机器装置,它能自动执行工作,是靠自身动力和控制能力来实现各种功能的一种机器。它可以接受人类指挥,也可以按照预先编排的程序运行,现代的工业机器人还可以根据人工智能技术制定的原则纲领行动。近年来,机器人弯管机因高效灵活等特点,在管材制造中得到了广泛应用。

德国全斯福 Transfluid 开发的最新一代机器人弯管机,配置全新升级的 Translfuid 智能弯管软件,可以直接导入识别管件坐标数据,并直接生成弯曲数据,而无须对机器人系统进行单独编程或示教机械臂;最新一代的 Transfluid 机器人弯管单元可以在线处理管件数据(见图 5.72),并且在控制系统可设置零件上下料的位置,新建一个完整复杂几何形状的弯曲程序可以在几分钟内快速完成,弯曲模具可以同时安装三种规格的弯管模具,模具的安装与更换也可以在几分钟内快速完成。配置两个机器人的机器人弯管单元可以在两端弯曲长度为 6 m 左右的小规格长管。该系列全自动弯管单元主要有自动上料架、机械手弯管机、自动下料架以及安全防护措施组成,适用于各种材质金属管路冷弯成型及航空航天、石油化工、轨道机车、汽车制造等行业的各种流体管件的折弯成型。

图 5.72　Transfluid 机器人弯管单元

三、弯管常见质量故障、原因分析与排除方法（见表 5.11）

表 5.11 弯管常见质量故障、原因分析与排除方法

序号	故障内容	简 图	原因分析	排除方法
1	"鹅头"（弯曲部位胀大，特别是弯曲终点外侧处会产生凸起，称鹅头，管壁变薄，相邻管壁塌陷）		(1)芯棒安装提前量过大。 (2)芯棒头部与弯曲角不符	(1)重新调整芯棒的提前量。 (2)更换芯棒
2	"鹅颈"（弯管终点外侧）		(1)压块压力过大。 (2)反变形弯管时，弯曲的终点处预变形量无法抵消掉，小弯曲半径时，问题更严重	(1)重新调整压块压力。 (2)选用带有内反变形曲线型面过渡到正圆弧的过渡区压块
3	"前皱纹"（前切点附近内侧严重皱纹）	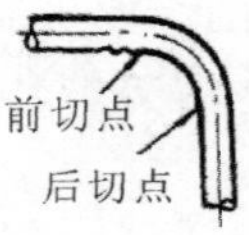 前切点 后切点	芯棒安装提前量过小，前切点处管壁得不到芯棒支撑	重新调整芯棒的提前量
4	"后皱纹"（后切点附近内侧严重皱纹）	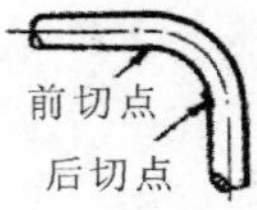 前切点 后切点	(1)无防皱块。 (2)防皱块安装不当	(1)安装防皱块。 (2)重新调整防皱块
5	"全皱纹"（弯曲段内侧）	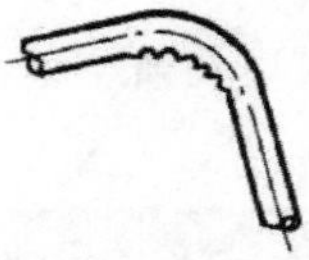	(1)芯棒与管壁之间间隙过大。 (2)压块压力过小。 (3)压块尺寸不当	(1)更换芯棒，使总间隙为 0.1～0.3 mm，或调整芯棒提前量。 (2)重新调整压块压力。 (3)检查压块尺寸，返修
6	"波纹"（弯曲段外侧）		(1)芯棒尺寸过小。 (2)芯棒安装不当。 (3)润滑不良及机床振动	(1)更换芯棒。 (2)重新装调芯棒。 (3)加强弯管润滑排除机床抖动

续表

序号	故障内容	简　图	原因分析	排除方法
7	"裂口"（弯曲段外侧）		（1）压块施加的力过大。 （2）芯棒与管壁之间的间隙过小，摩擦力太大。 （3）芯棒提前量过大。 （4）润滑不良。 （5）管材热处理不当	（1）重新调整压块压力。 （2）更换芯棒，使总间隙为 0.1～0.3 mm。 （3）加强润滑。 （4）重新调整芯棒提前量。 （5）检查管材热处理状态、晶粒度，否则重新热处理
8	"下陷"（弯曲段内侧起点处）		反变形弯管时，弯曲的起点处预变形量无法抵消掉，小弯曲半径时，问题更严重	无法排除
9	"椭圆度"（弯曲段）	A A A–A	（1）芯棒提前量过小，管壁得不到良好支撑。 （2）芯棒与管壁之间的间隙过大。 （3）夹紧块施加的力太小，弯曲时有滑动。 （4）芯棒磨损。 （5）弧形芯棒安装方向偏移。 （6）弯管模与压块型面错位	（1）重新调整芯棒提前量。 （2）更换芯棒，使总间隙为 0.1～0.3 mm。 （3）重新调整夹紧力。 （4）重新调整弧形芯棒安装方向。 （5）调整弯管模与压块在同一水平面上

安全小·提示

滚弯安全操作规程如下：

（1）导轮中心距调整后，应锁紧固定手轮，导轮轴不得外伸在导轮支架的轴孔之外。

（2）导轮内侧距应大于下轮最大外径，保证下轮升降不被顶卡。

（3）调整下轮上升不得顶在上轮型面上，操作者要十分注意此项要求。

（4）切割滚轮的刀刃在啮合时，要防止上、下刀刃顶卡碰伤及啃伤。

（5）擦拭滚轮时，机床应停止转动。

（6）滚轮运转时，不要用手或其他物件接触滚轮。

(7)操作机床时,要精力集中,两人操作时,动作协调一致。

(8)切割零件时,操作者必须戴手套。

(9)操作者必须经过专业培训,并经考试后,持有操作合格证者方能允许操作机床。

拉弯安全操作规程如下:

(1)在压弯操作过程中,被压件的压块必须放置在活塞杆或柱头中心。下垫块必须根据弧度大小要求,放置在活塞杆或柱头对称两侧,在两侧严禁站人,以防垫块滑出伤人。

(2)镁合金加热温度不允许超过380℃,否则易燃烧起火(扑灭镁合金火只能使用干燥的砂子或专门的溶剂,在任何情况下都不能用水,因为这样会引起强烈的爆炸。)。

(3)使用煤油的喷灯,禁止用汽油代替煤油。使用通条时,注意火焰突然喷射,且喷嘴不能正对人,周围严禁有易燃品,易爆品。

(4)禁止模具加热时电热偶接头导线互相接触,也不允许线路裸线外露,如有此情况,必须停机,请维护人员排除故障后,方可工作。

(5)模具装卸中注意轻拿轻放。

思 考 题

1.什么是机械弯曲?飞机制造中常用机械弯曲的方法有哪几种?

2.弯曲作用力与哪些因素有关?如何计算弯曲力?

3.什么叫压弯?常采用的压弯设备有哪些?

4.简述闸压零件常见质量故障、产生原因及排除方法。

5.常用的冲压弯曲模有哪几种形式?

6.什么叫滚弯?其主要设备有哪些?其适合于成形何种类型的零件?

7.简述滚弯基本原理及特点。

8.板材滚弯中存在哪些问题?如何解决?

9.型材滚弯中存在哪些问题?如何解决?

10.什么叫拉弯?拉弯的基本原理是什么?拉弯方法主要适合于成形哪种类型的零件?

11.拉弯与压弯或滚弯的根本区别是什么?

12.拉弯的设备分为哪两种?它们的基本原理是什么?

13.拉弯工艺主要有哪两种方法?说明其具体过程。各在何种情况下采用?

14.拉弯时拉力如何确定?

15.简述拉弯常见质量故障、产生原因和排除方法。

16.按功用飞机管子零件分为哪几类?主要制造工序有哪些?

17.简述管件绕弯成形的基本原理。

18.芯棒的作用是什么?芯棒有哪几种类型?

19.手工装砂热弯主要有哪些工序?

20.简述弯管常见质量故障、产生原因和排除方法。

第6章 拉深成形

内容提示

拉深成形也称压延成形或拉延成形,是钣金成形的基础性工艺。本章主要讲述拉深成形的基本原理、变形过程分析、拉深性及其影响因素、拉深工艺、拉深模分类与结构、特殊拉深方法、变薄拉深方法、冲压工业机器人技术等。

教学要求

(1)理解拉深成形的基本原理及变形过程分析。

(2)掌握拉深毛料尺寸的计算。

(3)掌握拉深工艺过程。

(4)了解拉深模的类型、结构、摩擦力分析、安装与调整要求。

(5)了解冲压机器人通用技术要求及机器人自动化冲压生产线的工艺过程。

内容框架

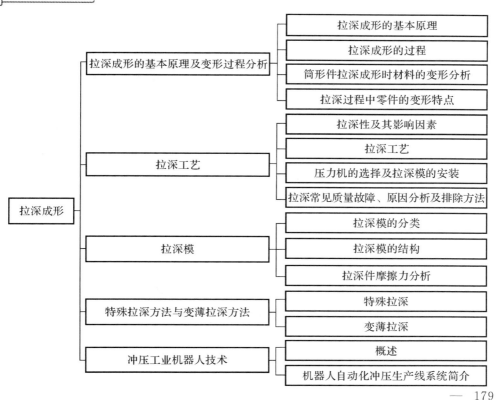

6.1 拉深成形的基本原理及变形过程分析

一、拉深成形的基本原理

拉深成形是指平板毛料或空心半成品在凸模作用下拉入凹模型腔形成开口空心零件的成形工艺方法[见图 6.1(a)]。拉深成形也称压延成形或拉延成形,是钣金成形的基础性工艺。

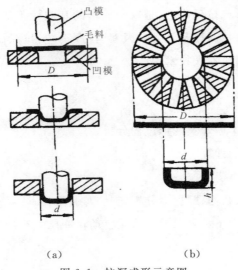

（a） （b）

图 6.1 拉深成形示意图

图 6.1 是在凸模作用下将一直径为 D 的平板毛料,拉深成一个直径为 d、高度为 h 的圆筒形零件的过程。如果将平板毛料[见图 6.1(b)]上所有三角形阴影部分去掉,留下所有矩形窄条,然后将这些窄条沿直径为 d 的圆周折过来,再把它们加以焊接,就可以变成圆筒形零件了。这个圆筒形零件的直径 d 可按需裁取,其高度为

$$h = \frac{1}{2}(D - d)$$

但是,在实际拉深过程中,并没有将阴影部分的三角形材料切掉,这部分材料是在拉深过程中由于塑性流动而转移了。这部分被转移的三角形材料,通常称为"多余三角形"。这部分多余三角形的转移,一方面要增加零件的高度,使得

$$h > \frac{1}{2}(D - d)$$

另一方面要增加零件的壁厚。

为了进一步说明拉深时金属的流动过程,可以进行如下实验:在圆形毛料上画许多间距都等于 a 的同心圆和分度相等的辐射线(见图 6.2),由这些同心圆和辐射线组成网格。拉深后,在圆筒形零件底部的网格基本保持原来的形状,而在圆筒形零件的筒壁上的网格则发生了很大的变化,原来的同心圆变为筒壁上的水平圆筒线,而且其间距 a 也增大了,越靠近筒壁的上部增大越多,即

$$a_1 > a_2 > a_3 > \cdots > a$$

另外,原来分度相等的辐射线变成了筒壁上的垂直平行线,其间距则完全相等,即

$$b_1 = b_2 = b_3 = \cdots = b$$

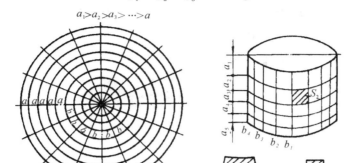

图 6.2 拉深件的网格变化

如果拿网格中的一个小单元体来看,在拉深前是扇形 S_1,在拉深后则变成矩形 S_2 了。但是,一般来说,由于拉深后板料厚度变化很小,故可认为拉深前后小单元体的面积不变,即

$$S_1 = S_2$$

为什么原来是扇形的小单元体,在拉深后却变成了矩形呢?由图 6.3 可以得到解释:在变形过程中,可以先将毛料上的扇形小单元看作是被拉着通过一个假想的楔形槽而将扇形 S_1 变成矩形 S_2 的。然而在实际拉深过程中,并没有楔形槽,小单元体也不是独立存在的,而是处在相互联系在一起的整体毛料。在拉深过程中,毛料金属内部的相互作用产生了类似于楔形槽的作用,即在径向产生了拉伸应力 R_1,在切向产生了压缩应力 R_2,在两个应力的共同作用下使平板毛料发生塑性变形而不断地被拉入凹模内,成为圆筒形零件。

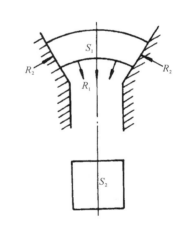

图 6.3 扇形小单元体的变形

用拉深成形可以制成筒形、阶梯形、锥形、半球形、盒形和其他不规则形状的立体空心零件。拉深加工的对象广泛,材料品种繁多。在日常用品、电器零件、机械零件、飞机结构和汽车零件的成形中,有着广泛的应用。图 6.4 是典型拉深零件外形示意图。

拉深有多种形式。按照零件的外形,拉深可划分为筒形件、锥形件、半球形件、阶梯形件、盒形件和复杂形状零件拉深。按照工序数,拉深可划分为单次和多次拉深。按照材料变形情况,拉深可划分为正拉深、反拉深、变薄拉深和特殊拉深等。在各种拉深成形工艺中,圆筒形件拉深是最基本的拉深方法。

二、拉深成形的过程

筒形件拉深的过程可分以下三个阶段。

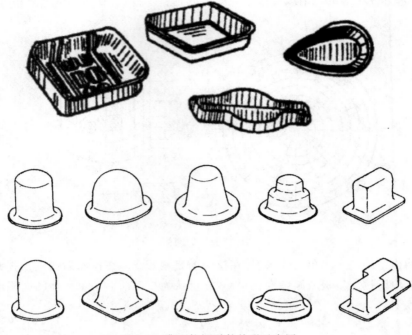

图 6.4　典型拉深零件外形示意图

1. 局部变形阶段

首先压紧毛料凸缘，然后凸模稍许进入凹模[见图 6.5(a)]，沿凸模周边的材料局部变薄，紧包凸模顶端，此时毛料外径 D_0 并未收缩。

2. 主要变形阶段

凸模继续下压[见图 6.5(b)]，拉深力逐渐增加，由筒壁传给凸缘的拉应力也随之增大，当克服了凸缘毛料的变形抵抗力时，凸缘毛料便不断地被拉入凹模模腔，形成逐渐增高的筒壁，直至毛料全部进入凹模为止。此过程发生了全面拉深变形。

3. 推件阶段

在毛料全部被拉入凹模以后[见图 6.5(c)]，下一步是把成形件推出凹模模腔。

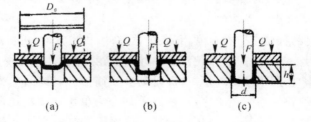

图 6.5　筒形件成形过程

三、筒形件拉深成形时材料的变形分析

按照材料的变形和受力情况，拉深过程中的任一时刻，零件材料可以划分为五个区，即凸缘区、凹模圆角区、筒壁区、凸模圆角区和筒底区(见图 6.6)。

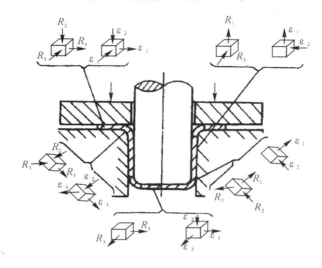

图 6.6 筒形件拉深时的应力与应变

1.凸缘区——主变形区

凸缘是主要塑性变形区。凸模作用在毛料上的拉力把凸缘材料向凹模内拉动,这就在凸缘上引起径向拉应力 R_1 和切向压应力 R_3。

如果采用压边圈,压边圈提供的压边力产生法向压应力 R_2,在厚度方向上,R_2 的值远小于 R_1 和 R_3,因而料厚增加;如果不用压边圈,料厚增加相对大一些。如果被拉深的材料厚度较薄,压边力太小,就有可能使凸缘部分的材料失稳而产生起皱现象。应变状态则为立体的,切向为压缩应变,而其余两向径向和法向为拉伸应变。

2.凹模圆角区——过渡区

此部分为凸缘和筒壁过渡区。材料流过圆角表面时除了发生类似于凸缘部分的变形,即受到径向拉应力 R_1 和切向压应力 R_3,还承受凹模圆角的压力和弯曲作用而产生的法向压应力 R_2,并受到摩擦力的作用。因此,该区是三向应力和三向应变状态。此处 R_1 值的绝对值最大,材料会在径向上发生伸长类变形,有变薄的倾向。

3.筒壁区——传力区

这部分已经形成筒形,材料不再发生大的变形。在继续拉深时,该部分材料受到凸模传来的拉应力 R_1 和凸模阻碍材料切向自由压缩而产生的拉应力 R_3,显然,R_1 的绝对值大,径向是伸长类变形,径向的伸长是靠壁厚的变薄来实现的,故筒壁上厚下薄。

4.凸模圆角区——过渡区

此部分为筒壁和筒底部过渡。凸模圆角区的材料在拉深一开始就受到凸模的冲压,在拉深过程中,它承受径向拉应力 R_1 和切向拉应力 R_3 的作用,在厚度方向由于凸模的压力和弯曲作用而产生压应力 R_2,从而使材料厚度变薄,材料的变形为平面应变状态,这部分材料变薄最严重,成为拉深件中最薄弱的区域。通常把这个区域内最小截面称为"危险断面"。

5.筒底区——不变形区

这部分材料一开始就被拉入凹模中,始终保持平面形状。筒底区材料受平面拉伸,即材料承受双向拉应力,又由于受凸模圆角处外摩擦的制约作用,这部分材料受力不大,因而变形也不大,厚度略有变薄,可忽略不计。

由以上分析可知,毛料周边压缩量最大,由 πD_0 压缩到 πd ,其应变为

$$\varepsilon = \frac{\pi D_0 - \pi d}{\pi D_0} = 1 - \frac{d}{D_0} = 1 - m$$

式中: D_0 为拉深前毛料直径; d 为拉深后零件直径; m 为拉深系数。

拉深系数 m 表示拉深成形变形程度的大小。拉深系数越小,拉深成形时板料的变形程度越大,拉深成形过程越困难;拉深系数越大,拉深成形时板料的变形程度越小,拉深成形过程越顺利。当拉深系数小到一定程度时,毛料的凸缘就容易起皱,从而产生废品。因此,拉深系数是拉深的一个重要参数。

四、拉深过程中零件的变形特点

综合对拉深过程的应力和变形的分析可以看到,拉深件的应力应变状态不同,会产生一些特定的现象,即凸耳、回弹、起皱、破裂、厚度不均及加工硬化。

1. 凸耳

由于金属板料的面内各向异性,导致拉深过程中沿圆筒形件周向各个方位材料变形不一致,从而要在拉深件上形成凸耳(见图 6.7)。凸耳的数量有 2,4,6 和 8 个,视材料的异性情况而定。出现凸耳,会使零件边缘不齐,影响零件成形质量,因而必须增加去除凸耳的修边工序。

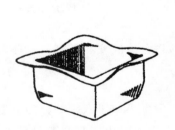
图 6.7 拉深凸耳图

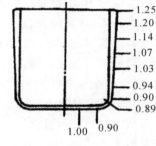
图 6.8 零件厚度变化(单位:mm)

2. 回弹

拉深件凸缘区的变形以塑性压缩变形为主。由于塑性变形总是伴有弹性变形,所以拉深结束后,零件会因卸载而产生回弹,因此,拉深凸模需要将零件完全从凹模中顶出,否则零件会卡死在凹模模腔内。

3. 厚度与硬度的变化

拉深后零件各部分的厚度是不相同的(见图 6.8)。筒壁上部变厚,越靠近筒口越厚,最厚处比原来增加了 25%($1.25t$)。筒底稍许变薄,在凸模圆角处最薄,最薄处的厚度比原厚度减小了 13%。

由于毛料产生了较大的塑性变形,因此引起加工硬化现象。零件口部材料变形程度大,加工硬化严重,硬度也高。由上向下,越接近底部硬化越小,硬度越低。

拉深使材料发生塑性变形,所以必然伴随着加工硬化。如果零件需多次拉深才能成形,或

零件是硬化效应强的金属,则应合理安排退火工序,以恢复材料的塑性,降低其硬度和强度。

4.起皱

(1)起皱机理与类型。起皱指拉深成形中凸缘材料上出现的局部皱褶(见图 6.9)。起皱的主要原因是压缩失稳,而周向压缩应力并不是引起皱褶的唯一原因。皱褶的产生受到诸多因素影响,如拉深系数、板料相对厚度、模具结构类型与几何参数、润滑状态和材料硬化指数等。

起皱的条件和皱褶的大小主要决定于变形程度和板料抗压失稳刚度。变形程度用拉深系数表示,而板料的抗压失稳刚度可用板料的相对厚度(t_0/D_0)来表示。

根据皱褶出现的部位不同,起皱有外皱和内皱之分(见图 6.10)。外皱指出现拉深件凸缘外区的皱褶。内皱指出现在凸模与凹模之间悬空部分材料上的皱褶。

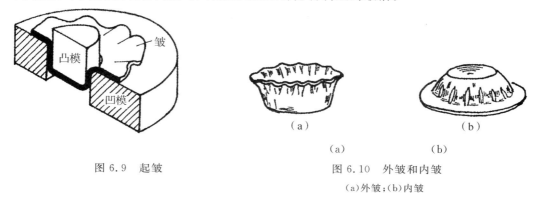

图 6.9 起皱

图 6.10 外皱和内皱
(a)外皱;(b)内皱

(2)防皱措施。

1)固定压边圈。所谓压边圈就是将凸缘材料压紧在凹模面上限制起皱的一块板件。固定压边圈(见图 6.11),即压边圈刚性地固定于凹模,其与凹模面之间的间隙是固定不变的。

2)弹性压边圈。弹性压边圈是拉深模中最为普遍的压边装置,其典型结构如图 6.12 所示。压边圈与弹性元件连接在一起,压边圈与凹模面之间的间隙是变化的。弹性压边圈的压力预先可以估算,从而保证良好的压边效果。

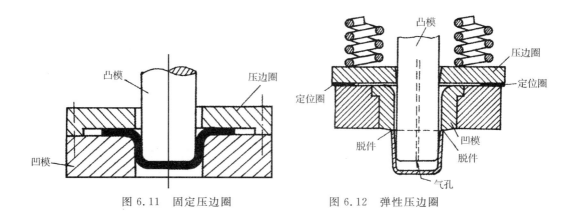

图 6.11 固定压边圈

图 6.12 弹性压边圈

压边力还可由缓冲器来提供,缓冲器一般装在下模座或冲床下台面上(见图 6.13)。理想的压边力在技术上是很难提供的,生产中用经验法近似估算压边力的最小值。

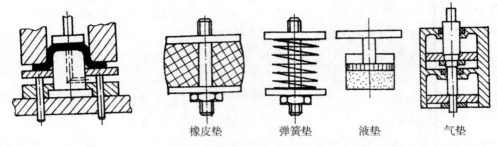

橡皮垫   弹簧垫   液垫   气垫

图 6.13   弹性缓冲器压边

3)防皱埂。防皱埂又称拉深筋,是防止内皱的有效手段。防皱埂就是在凹模面上设置筋条,使材料从凸缘进入凹模型腔时,在防皱埂上产生弯曲和反弯曲变形,从而使凸模和凹模之间成为无约束区,材料的径向拉伸应力增大,达到防皱的目的(见图 6.14)。

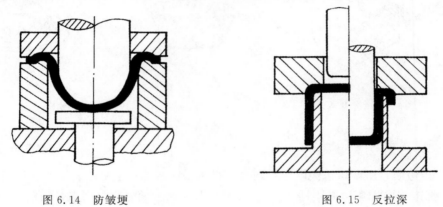

图 6.14   防皱埂   图 6.15   反拉深

4)反拉深。反拉深就是将首次拉深后的半成品拉深件倒扣在凹模上再进行拉深(见图 6.15)。反拉深中材料进入凹模型腔前增加了弯曲、反弯曲变形和摩擦作用,使径向拉应力增大,从而达到防止起皱的目的。

5.破裂

拉深系数是表示材料拉深过程中变形程度的指标。当拉深系数小于某个临界值时,拉深过程会出现破裂现象,如图 6.16 所示。破裂是一种破坏性的成形障碍,一旦出现,成形即告失败。

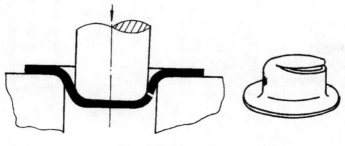

图 6.16   拉深破裂

除了拉深系数过小,即变形程度过大引起破裂外,压边力过大、凸缘起皱、凸凹模间间隙过小和材料内部缺陷等其他因素也会引起拉深件的破裂。

拉深件破裂一般发生在最大拉深力出现之前的拉深成形初始阶段。因此,保证拉深成形过程顺利进行的必要条件是:筒壁传力区材料所承受的最大拉应力应当小于其危险断面的抗拉强度。为避免破裂的产生,在零件成形前应采取估算及实验。另外,如果零件的拉深系数小于材料的极限拉深系数,则拉深件会在拉深过程中破裂。反之,如果零件的拉深系数大于材料的极限拉深系数,则拉深破裂可以避免。表 6.1 给出了常用金属材料的极限拉深系数。

表 6.1　常用金属材料的极限拉深系数

材　　料			拉深系数	
			首次拉深系数 m_1	以后各次拉深系数 m_n
铝及铝合金	1035M(L4M),8A06M(L6M),3A21M(LF21M)		0.52~0.55	0.70~0.75
	2A11M(LY11M),2A12M(LY12M)		0.56~0.58	0.75~0.80
铜系	铜	T2,T3,T4	0.50~0.55	0.72~0.80
	黄铜	H62	0.52~0.54	0.70~0.72
		H68	0.50~0.52	0.68~0.72
	康铜(铜镍合金)		0.50~0.56	0.74~0.84
钛系	TA2,TA3		0.58~0.60	0.80~0.85
	TA5		0.60~0.65	0.80~0.85
钢系	镀锌铁皮		0.58~0.65	0.80~0.85
	酸洗钢板		0.54~0.58	0.75~0.78
	Cr13		0.52~0.56	0.75~0.78
	Cr18Ni		0.50~0.52	0.70~0.75
	1Cr18Ni9Ti		0.52~0.55	0.78~0.81
	Cr18Ni1N6,Cr23Ni8		0.52~0.55	0.78~0.80
	Cr20Ni80Ti		0.54~0.59	0.78~0.84
	30CrMnSiA		0.62~0.70	0.80~0.84
锌			0.65~0.70	0.85~0.90
镍及镍合金	N6,N7,NSi0.19,NSi0.2,NMg0.1		0.48~0.53	0.70~0.75

注:　①当凹模圆角半径 $R<6t_0$ 时,拉深系数取大值;当凹模圆角半径 $R\geqslant(7\sim8)t_0$ 时,拉深系数取小值;②当材料相对厚度 $t_0/D_0\times100<0.6$ 时,拉深系数取大值;当材料相对厚度 $t_0/D_0\times100\geqslant0.6$ 时,拉深系数取小值。

6.2 拉深工艺

一、拉深性及其影响因素

拉深性指材料对拉深成形的适应能力,通常指不发生破裂的最大可能性。不同的材料其拉深性也不同,对拉深性的评价有多种实验方法。最常用的拉深性指标是极限拉深系数 m_{min}。极限拉深系数的值小,拉深性好;反之,拉深性差。影响拉深性的主要因素有以下方面。

1.材料的组织和力学性能

一般来说,材料的塑性好、组织均匀、晶粒大小适当、屈强比小、材料平面方向性小而材料厚度方向性系数(γ 值)大时,其拉深性能好,可以采用较小的极限拉深系数。

2.毛料的相对厚度 t_0/D_0

毛料的相对厚度 t_0/D_0 小时,容易起皱,防皱压板的压力加大,引起的摩擦阻力也大,因此极限拉深系数相应地加大。

3.凸模圆角半径

当凸模圆角半径过小时,毛料的直壁部分与底部的过渡区的弯曲变形加大,危险断面的强度受到削弱,使极限拉深系数增加。

4.凹模圆角半径

当凹模圆角半径过小时,毛料沿凹模圆角滑动的阻力增加,毛料侧壁传力区内的拉应力相应地加大,其结果也提高了极限拉深系数值。

5.凸、凹模间隙

凸、凹模间隙太大,会引起材料起皱,拉深性差;凸、凹模间隙太小,材料流动困难,变形小,拉深性差。

6.拉深方式及压边力

采用压边圈拉深时,因不易起皱,极限拉深系数可取小些,但压边力太大则会增加危险断面处的拉应力,导致拉裂破坏或严重变薄超差,太小则防皱效果不好。不用压边圈时,极限拉深系数可取大些。

7.润滑条件

润滑条件好、模具工作面光滑、间隙正常都能减小摩擦阻力,从而改善金属的流动情况,使极限拉深系数减小,提高材料的拉深性。

8.拉深速度

一般情况下,拉深速度对极限拉深系数的影响不大,但对变形速度敏感的金属(如钛合金、不锈钢、耐热钢等)拉深速度大时,极限拉深系数增大,拉深性变差。

二、拉深工艺

拉深工艺包括拉深件毛料的展开,拉深次数及拉深力和压边力等参数的确定。下面以简形件为例,简单说明一下各参数的确定方法。

1.拉深毛料展开尺寸的确定

在拉深过程中,材料的变形特点是直径较大的毛料收缩为直径较小一些的筒形件。由于在工程实践中一般先给定筒形零件的尺寸,所以在确定零件的拉深成形方案时,应先计算出拉深毛料尺寸。

拉深毛料尺寸计算的基本原则是金属塑性变形体积不变。如果不考虑薄板厚度在拉深成形过程中的变化,则体积不变可进一步转化为面积不变。对圆筒形拉深零件,毛料为圆形平板,设其直径为 D_0,则毛料的表面积为

$$A_0 = \frac{\pi}{4} D_0^2$$

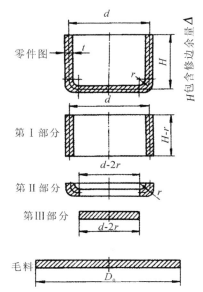

为了便于计算拉深件的表面积,可将零件划分为若干个形状简单的组成部分(见图6.17),分别计算出各个部分的表面积并相加后,得到零件的总面积 A,即

$$A = A_1 + A_2 + A_3 + \cdots + A_n$$

根据表面积不变条件得

$$D_0 = \sqrt{\frac{4}{\pi} A}$$

图 6.17　筒形零件毛料尺寸的计算

需要说明的是,计算出的毛料直径是近似的,在实际应用中,还应根据具体情况作必要的修正。

如前所述,一方面由于板料各向异性,会在拉深件上产生凸耳;另一方面,板料厚度不均匀、毛料定位不准确或者凸模和凹模之间的间隙不均匀等因素,也都会导致拉深件边缘不整齐。因此,拉深后要修边,而这一修边余量在计算毛料直径时应当予以考虑。图 6.17Δ 就表示修边余量。圆筒形拉深件的修边余量参考见表6.2。

表 6.2　圆筒形拉深件的修边余量

零件高度 $h/$ mm	修边余量 $\Delta/$ mm
10~50	1~4
50~100	2~6
100~200	3~10
200~300	5~12

2.拉深次数的确定

决定筒形件拉深次数的问题,实质上是零件总的变形程度在各道拉深模之间的分配问题。拉深次数和拉深系数的分配是多次拉深工艺设计的关键,对产品质量、模具数量、废品率、生产效率等有着重要影响。

确定拉深次数的具体步骤如下(见图 6.18):

(1)计算出筒形件的毛料直径 D_0 及毛料的相对厚度 $\frac{t_0}{D_0} \times 100$。

(2)确定是否采用压边圈。

当首次拉深时,当 $\dfrac{t_0}{D_0} \times 100 > 2.0$ 时,不用压边圈;当 $\dfrac{t_0}{D_0} \times 100 < 1.5$ 时,用压边圈;当 $\dfrac{t_0}{D_0} \times 100$ 在 $1.5 \sim 2.0$ 之间时,两种方式都可采用,视情况而定。

第二次及以后各次拉深时,按半成品相对厚度 δ 而定,有

$$\delta = \frac{t_0}{d_{n-1}} \times 100$$

式中:t_0 为零件材料厚度;d_{n-1} 为半成品的零件直径(n 表示拉深次数)。

当 $\delta < 1.0$ 时采用压边圈;当 $\delta > 1.5$ 时不用压边圈;当 δ 介于 $1.0 \sim 1.5$ 之间时,属于两可。除此之外,零件的要求及形状对是否采用压边圈也有很大的影响。

(3)用 $\dfrac{t_0}{D_0} \times 100$ 查表 6.3 或表 6.4 得第一次拉深系数 m_1。拉深变形程度与零件拉深系数 m 成反比,零件拉深系数 m 越大则拉深变形程度越小。如果 $m_1 < m$ 则可一次拉深;如果 $m_1 > m$,则需多次拉深。

(4)$D_0 \times m_1 = d_1$,用相对厚度 $\dfrac{t_0}{D_0} \times 100$ 查表 6.3 或表 6.4 得 m_2。如果 $m_1 m_2 < m$ 则可两道工序拉深。如果 $m_1 m_2 > m$,则须增加拉深模道数,直至 $m_1 m_2 \cdots m_n < m$ 为止。

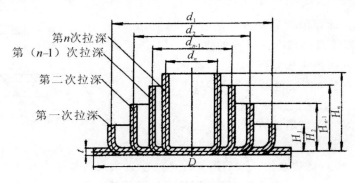

图 6.18 筒形件的多次拉深

表 6.3 无凸缘筒形件的拉深系数(不用压边圈)

拉深系数	毛料的相对厚度 $t_0/D_0 \times 100$				
	1.5	2.0	2.5	3.0	3.0 以上
m_1	0.65	0.60	0.55	0.53	0.50
m_2	0.80	0.75	0.75	0.75	0.70
m_3	0.84	0.80	0.80	0.80	0.75
m_4	0.87	0.84	0.84	0.84	0.78
m_5	0.90	0.87	0.87	0.87	0.82
m_6	—	0.00	0.90	0.90	0.85

表 6.4　无凸缘筒形件的拉深系数(使用压边圈)

拉深系数	毛料的相对厚度 $t_0/D_0 \times 100$					
	2～1.5	1.5～1.0	1.0～0.6	0.6～0.3	0.3～0.15	0.15～0.08
m_1	0.48～0.50	0.50～0.53	0.53～0.55	0.55～0.58	0.58～0.60	0.60～0.63
m_2	0.73～0.75	0.75～0.76	0.76～0.78	0.78～0.79	0.79～0.80	0.80～0.82
m_3	0.75～0.78	0.78～0.79	0.79～0.80	0.80～0.81	0.81～0.82	0.82～0.84
m_4	0.78～0.80	0.80～0.81	0.81～0.82	0.82～0.83	0.83～0.85	0.85～0.86
m_5	0.80～0.82	0.82～0.84	0.84～0.85	0.85～0.86	0.86～0.87	0.87～0.88

3. 拉深力

拉深力通过凸模施加给毛料,使平板毛料拉深成空心零件。拉深力是选择压力机的依据之一。对于筒形件拉深力 F 可用下列简化公式计算:

第一次拉深:

$$F_1 = \pi d_1 t_0 R_m n_1$$

以后各次拉深:

$$F_n = \pi d_n t_0 R_m n_n$$

式中: d_1 为第一次拉深半成品的直径; d_n 为第 n 次拉深半成品的直径; n_1, n_n 为修正系数,见表 6.5; R_m 为材料的强度极限; t_0 为材料的厚度。

表 6.5　修正系数 n_1 和 n_n 值

m_1	0.55	0.57	0.60	0.62	0.65	0.67	0.70	0.72	0.75	0.77	0.80	—	—	—
n_1	1.0	0.93	0.86	0.79	0.72	0.60	0.60	0.55	0.50	0.45	0.40	—	—	—
m_2 m_3, …, m_n	—	—	—	—	—	—	0.70	0.72	0.75	0.77	0.80	0.85	0.90	0.95
n_n	—	—	—	—	—	—	1.0	0.95	0.90	0.85	0.80	0.70	0.60	0.50

4. 压边力

为了防止起皱而采用压边圈。压边力太大易于拉破,压边力太小则起不了防皱的作用,其合理值由试验确定。压边圈的总压力为

$$Q = Sq$$

式中: S 为压边圈下的毛料面积; q 为单位面积上的压边力,其值取决于材料的种类、厚度及拉深系数,各种材料的 q 值见表 6.6。

表 6.6　各种材料的 q 值　　　　　　　　　　　　　　　　（N/mm²）

材料	2A12M (LY12M)	2A12C (LY12C)	3A21M (LF21M)	碳钢	1Cr18Ni9Ti	黄铜	紫铜
q 值	0.8～1	1.4～1.8	1.2～1.4	2.0～2.5	2.8～3.2	1.5～2.0	1.2～1.8

对于筒形件,计算压边圈下的毛料面积。

首次拉深时,其毛料面积为

$$S_1 = \frac{\pi}{4}\left[D_0{}^2 - (d_1 + 2r_{凹})^2\right]$$

以后各次拉深,其毛料面积为

$$S_n = \frac{\pi}{4}\left[d_{n-1}^2 - (d_n + 2r_{凹})^2\right]$$

式中:$r_{凹}$为凹模圆角半径;d_1为第一次拉深半成品直径;d_n为第n次拉深半成品;D_0为毛料直径。

三、压力机的选择及拉深模的安装

1.压力机的选择

(1)压力机形式的选择。对于中小型拉深零件选用偏心压力机或曲轴压力机。对于大型拉深零件选用双动压力机。图6.19YT28-630/1030A型双动液压机是一台大型自动化程度比较高的设备,它的引进使大尺寸立体空心钣金件一改往日的陈旧工艺——落压成形,向高精度冲压工艺提出挑战,它的优势是普通冲压设备所无法比拟的。

该机床主要性能参数及功能如下。

1)工作台面3 500 mm×2 200 mm,可以移动,减少了工人装卸模具等诸多程序。

2)机床最大行程为2 200 mm,最小行程为800 mm,可以满足现代航空产品的发展趋势。

3)机床结构合理,设计先进,可以通过上床面内、外滑块实现双动拉深成形。

4)设计有红外线装置,保证了工人的安全,同时也保证了产品质量,给生产和管理上带来了很大优势。

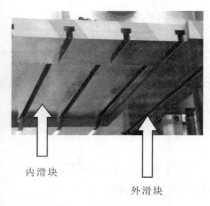

内滑块　　外滑块

机床上床面可实现双动功能

图6.19　YT28-630/1030A型双动液压机

(2)压力机吨位的选择。对于薄板零件(板厚在3 mm以下),由于所需的拉深力不大,所以无须进行计算,在实际生产中,只要压力机的行程和台面大小能够满足要求,就可进行拉深。

但对于厚料、大尺寸的零件,往往需要计算拉深力和压边力,并依此来确定压力机的吨位,一般选择吨位时尽量取大些。

(3)压力机行程的选择。压力机的工作行程是指滑块单方向所经的路程。压力机的行程至少大于拉深件高度的两倍。曲轴压力机的行程是不变的,等于曲轴半径的两倍。偏心压力机的行程可调节。

冲床的行程次数应能满足提高生产效率的要求。

另外,根据工作类别及零件的性质,压力机还应备有特殊装置和夹具,例如缓冲器、顶出装置、送料装置等。

2. 模具的安装与调整

拉深零件时必须进行的一道工序就是安装模具,在安装模具之前,应首先检查机床各部位的运转是否正常,然后进行下列步骤:

(1)将滑块降到下死点,松开压块上的固定螺母,取下压块。

(2)把模具放在台面上,推到滑块下面,使上模柄进入滑块的夹紧槽内,装上压块和固定螺母,但不旋紧。

(3)用扳手转动连杆,使滑块下降,直至模具的上模板与滑块表面贴合,当连杆伸到最大长度时,如果滑块仍与上模板不贴合,可更换下模与台面之间的垫铁,使之贴合,而后旋紧螺母,固定上模。

(4)点动开车,使滑块抬起,再反方向扳旋螺杆,使凸模慢慢进入凹模内,如发现上、下模相碰或间隙不均应及时调整。调整方法是放松紧固螺母,敲击模板,使之微量移动,如偏斜可在上模板或下模板面上加垫砂纸。然后固紧上、下螺栓,再重复操作,直到上、下模配合适当为止,然后固定下模板。

(5)用扳手转动连杆,使滑块上升一定距离,用点动开车,使滑块往复一次行程,检查运行是否正常。连续冲压几次,转动连杆,调节上模进入下模的深度,直至满足拉深要求为止。

(6)试压。如上面步骤没问题,取料试压,检查首件质量,三检合格后才能正式生产,生产前应再次检查模具固定情况,保证安装可靠。

四、拉深常见质量故障、原因分析及排除方法(见表 6.7)

表 6.7　拉深常见质量故障、原因分析与排除方法

序号	故障内容	原因分析	排除方法
1	开裂或脱底	模具工作表面不光滑	磨光工作表面
		压料力过大	调整压料力量
		间隙不均	调整间隙
		拉深系数过小	增加工序,放大拉深系数
2	起皱	凸缘起皱因压料力太小	增加压料力
		上口起皱是凹模圆角大	减小凹模圆角
		上口或凸缘单面起皱	调整下料圈和凹模平行度
		锥形件或半球形腰部起皱	加大压料力或采用压料筋

续表

序号	故障内容	原因分析	排除方法
3	拉深件底部附近严重变薄或局部变薄	凸面圆角与侧面未接好	修磨凸模
		间隙太小	放大间隙
		凹模圆角太小	放大圆角
		润滑不合适	用合适的润滑剂充分润滑
4	上口材料拥挤	间隙太小,工作侧壁拉薄	放大间隙
		凸模圆角太大	减小凸模圆角
		工序件太长	合理调整拉深工序参数
		拉深凸模太短	调整模具结构
5	表面拉毛	凹模工作表面不光滑	修光工作表面
		毛料表面不清洁	清洁毛料
		模具硬度低	提高模具硬度
		润滑剂有杂物混入	改用干净的润滑剂

6.3 拉 深 模

一、拉深模的分类

拉深模按不同分类方法可分为多种类型,见表 6.8。

表 6.8 拉深模的类型

序号	分类方法	模具名称
1	按拉深次序分类	首次拉深模 以后各次拉深模
2	按使用机床分类	单动压力机使用的普通拉深模 双动压力机使用的双动拉深模
3	按压边装置分类	无压边装置的拉深模 带压边装置的拉深模
4	按一套模具完成的工序数分类	简单拉深模 连续拉深模 复合拉深模

二、拉深模的结构

1. 无压边装置的首次拉深模

图 6.20 为典型的无压边装置的首次拉深模。模具由凸模、凹模及定位板等零件组成。工作时,毛料放在定位板内,凸模下降时,将毛料压入凹模产生塑性变形而成形。凸模上开有一

个 φ3 mm 的通气孔,以使制品不至于紧贴在凸模上而造成卸料困难。结构中带有退料环,拉深时零件一直压到退料环以下,以便在凸模回升时,借助于退料环的作用,将制品从凸模上推下。

2.带压边装置的首次拉深模

图 6.21 为典型的带压边装置的首次拉深模。与图 6.20 模具相反,凹模 3 在上,而凸模 6 在下。压边圈 5 由顶杆 8 支撑在下模板 7 上。下模板下面的缓冲器(图中未示出)的弹力通过顶杆 8 传递给压边圈,这个力就是压力。毛料在压边圈上定位,拉深后的零件卡在凹模内,当冲床滑块回程时,冲床上有一横杆自动打击顶件杆 1,传力于顶件板 4,将零件推出凹模。

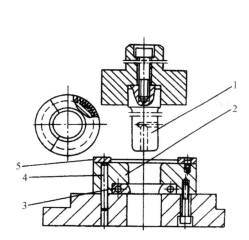

图 6.20　无压边装置的首次拉深模

1—凸模;2—凹模;3—退料环;4—销钉;5—定位板

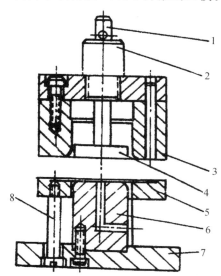

图 6.21　带压边装置的首次拉深模

1—顶件杆;2—模柄;3—凹模;4—顶件板;
5—压边圈;6—凸模;7—下模板;8—顶杆

3.二次及二次以后拉深模

二次及二次以后拉深模的典型结构如图 6.22 和图 6.23 所示。

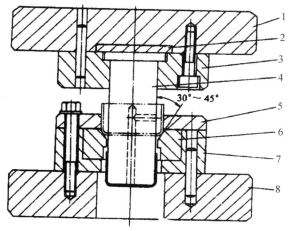

图 6.22　无压边装置的再次拉深模

1—上模板;2—垫板;3—凸模固定板;4—凸模;5—定位板;6—凹模;7—凹模定位板;8—下模板

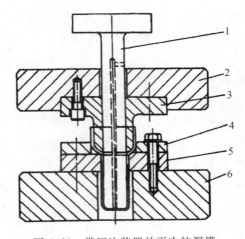

图 6.23　带压边装置的再次拉深模

1—凸模；2—压边圈固定板；3—压边圈；4—定位板；5—凹模；6—下模板

4.复合拉深模

所谓复合拉深模，就是在一套模具中不仅完成拉深工作而且又能完成下料、冲孔或切边等项工作。这种模具适合于成批或大量生产，劳动生产率高，但是模具结构复杂，造价高。

(1)落料拉深复合模。图 6.24 为无搭边条料的落料拉深复合模。这种模具在一次行程中完成落料和拉深两项工作。因采用无搭边落料，模具上省去卸料部分，模具结构高度显著降低。

工作过程是这样的，条料借助于定位销 7 定位，在上模向下的行程中，首先是凸凹模 2 和凹模 4 的切刃冲切条料，进行下料工作。然后上模继续下行完成拉深工作。此时凸凹模 2 的内形作为拉深凹模，而以凸模 3 作为拉深凸模。压边圈 6 起防皱作用，压边力是由安装在模座下方的缓冲器产生的，通过顶杆 5 传递的。当上模回程时，零件卡于凹模内，最后由顶件板 1 自凹模内顶出。

落料拉深复合模有冲裁凸凹模，要求冲裁和拉深模的间隙都能保证精确，因而在模具结构上须有导向装置，最常用的是导柱和导套。

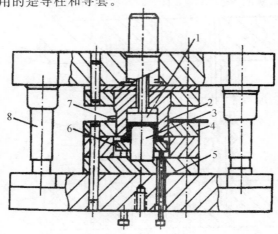

图 6.24　落料拉深复合模

1—顶件板；2—凸凹模；3—凸模；4—凹模；5—顶杆；6—压边圈；7—定位销；8—导向装置

（2）落料拉深切边复合模。图 6.25 的模具在一次行程中能完成落料、拉深和切边等三项工作。当上模下行时，固定在上模板 9 上的凸凹模 1 与固定在下模座 4 上的落料凹模 3 首先完成下料工序，然后凸凹模 1 与拉深凸模 2 进行拉深工作，最后凸凹模 1 与切边凸模 5 冲切零件的周边。上模回程时，废料由压边圈 6 推出下模，零件由顶件器 10 推出凹模，条料 8 由卸料板 7 卸下。

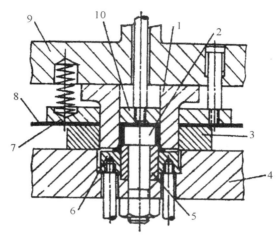

图 6.25　落料拉深切边复合模
1—凸凹模；2—拉深凸模；3—落料凹模；4—下模座；5—切边凸模；
6—压边圈；7—卸料板；8—条料；9—上模板；10—顶件器

三、拉深件摩擦力分析

在拉深过程中，当凸缘材料流入凹模型腔时，受到图 6.26 的摩擦力作用，即凸缘材料与压边圈和凹模面之间的摩擦，凹模圆角区材料与凹模圆角之间的摩擦。此处摩擦力的作用力方向与材料流动方向相反，阻碍材料向凹模型腔流动，增加了筒壁承受拉应力的负担，因此对变形是不利的，要设法克服，可涂以润滑剂处理。拉深成形常用润滑剂见表 6.9。

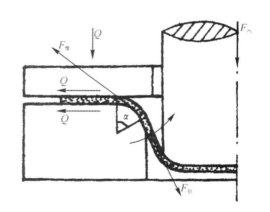

图 6.26　摩擦力作用

表 6.9　拉深成形常用润滑剂

材　料	类　型	润滑剂
铝合金，铜合金，低、中碳钢	浅拉深成形	一般机油
	深拉深成形	猪油

续表

材 料	类 型	润滑剂
30CrMnSiA、不锈钢	浅拉深成形	二硫化钼
	深拉深成形	表面喷 B01-4 清漆,经干燥后再涂二硫化钼
钛	浅拉深成形	磷化锌处理覆层,再加一层皂、蜡或二硫化钼
镁及镁合金	浅拉深成形	胶质石墨加矿物油,蜂蜡或石蜡加牛油
	深拉深成形	胶质石墨、四氯化碳、石脑油或酒精的混合液,涂于毛料上,加热使液体挥发,另外还须在模具上涂 20% 石墨与牛油的混合剂

凸模圆角处材料受拉有向外流动的趋势,因此摩擦力指向内。这对拉深是有利的。一方面可以减缓凸模圆角区材料的变薄,另一方面可以抵消一部分筒壁拉应力。

6.4　特殊拉深方法与变薄拉深方法

一、特殊拉深

1.软模拉深

用橡皮(以聚氨酯橡皮为代表)、液体或气体的压力(代替刚性凸模或凹模),使毛料在刚性凹模或凸模中成形的方法。

(1)橡皮拉深。采用橡皮凸模拉深时,由于毛料定位困难,零件底部变薄严重,故较少采用。较多的是采用橡皮凹模拉深。

橡皮拉深模结构如图 6.27 所示,橡皮装在上模的橡皮容框内,凸模是刚性的并且可以更换。橡皮拉深常在液压机上进行。

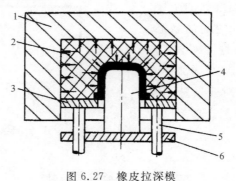

图 6.27　橡皮拉深模
1—容框;2—橡皮;3—压边圈;4—凸模;5—顶杆;6—凸模座

这种方法因容框中的橡皮紧贴毛料表面而施压,从而有利于毛料变形,使允许的拉深系数减少,增大了零件一次成形的可能性。又由于模具结构简单,成本低廉,因而在生产批量不大的情况下得到了广泛应用。

(2)液压拉深。液压拉深也叫充液成形。液压拉深是一种直接利用液体,如水或油的压力而使毛料成形的拉深方法。液压拉深与橡皮拉深相比具有许多优点:橡皮囊寿命长、拉深深度大,能够达到更大的单位压力。根据变形特点和应用范围的不同,液压拉深原则上分为以下两类。

1)液体充当拉深凸模。图 6.28 为液压凸模拉深示意图,凹模仍采用普通凹模。压制零件的操作过程为将毛料置于凹模 1 的型腔上,它们之间用橡皮 8 密封,将凸模体 5 通过螺钉 3 和压板 2 与凹模 1 固紧,将液体注入凸模体与毛料构成的容腔,再将活塞杆 7 及端盖 6 用螺钉 9 固紧于凸模体 5 上。通过手动或机动将活塞杆向下推,活塞杆端部的活塞压缩液体而产生压力,液体压力将平板毛料压制变形而紧贴在凹模型腔上,至此,得到了所需的零件。

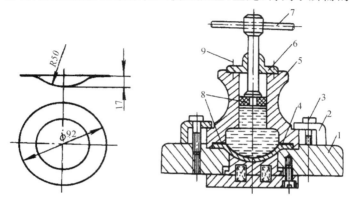

图 6.28　液压凸模拉深
1—凹模;2—压板;3,9—螺钉;4—零件;5—凸模体;6—端盖;7—活塞杆;8—橡皮

这种液压凸模拉深主要用于拉深锥形件、半球形件和抛物线性件等。其优点是作用在毛料上的压力比较均匀,不存在像普通拉深模那样的压力集中现象。其缺点是在拉深过程中定位比较困难,零件容易拉偏。另外,由于轴向拉伸变形厉害,所以零件底部变薄比较严重。

2)液体充当拉深凹模。图 6.29 为液压凹模拉深示意图,凸模仍为普通凸模。这类凹模结构,由于很高的液体压力把毛料紧紧压在凸模上,零件底部不易变薄,毛料定位比较容易。同时,与橡皮拉深一样,由于液体压力通过橡皮囊也压到毛料凸缘上,造成有利于拉深的应力应变状态,所以,这种方法可以降低拉深系数。

2.温差拉深

(1)局部加热拉深。利用分别装在压边圈和凹模上的电热元件对主要变形区——凸缘区——局部加热(见图 6.30),提高其塑性,降低变形抗力;同时对凹模口与凸模内部通入冷水散热,以限制零件筒壁拉力传递区强度的降低程度,因而可获得较大的变形程度,适用于低塑性材料,如镁合金、钛合金和形状复杂零件的拉深成形。该方法的缺点是模具结构复杂,制造成本高。

3.脉动拉深

凸模并非连续工作,而是以脉动方式将板料拉入凹模。每个脉动行程长 $h = (0.1 \sim 0.2)f$, f 为压边圈在每个工作循环中的上抬间隙, $f = 0.05(1-m)d/m$。每个行程都允许产生小的皱褶,再用大的压边力将其压平,因此,可比普通拉深的拉深系数减少。如对盒形件一次脉动拉深可取代 3~4 次普通拉深。缺点是压边力大,需要脉动行程的专用设备。

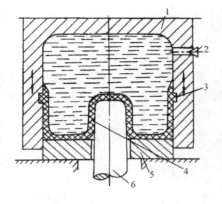
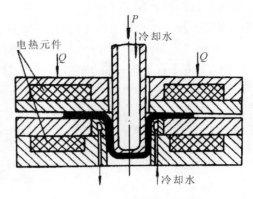

图 6.29 液压凹模拉深   图 6.30 局部加热拉深

1—高压容器;2—调压阀;3—橡皮囊;4—零件;5—压边圈;6—凸模

(2)深冷拉深。用液氮(−195℃)或液态空气(−183℃)通入凸模,将零件传力区冷却到−170~−160℃而被强化,可大大降低拉深系数。

二、变薄拉深

对子弹壳、高压容器等侧壁厚与底厚不等而高度很高的零件,可用变薄拉深方法加工。其成形特点是使板料的直壁部分通过比板料厚度略小的凸、凹模单边间隙受压变薄,使侧壁增高,零件侧壁厚度均匀,表面光滑,晶粒细密,强度提高。此外,因为变形区较小,所以拉深力减少,不致产生前述普通拉深(不变薄拉深)易出现的起皱现象,可省去压边圈,但所得零件的残余应力较大,需要回火。变薄拉深一般采用普通拉深所得的筒形件作为毛料。

6.5 冲压工业机器人技术

众所周知,冲压行业危险性较高。传统冲压由人工操作完成,存在安全事故隐患且工作效率较低。随着科技不断发展,冲压行业亟待一种更安全、高效、稳定的生产方案。工业机器人的应用,不仅大幅提升生产安全等级、提高了生产效率,同时也降低了生产成本。

一、概述

冲压机器人是指在自动化冲压加工工艺中,完成零件上下料,冲压设备间零件转运任务的工业机器人。冲压机器人按机械结构分为直角坐标型冲压机器人、圆柱坐标型冲压机器人、关节型冲压机器人。

1.一般要求

(1)冲压机器人应按规定程序批准的设计图样和工艺文件进行制造。

(2)制造冲压机器人所用材料及外购元器件、部件质量应可靠。

(3)冲压机器人的性能和功能应符合企业产品标准的规定。

(4)冲压机器人配套的备件、附件应能互换,并符合有关标准规定。

(5)线缆无污迹、损伤,使用过程中线缆不应妨碍本体运动。

(6)冲压机器人应适应高速、高振动性的工作环境。

(7)冲压机器人结构应便于使用和维护。

2.外观和结构要求

(1)冲压机器人整机表面应无杂物、油污、凹痕和锈蚀等影响外观的缺陷。

(2)文字、符号等标识、标志应清晰、端正。

(3)各关节零位和运动方向应明确标识。

(4)机械接口应符合通用性要求。

3.功能要求

(1)冲压机器人的开关、按钮、显示、报警及联轴装置,功能应正常。

(2)各种操作方式中,指令与动作应一致。

(3)冲压机器人限位功能应正常,零点无丢失。

(4)机器人系统应预留不少于 10 个 I/O 信号接口,针对冲压行业多机连线生产的工艺特点,机器人应包含以下信号接口:

1)机器人与其相邻的冲压设备之间应有安全运行互锁控制信号接口。

2)前后相邻工序的机器人之间应有安全运行互锁控制信号接口。

3)机器人和中间辅助设备翻转台、定位平台等之间应有安全运行互锁控制信号接口。

4.性能指标

冲压机器人的性能指标参数应在产品技术资料中标明,应包括额定负载、各轴运动范围、工作空间、最大单轴速度、重复定位精度、动作控制方式、位置稳定时间、输入输出接口和工作节拍等。

5.安全要求

(1)基本要求:冲压机器人应符合 GB 11291.1—2011 和 GB 1129.2—2013 的安全规定。

(2)保护接地:冲压机器人本体、控制装置、动力源都应有接地点。不能明显表明的接地点,应在其附近标注明显的接地符号,接地电阻≤0.1 Ω。

(3)绝缘电阻:冲压机器人动力交流电源与壳体之间绝缘电阻应不小于 1 MΩ,试验直流电压为 500 V。

(4)耐电强度:冲压机器人动力交流电源电路与邻近的非带电导体间,应能承受交流 50 Hz、电压有效值 1 500 V、持续 1 min 的耐电强度试验,无击穿、闪络及飞弧现象。

(5)持续运行:冲压机器人在额定负载和额定工作速度下,连续运行 120 h,工作应正常。运行中如出现故障,经排除后,重新启动工业机器人,但运行时间重新计算。

(6)噪声:冲压机器人在额定负载运行时产生的噪声应不大于 80 dB(A)。

(7)电源适应性:在额定负载条件下,当供电电网电压波动在额定电压的−10%～+10%时,冲压机器人工作应正常。

(8)可靠性:冲压机器人的可靠性用平均无故障时间和平均修复时间来衡量。平均无故障时间一般应不小于 5 000 h,平均修复时间不大于 30 min。

二、机器人自动化冲压生产线系统简介

1. 自动化冲压生产线形式

冲压自动化生产线的实现，主要有机械手式和机器人式两种形式，这两种形式冲压自动化生产线区别主要表现在以下几个方面：

(1)安装方式。机械手安装在压力机立柱间，附着在压力机上；机器人在地面安装，与压力机没有机械上的连接。

(2)使用特点。机器人通过端拾器的切换以及自身动作轨迹的调整，工作线更加柔性化。

(3)生产节拍。机械手冲压自动化生产线为(8～12)件/min，机器人冲压自动化生产线为(7～10)件/min。

(4)投资成本。机械手冲压自动化生产线投资成本高，机器人冲压自动化生产线投资成本低。因为生产节拍是一个综合指标，它不仅仅取决于某一设备，而且取决于自动化设备、压力机、模具三者的协调匹配关系，如达到10件/min以上，对压力机和模具的要求就相应提高，意味着投资增加。

综合考虑，机器人冲压自动化生产线(见图6.31)更加经济、适用、柔性更高；机械手冲压自动化生产线适于大间距的压力机生产线，同时适于已有生产线的自动化改造。

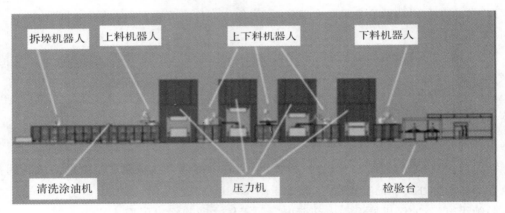

图6.31 机器人自动化冲压生产线系统

2. 机器人自动化冲压生产线

(1)机器人自动化冲压生产线的机械系统组成。

1)拆垛分张系统主要包括上料台车、拆垛机器人、磁性皮带机、板料清洗机、板料涂油机、视觉对中台，如图6.32所示。

2)上下料运输系统主要包括上下料机器人、端拾器、机器人底座等，如图6.33所示。

3)线尾检验码垛系统主要包括线尾皮带机、检验照明台等，如图6.34所示。

(2)机器人自动化冲压生产线的控制与安全系统组成。

1)自动化控制系统主要包括控制台、控制柜、示教器、气路及真空系统。

2)生产信息显示用的LED显示屏。

3)安全护栏和安全防护。

图 6.32 拆垛分张系统　　　图 6.33 上下料运输系统　　　图 6.34 线尾检验码垛系统

(3)机器人自动化冲压生产线的工艺过程,如图 6.35 所示。

机器人自动化冲压生产线运行循环方式为:垛料拆垛(机器人拆垛)—板料传输—板料清洗涂油—板料对中—上料机器人送料—(首台压力机冲压)—下料机器人取料、送料、(根据工序数量循环)—(末端压力机冲压)—线尾机器人取料、放料—皮带机输送—人工抽检码垛。

拆垛系统采用可循环式双垛料台,导轨布置平行于压力机,冲压板料用行车或叉车放置在非工作垛料台上,然后通过有效信号确认上料完毕,系统将在一台拆垛完成后自动转换垛料台,保证连续生产;在垛料车上配备磁力分张器,通过磁力将垛料自动拆垛成单张。在拆垛机器人上有双料检测及双料处理装置以保证每次为单张送料。拆垛机器人将板料放置在长度可调的磁性传送带上,板料送至清洗机、涂油机,涂油机为可编程智能涂油系统,板料是否涂油及涂油位置可通过编程自行设定,板料涂油后,传送到对中台。

对中系统采用视觉智能对中,可方便地进行移动和固定,同时使用视觉对中系统,保证板料的重复定位快捷、准确与牢固;上料机器人根据每个零件的对中位置,改变运行轨迹,将板料准确地搬运到压力机内;对不同的冲压零件进行机器人的模拟示教,离线编程,以适应多种零件的共线生产;线尾输送采用皮带机,在生产线的末端放置皮带机,保证最后一台压力机的机器人直接将零件放置到皮带机上,达到出件效果。通过皮带机传送到检验台上,由人工对零件进行抽检码垛。

利用高效智能使机器人跟踪压力机的运动,实现压力机与机器人同步功能,能够最大化上下料与压力机运动之间的重合度,达到平稳切换提高生产节拍的目的。

(4)机器人自动化冲压生产线的控制。机器人自动化冲压生产线包括拆垛机、清洗机、涂油机、对中台、上下料系统和线尾输送等系统,各分系统间的电气控制按照集中监控、分散控制的原则。在各部分控制系统中,采用设备层和控制层的典型控制模式,每个层次中使用不同的网络结构及软硬件配置,以实现各自不同的功能。

1)控制层。控制层的各部分控制环节采用具有现场总线形式的 PLC 控制方式,其最大的特点是具有单独控制以及连线自动控制的功能。为保证系统稳定可靠运行,可采用西门子公司 S7-416-2DP 的 PLC,现场总线可采用西门子 Profibus 总线及工业以太网控制系统。每个控制部分的 PLC 之间和各 PLC 与其上位机之间的数据交换采用工业以太网方式,同时监控系统也可以实现数据联网操作。压力机控制系统需要配备 Ethernet card 与机器人控制系统接口，控制系统与机器人系统间通过 Profibus – DP 现场总线形式实现信息的交换和操作接口的连锁对接。

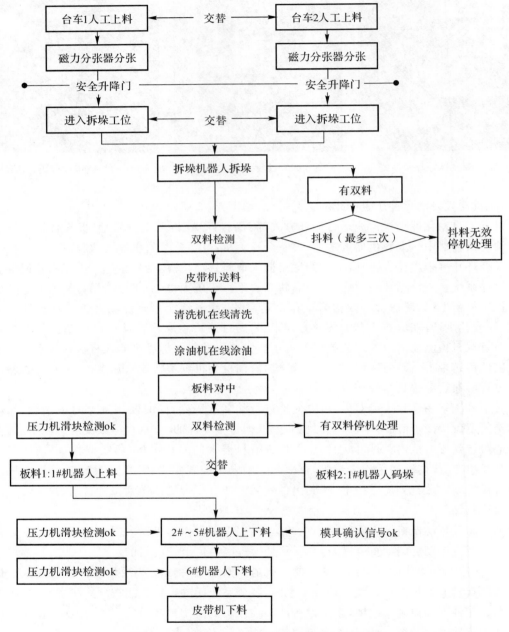

图 6.35　机器人自动化冲压生产线的工艺过程

2）设备层。设备层在整个控制系统中处于最底层，是整个系统的关键环节。设备层主要包括现场操作站、现场设备检测单元（光电开关、感应开关等）、现场执行机构（电动机、电磁阀等）以及现场其他输入设备等，这些单元直接或者通过现场总线与控制层中的 PLC 相联系，将各种输入信号发送给 PLC,同时还可将 PLC 输出的各项指令发送到现场设备。各种传感器以及阀门的接线盒,通过现场总线和相应控制单元通信。

3)人机界面 HMI。人机界面 HMI 是整个系统的人为操作的直接界面,起到一个非常重要的媒介作用,此界面可以直接将我们需要的指令传送到工业机器人的控制系统中,或者对现场的各项情况进行实时监控。人机界面 HMI 可以采用 SIEMENS 的触摸屏,在每个控制单元皆可安装一个人机交互界面,采用 Profibus 总线通信。单元触摸屏应具有指示灯以及操作按钮等基本的操作单元,这些单元保证人机交互界面能够及时显示错误报警以及自诊断等信息。这些单元相关的 I/O 信号在人机界面 HMI 显示以不同颜色区分,一旦有故障接点,系统将持续报警,人机界面 HMI 上将在当前画面显示故障点,以便操作人员查找。

(5)机器人自动化冲压生产线的安全系统。安全可靠是自动化生产线的核心要求,通过采用安全的 PLC 保护系统,并配置完善的安全装置,实时显示安全区域状况,及时发出声光报警信号或停机,与主 PLC 系统通信采用 Profibus - DP 总线。声光报警单元作为整线安全系统的辅助工具,能够在设备启停、设备故障、上下料故障以及安全系统中各安全监控点报警等异常状况发生时及时通知操作人员处理。

机器人自动化冲压生产线都处在安全围栏中,整个作业区为无人区,如果程序员和维修人员想进入该区域,只能通过设在冲压生产线首、尾和各压力机之间的安全门。安全门是通过一个电气机械锁和 PILZ 安全系统来锁定的,通过一个行程开关和带钥匙的安全锁来检测门的状态。该门打开时,冲压生产线的所有机器人的动力切断(处于编程模式的机器人除外)并且导致失去工作单元安全的检测。在该出入门打开时,如果压力机物流方向上游或者下游光电感应开关被遮光,压力机循环许可被取消。

在拆垛系统前设有升降门,升降门的开闭与两个垛料台的转换互锁,当一个垛料台无料时,另一个垛料台进入前,升降门打开,垛料台车开进;当前一个垛料台车开出时,升降门落下。升降门是电动升降,并且由操作员从相应的操作台控制,在关闭时它们检测 2 个行程开关,打开时用一个传感器检测。在保证工作单元安全的情况下,一个光幕单元(发射器/接收器)允许相关的垛料台车的进出,也就是说冲压线自动运行。如果相关的垛料台车不是处于过渡阶段,而是人或异物阻挡光幕,这个光幕单元的断开将导致整个冲压线机器人动力的切断(除了处于编程模式的机器人),并且拆垛单元的控制回路电源断开。

整个控制系统的所有紧急停止信号以及压力机和机器人之间的安全连锁信号都连入安全PLC 系统,通过 PLC 程序进行互锁控制。

安全·小·提示

拉深成形安全操作规程如下:

(1)工作时不能谈话,不能有任何分散注意力的事情。

(2)检查机床各部分工作是否正常,发现问题要及时修理。接上一班工作时,一定要很好地检查机床是否启动过,绝不可不经检查就开车生产,否则易因插板下调而造成事故。

(3)在安装、拆卸较重的模具需吊车时,应严格遵守吊车安全操作规定,并检查钢丝绳、吊环、挂钩是否安全可靠。吊运时,零件均匀抬高,抬运时,动作协调一致。在调整模具时,手不能进入模具危险区。

（4）机床启动后稍等几分钟,待电动机和飞轮的转速正常后,再开始工作。

（5）送大料时,注意材料不能和传动部位相碰;送小料时,用镊子。

（6）脚踩开关以后,要立即挪开。

（7）在试模过程中,要特别注意不允许超冲程操作。

（8）有顶件器或带压边圈的模具,须调整缓冲器到合适的压力。

（9）两人共同操作时,应有主有从,应听从操纵开关人员的指挥。

（10）干完活要切断总电源,用风的机床要关闭风,清理工作台面并润滑机床。

思 考 题

1.什么叫拉深成形? 拉深成形可以成形哪些零件?

2.筒形件拉深过程是怎样的?

3.筒形件拉深过程中可分哪几个区? 简述各区材料变形特点。

4.什么叫拉深系数? 拉深系数有何意义?

5.筒形件拉深过程中的凸耳是怎样形成的? 如何处理?

6.简述拉深过程材料起皱的原因和条件是什么? 防皱措施有哪些?

7.拉深过程中的破裂是怎样产生的?

8.什么叫拉深性? 其影响因素有哪些?

9.拉深工艺须确定哪些主要参数?

10.筒形件的拉深次数含义是什么? 有何意义?

11.简述拉深常见质量故障、产生原因及排除方法。

12.拉深模具是如何分类的?

13.什么是拉深复合模? 有何优、缺点?

14.筒形件拉深过程中主要有哪两类摩擦力的作用? 为什么要涂润滑剂?

15.拉深模具如何进行安装与调整?

16.常见的特殊拉深有哪些?

17.简述冲压机器人概念及其功能、安全要求。

18.自动化冲压生产线形式有哪几种? 它们的区别主要表现在哪几个方面?

19.简述机器人自动化冲压生产线的工艺过程。

第7章　橡皮成形

内 容 提 示

橡皮成形是航空、航天等钣金零件的主要加工技术之一。本章主要讲述橡皮成形的基本原理、成形过程、成形方法、成形特点、成形设备、成形模具及成形相关工艺知识等。

教 学 要 求

(1)理解橡皮成形的基本原理。

(2)了解橡皮成形设备的原理和简单构造。

(3)掌握橡皮成形的工艺过程。

内 容 框 架

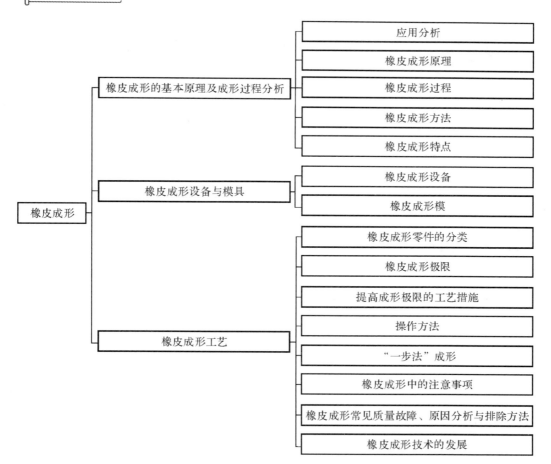

7.1 橡皮成形的基本原理及成形过程分析

一、应用分析

在制造航空飞行器的框肋结构钣金件时,会碰到以下两种特殊问题:一是框肋零件结构复杂,通常是平面带弯边,变斜角,外缘为变曲率的复杂形状零件,并且零件上一般分布有减轻孔和加强埂,此外还有为保证零件装配时飞机外形的平滑而在弯边上压制的下陷等;二是框肋类零件钣金件的品种多,数量少,许多框肋钣金件在一架飞机上只用几件。对于上述特殊问题,在航空工厂通常用橡皮成形法解决。橡皮成形零件如图7.1所示。

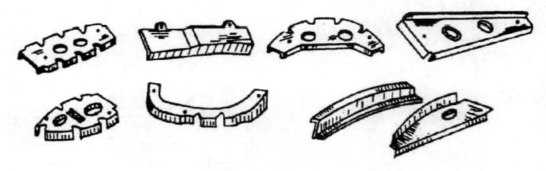

图 7.1 典型橡皮成形零件

二、橡皮成形原理

橡皮成形的原理如图7.2所示。利用橡皮或充满液体的橡皮囊做通用上模,在压力(液体压力)作用下将毛料包贴在刚性下模上成形,叫作橡皮成形,又称液压成形。

三、橡皮成形过程

图7.2(b)毛料3用销钉6固定在压形模5上,压形模置于垫板4上,在容框1内装有橡皮2。当容框下行时,橡皮同毛料、压形模刚一接触,橡皮就紧紧压住毛料,毛料因有销钉定位而不会移动。随着容框继续下行,橡皮将毛料的悬空部分沿压形模压弯,形成弯边。但这时弯边还没有完全贴合压形模,随着橡皮压力不断提高,毛料弯边也就逐渐被压贴合,橡皮压力越大,弯边贴胎情况越好。

当橡皮承受高压时,它的行为特征如同液体。因此,当压力增高时,橡皮保持为模具的形状。具体地讲,橡皮成形过程一般包括成形与校形两道工序。

成形是使板料压靠到压形模的侧壁上,所需的压力并不高。校形是将成形中产生的皱褶和回弹消除,所需的压力很高。

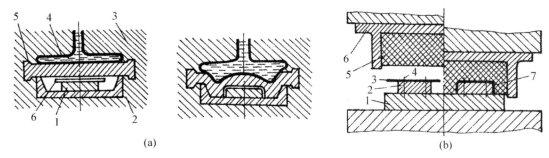

图 7.2　橡皮成形原理及成形过程

(a)1—压形模；2—工作台；3—机床框架；4—橡皮囊；5—橡皮外胎；6—毛料

(b)6—容框；5—橡皮；3—毛料；1—垫板；2—压形模；4—销钉；7—成品(零件)

四、橡皮成形方法

1.橡皮囊成形法(固定容框式)

在橡皮囊成形法中，通常使用一种有弹性的橡皮膜，橡皮膜被封闭管道系统中的油膨胀。膨胀的橡皮膜迫使板料成形为模具的形状[见图 7.2(a)]。

2.橡皮垫成形法(移动容框式)

在橡皮垫成形法中，采用充满厚橡皮板的容框，其目的是为了获得比较均匀和比较高的单位压力。一系列形状完全不同的钣金件能在压力机的一次行程中全部成形，生产效率高，表面质量好[见图 7.2(b)]。

五、橡皮成形特点

(1)生产效率高。采用大吨位的液压床，在同一工作台上可同时加工许多零件，因而提高了生产效率。

(2)表面质量好。零件成形时，橡皮接触材料表面，因而没有机械损伤。

(3)橡皮代替了凹模作用。零件成形只需要制造凸模(即压形模)，从而简化了模具构造，缩短了模具制造周期，并且降低了制造成本。

(4)试错法在该工艺中占有较大的比例，随着金属板料成形的有限元模拟和分析技术的逐渐成熟，已能利用模拟软件解决模具回弹补偿问题。

(5)材料的利用率较低。

7.2　橡皮成形设备与模具

一、橡皮成形设备

1.移动容框式(橡皮容框成形机)

图 7.3 在普通液压机的动横梁下吊装一个橡皮容框 5，横梁下行后，容框 5 与垫板 3 组成一个充满橡皮的空间。容框深度一般为 150～300 mm，为了保证橡皮的使用寿命，模具高度不宜超过容框深度的 1/3。橡皮种类对成形工作有很大的影响，要求橡皮具有一定的硬度、强

度、耐磨、耐油、便于加工,天然橡胶不能满足这些要求,而聚氨酯橡胶具有较好的性能,因而在橡皮成形中得到广泛应用。

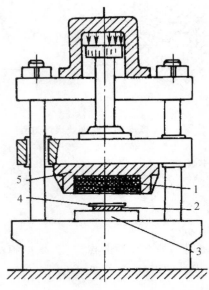

图 7.3 普通液压机装有橡皮容框
1—橡皮;2—成形模;3—垫板;4—毛料;5—容框

在成形过程中,将模具放在工作台上,在模具和橡皮垫之间是所需要成形的金属板料,在液压载荷作用下,工作平台向橡皮垫运动并迫使金属板料向模具方向运动,由于工作台面与容框处于很好的配合状态,发生变形的橡皮将使板料成形为模具形状。

移动容框式橡皮成形机通常有向上推进式和向下推进式两种。向上推进式橡皮容框机需要一个基底凹坑,以便工作高度能达到适当位置,并且能容纳底部的凸起。向下推进式橡皮容框机不需要特殊的基础,底部通常是平坦且有较大面积的区域,这使模具安放十分安全。在各式成形机的两侧配备有送料台,当传送较大尺寸板料时,一般由动力送料机构完成。

2.固定容框式(橡皮囊液压机)

图 7.4 为国产固定容框式液压机的横剖面和纵剖面的典型结构图。高压油经过进(出)油管进入芯板和橡皮内胎之间,油压使芯板上浮并使橡皮内胎、外胎的周边紧压容框的下底面,从而使高压油密封。同时高压油压迫橡皮内胎向下膨胀,充满工作台凹腔中所有的空间,将毛料紧紧地包贴在成形模上。

机床的工作循环如下。

(1)将成形模和毛料放在工作台上,盖上保护外胎用的辅助橡皮。

(2)内胎抽真空,将工作台送入压力筒内。

(3)向内胎通入高压油,增压达到所需的单位成形压力。

(4)卸压回油,内胎抽真空,使内、外胎复位。

(5)拉出工作台,取下零件或模具。

目前,橡皮囊液压机主要有两类:一类是框架式橡皮囊液压机;另一类为圆筒式橡皮囊液压机。

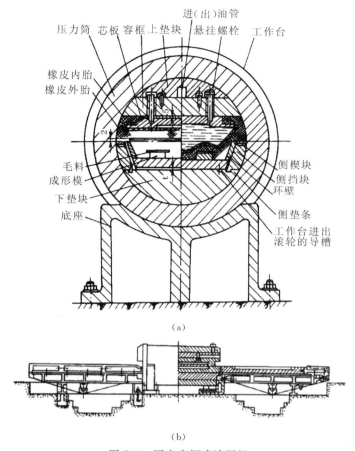

(a)

(b)

图 7.4 固定容框式液压机

(a)液压机横剖面典型结构图;(b)液压机纵剖面典型结构图

(1)框架式橡皮囊液压机。随着框肋零件厚度的增大和精度的提高,橡皮成形时,橡皮所能提供的单位压力也不断提高。目前我国航空工厂使用的橡皮囊液压机主要有(最大作用力)9 600 t(见图 7.5)和 77 000 t(见图 7.6)。

(a) (b)

图 7.5 9 600 t 框架式橡皮囊液压机

(a)工作原理图;(b)外观图

1—容框;2—内胎;3—外胎;4—工作台;5—压形模;6—成形零件

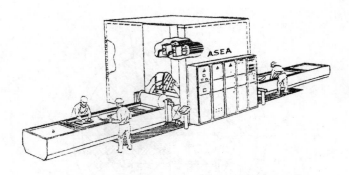

图 7.6 77 000 t 框架式橡皮囊液压机外观图

(2)圆筒式橡皮囊液压机。框架式橡皮囊液压机与橡皮容框成形机相比,结构要紧凑得多,但它的设计尚不完善,受力方式不够合理,因此近年来国际上通常采用圆筒式橡皮囊液压机(见图7.4)。这种液压机为钢丝缠绕式结构,其结构质量和功率消耗比同等吨位的框架式小得多。

二、橡皮成形模(又称压形模)

橡皮成形模为刚性半模,结构简单,工作时处于立体受压有利状态。

1. 橡皮成形模的材料

压形模的材料根据零件形状、尺寸以及产量选用,可以是钢、铝、夹布胶木、精制层板、塑料板和锌基铝铜合金等。精制层板比硬木(例如桦木)的强度大,抗压性较好,一般用于小批量生产。用铸铝或轧制铝板作模具时,模具的加工性良好,但强度低、易变形,不适用于制作形状细长及尺寸大的环形模具。钢板强度大、耐磨损、不易变形,但质量大、加工困难,适于制造几何形状复杂、细长而尺寸很大的零件用模。塑料板质量小、制造简单,但其强度和表面硬度较低,一般用于小批量生产。在飞机的研制阶段,一般多选用硬木作为模具材料。锌基铝铜合金的熔化温度不高,铸造性能和复制性能较好,并且有较高的硬度、强度及韧性。在美国、苏联以及日本等国家多用来制造压形模。

2. 橡皮成形模毛料的定位

(1)定位销。橡皮成形的毛料一般都采用展开料,以免除修边工序,故要求定位准确,至少要采用两个定位销,为减少定位销对橡皮的损害,应尽量采用大头活动销,如图 7.7(a)所示。如用固定定位销应采用如图 7.7(b)所示的橡皮帽(注意销钉头的形状及凸起高度)。

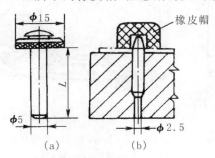

图 7.7 定位销

(a)大头活动销;(b)橡皮帽

（2）盖板。一般与定位销同时使用（见图 7.8）。

（3）侧定位板。侧定位板用于无法采用定位销的零件（见图 7.9）。

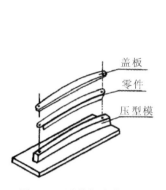

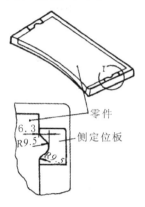

图 7.8 用盖板定位   图 7.9 用侧定位板定位

3. 橡皮成形模结构

（1）橡皮成形模的典型结构如图 7.10 所示。模具高度应比零件弯边高 10～15 mm，工作表面粗糙度 Ra 应达到 1.6 μm，与橡皮接触的非工作面应倒角或制圆角，模具上的减轻孔、加强窝可采用镶嵌结构。

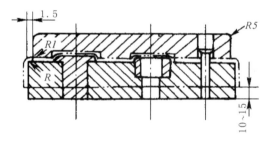

图 7.10 橡皮成形模

（2）成形闭斜角弯边零件，为便于取件，可采用可卸式结构（见图 7.11），设计有可卸模块。图 7.12 是另一种形式，零件一头大一头小，零件成形后可从一头抽出，毛料定位销安装在盖板上，斜块的作用是使橡皮能挤入模内，以成形小弯边。

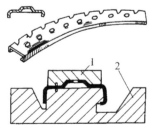

航向

图 7.11 可卸式模具   图 7.12 带保护盖板可抽出零件的成形模

1—保护盖板；2—带斜块的成形模

（3）尺寸大、断面小的成形模，必须采取加强措施（见图 7.13）。

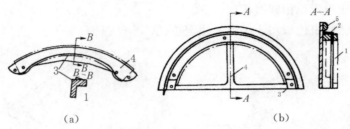

图 7.13　模具的加强方法

(a)局部加强；(b)加强肋条

1—盖板；2—成形块；3,4—加强条；5—防皱块

(4)具有反向弯边的零件，需要两套成形模分次压制，对有凸凹曲线弯边的零件，由于凹弯边比凸弯边贴模情况好，一般先压凹弯边(在飞机结构件中，一般凸弯边与蒙皮贴合，有理论外形要求，精度高，后压)，在第二道工序压制时，对已成形的弯边需要保护，如图 7.14(b)(c)所示。图 7.15 的反向弯边零件，可按图 7.15(b)(c)二次压制或图 7.16(d)(e)(f)三次压制。

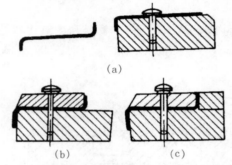

图 7.14　反向弯边分次成形

(a)弯边；(b)(c)对已成形的弯边保护

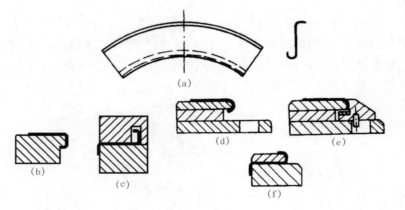

图 7.15　分二次或三次压制的反向弯边件

(a)反向弯边零件；(b)(c)分二次压制弯边；(d)(e)(f)分三次压制弯边

7.3 橡皮成形工艺

一、橡皮成形零件的分类

1. 按零件结构及工艺特点分六类(见表 7.1)

表 7.1 按零件结构及工艺特点分类

序号	零件截面	分类名称	备 注
1	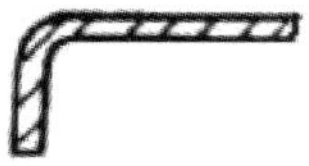	单面弯边零件	一次成形
2		同向双弯边零件	一次成形
3	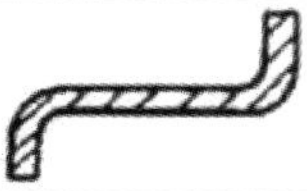	反向双弯边零件	二次成形
4	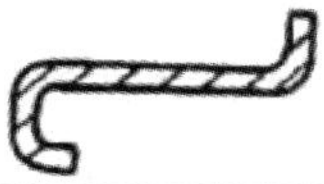	带加强弯边的反向双弯边零件	二至三次成形
5	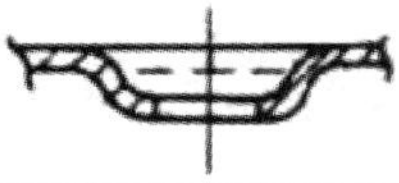	平面内翻边零件	一次成形
6	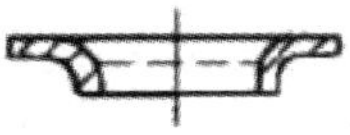	其他(如冲孔制加强窝等)	一次成形

2. 按变形特点分为两类(见表 7.2)

表 7.2 按零件变形特点分类

分类	分类名称		变形特点
1	直线弯边[见图 7.16(a)]		弯边简单,成形时主要选定弯曲半径和回弹角,弯边高度取决于容框深度
2	曲线弯边	凹曲线弯边[见图 7.16(b)]	弯边部分材料伸长变薄,易产生裂纹,最大弯边高度决定于材料的最大延伸率、材料种类、零件厚度、毛料边缘的光洁情况和冷作硬化的程度
		凸曲线弯边[见图 7.16(c)]	弯边部分材料缩短变厚,易起皱,皱纹形成取决于材料的种类、厚度、弯边高度和平面上的曲率半径,橡皮单位压力和模具构造

二、橡皮成形极限

1. 直线弯边成形极限

直线弯边成形极限是指直线弯边零件在一次弯曲成形过程中,圆角部分不产生破裂的最大变形程度,通常用最小弯曲半径表示。直线弯边零件在成形过程中,零件的弯曲半径应大于或等于最小弯曲半径。

2. 凸曲线弯边成形极限

凸曲线弯边成形极限是指凸曲线弯边零件在一次弯边成形过程中,弯边部分不产生皱褶的最大变形程度,通常用极限弯边系数 $K_e(K_凸)$ 表示。

通常凸曲线弯边成形系数为

$$K = \frac{H}{R_{零件} + H} \times 100\% \approx \frac{H}{R_{零件}} \times 100\%$$

式中:K 为弯边系数;$R_{零件}$ 为零件平面内曲率半径;

H 和 $R_{零件}$,$R_{毛料}$ 等结构参数如图 7.16(c)所示。

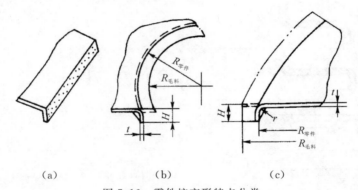

（a）　　　　　　　（b）　　　　　　　（c）

图 7.16　零件按变形特点分类

（a）直线弯边零件;（b）凹曲线弯边零件;（c）凸曲线弯边零件

凸曲线弯边零件成形的条件为 $K \leqslant K_e(K_凸)$。如果弯边系数超出极限数值,原则上就应分次成形,并进行中间热处理。

极限弯边系数 $K_e(K_凸)$ 的大小与材料种类、性能、状态、厚度、成形压力、成形温度、橡皮硬度等有关。材料厚度为 $0.5 \sim 3.0$ mm,$R_{零件}$ 在 1 000 mm 以下的凸曲线弯边零件极限弯边系数见表 7.3。

表 7.3　凸曲线弯边零件极限弯边系数

材料	成形条件		极限弯边系数/(%)		材料	成形条件		极限弯边系数/(%)	
	单位压力/MPa	温度/℃	不要修整	要修整		单位压力/MPa	温度℃	不要修整	要修整
2A12M（LY12M）	7.5～10	常温	3～4	10～20	MB8	7.5～10	300	4.5～5.5	10～20
	40	常温	3～10						

续表

材料	成形条件		极限弯边系数/（%）		材料	成形条件		极限弯边系数/（%）	
	单位压力/MPa	温度/℃	不要修整	要修整		单位压力/MPa	温度℃	不要修整	要修整
7A04M (LC4M)	7.5～10	300	3～4	10～20	TA2	7.5～10	300	1.0～1.5	
	40	常温	3～10		TA3	40	常温	0.5	4.5～14

注：在材料厚度较小或零件的凸曲线半径较大时，采用较小的数值，反之取较大的数值。

3. 凹曲线弯边成形极限

凹曲线弯边成形极限是指凹曲线弯边零件在弯边一次成形过程中，弯边部分不产生破裂的最大变形程度，通常用极限弯边系数 K_L（$K_凹$）来表示。

通常凹曲线弯边成形系数为

$$K = \frac{H}{R_{零件} - H} \times 100\%$$

式中：K 为弯边系数；$R_{零件}$ 为零件平面内曲率半径；

H 和 $R_{零件}$，$R_{毛料}$ 等结构参数如图 7.16(b)所示。

凹曲线弯边零件成形的条件为 $K \leqslant K_L$（$K_凹$）。如果弯边系数超出极限数值，原则上就应分次成形，并进行中间热处理。

极限弯边系数 K_L（$K_凹$）的大小与材料种类、性能、状态、厚度、成形压力、毛料边缘的粗糙度、加工硬化程度、弯边高度等有关。材料厚度为 0.2～0.8 mm，凸曲线弯边零件极限弯边系数见表 7.4。

表 7.4 凸曲线弯边零件极限弯边系数

材料	单位压力/MPa	极限弯边系数/（%）	附注
2A12M(LY12M) 7A04M(LC4M)	7.5～40	15～22	新淬火状态下成形
MB8	≥7.5	85～104	加热温度为 300℃
TA2,TA3	30～40	40～50	加热温度为 300℃

注：在材料厚度较小或零件的凹曲线半径较大时，采用较小的数值，反之取较大的数值。

三、提高成形极限的工艺措施

1. 提高凸曲线弯边成形极限（消皱）的措施

(1)橡皮成形后手工修整消皱。

(2)提高橡皮硬度和相应提高单位成形压力。

(3)采用硬度和刚度都较大的辅助成形块提高局部压力，其中以塑料盖最为简便（见图7.17），压盖用 6～12 mm 厚的聚氯乙烯塑料板加热到 120℃，放在套有零件的成形模上，用橡皮加压使塑料成形，冷却后修边便可使用。图 7.18 为无须完整压盖的局部校正块，校正块可直接用低熔点合金在成形模上浇铸。

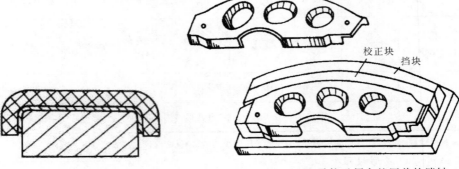

图 7.17　塑料压盖消皱　　　　　图 7.18　零件无须完整压盖的消皱

　　(4)采用带防皱块的模具,图7.19是带防皱块的模具。图7.20是它的工作过程。毛料被橡皮压在防皱块上,在橡皮的压力下毛料沿防皱块的斜面下滑,防皱块和橡皮的压紧力起到一定的压边作用,故能有效地提高成形极限。

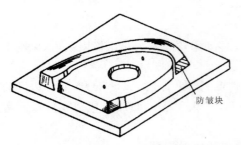
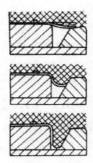

图 7.19　带防皱块的模具　　　　图 7.20　防皱块模具工作过程

　　(5)采用刚性凹模成形(见图7.21),凸缘是在被橡皮压住的情况下成形,橡皮起到了通用凸模和压边圈的双重作用。其主要适用于浅拉深件。

　　(6)有的零件允许将皱纹保留于零件弯边上(见图7.22)。这种有控制的皱纹称为花槽,航标 HB0-19-14,HB0-20-24 规定了花槽的几何形状。

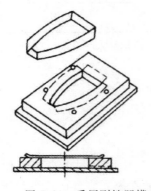
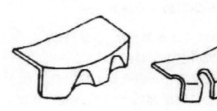

图 7.21　采用刚性凹模成形　　　　图 7.22　允许起皱

2.提高凹曲线弯边成形极限的措施

提高凹曲线弯边成形极限的主要方法是多次成形,其模具采用如图 7.23 所示有衬圈的模具或如图 7.24 所示可储料的模具。

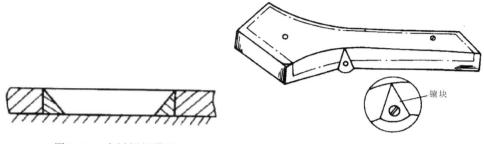

图 7.23　有衬圈的模具　　　　图 7.24　储料形式

四、操作方法

1.直线弯边零件的成形

特征:结构简单,无孔(见图 7.25)。

操作步骤:

(1)领取展开料。

(2)按展开样板划线钻销钉孔,去毛刺,擦净油污。

(3)将毛料按弯边方向套在模具销钉上。

(4)开动液压机压制成形。

(5)淬火。

(6)校正。

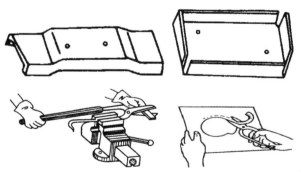

图 7.25　直线弯边零件

2.带结构孔同向弯边零件的成形

特征:弯边带下陷,腹板上制有翻边孔、加强孔、减轻孔及加强筋(见图 7.26)。

操作步骤:

(1)对无法成形的结构孔应预先成形。

(2)对深度大于 4 mm 的下陷,应预先手工敲打贴模。

(3)装配孔在淬火校正后钻出。

（4）其余同前。

图 7.26 带结构孔同向弯边零件

3.带结构孔异向弯边零件的成形

特征：异向弯边，带下陷，带孔（见图 7.27）。

操作步骤：异向弯边需用两套模具分次成形，其余同前。

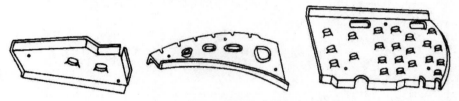

图 7.27 带结构孔异向弯边零件

4.复杂弯边零件的成形

特征：环形，月牙形，带孔，尺寸大（见图 7.28）。

操作步骤：除上述方法外，对难成形部位，在压制前预先手工局部成形，再用液压机压制成形。当弯边高度大于腹板面宽度时，在腹板上要加盖板，以防止材料向弯边外转移而使零件报废。

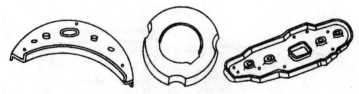

图 7.28 复杂弯边零件

五、"一步法"成形

"一步法"成形是利用铝合金板料经淬火后，采用低温储存的方法，保持铝合金板料在新淬火状态下的良好塑性，并以机械化手段一次完成新淬火板料的成形与校形工作。

一般情况下，铝合金在淬火后常温下的时效期为 2 h 左右。如将新淬火的毛料存放在低温冰箱内（储料的标准温度为 −20～−15℃，最低达 −100℃）则时效时间可延长至 72 h。这样就为新淬火毛料留有充分时间，以便经一次成形压成零件，从而大大提高生产率。

在"一步法"成形中，主要的设备有高压橡皮成形机床（单位压力达 70 MPa）、低温室（冷藏箱）、多轴滚校平机以及无齿收缩机。低温室有活动式钢结构或固定式砖结构。低温室以硬质聚胺酯泡沫为绝热材料，箱体为一整体，机器房设在箱外。低温室为工作间和预冷间，中间有拉门，室内有电灯照明，室顶部装有蒸发器。低温室有温度自动控制装置，使温度始终保持在要求的温度范围内(−20～−15℃,美国波音公司规定为−40℃)。低温室的容积必须能满足生产中需要低温保存的板料的最大尺寸要求。

多轴滚校平机是把下料工序的平板件经热处理而产生的变形加以校平,使其符合钣金零件技术条件所要求的平整度。

此外,钣金零件在压形模上压制成形过程中,由于弹性变形与压形模不完全贴合或零件热处理后应力应变分布不均匀而引起变形,可使用收缩机将零件松边面收缩增厚,以达到贴胎要求,同时使修整的钣金零件表面不受损伤,从而获得满意的表面质量。

"一步法"成形的典型工艺流程如图 7.29 所示。

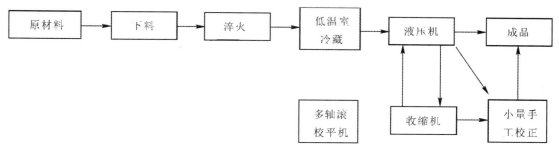

图 7.29 典型零件工艺流程

六、橡皮成形中的注意事项

(1)在毛料上覆盖 10～20 mm 橡皮板以保护橡皮垫不受损坏。

(2)不允许使用有故障(压伤、压瘪、切削刃口已钝、销钉弯曲)的成形模,模具非工作部分要圆滑。

(3)合理摆放零件,如大零件中摆放小零件,以提高生产效率,同时应对称安放,模具高度一致,不使机床承受偏心载荷。

(4)当成形厚零件时,为了增加成形零件的局部压力,在毛料上放厚度为 40～60 mm 的橡皮板。

(5)超过成形极限的弯边要先手工预制。

(6)为了吸收水分和便于橡皮的流动,每天使用前用滑石粉将橡皮表面擦拭一遍。

(7)在毛料延伸处(如翻边孔,加强槽的近处)应放上 10～15 mm 厚的铅板(见图 7.30)以防皱,如果仍有皱纹,则应在第一次成形后用橡皮条消除皱纹,然后才能继续进行成形和校正。

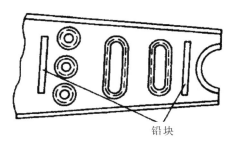

铅块

图 7.30 铅块防皱

七、橡皮成形常见质量故障、原因分析与排除方法(见表 7.5)

表 7.5 橡皮成形常见质量故障、原因分析与排除方法

序号	故障内容	原因分析	排除方法
1	弯边皱褶	(1)凸曲线弯边件曲率半径大,材料收缩多。 (2)单位压力不够	(1)选用单位压力大的压床。 (2)采用带消皱埂的压模。 (3)预先手工成形变形大的边。 (4)在毛料相应部位放辅助橡皮
2	弯边裂纹	(1)凹曲线曲率大,材料展放超过承受能力。 (2)边缘不光滑,产生应力集中。 (3)多次成形、加工硬化	(1)局部预先手工放边成形。 (2)砂光边缘。 (3)增加成形次数并安排中间退火
3	销钉孔边缘变形	(1)销钉变形,歪斜。 (2)毛料未套在销钉上	(1)及时排故。 (2)细心操作
4	外形不符合制造依据	(1)模具制造超差。 (2)模具变形	(1)检查排故。 (2)改进结构并加强模体
5	弯边斜角不对	(1)回弹。 (2)单位压力不够	(1)模具修回弹角。 (2)选用高单位压力机床。 (3)模具设计消皱埂,并在相应部位放辅助橡皮块

八、橡皮成形技术的发展

橡皮成形是航空、航天等钣金零件的主要加工技术之一。目前世界上拥有大吨位液囊式和橡皮垫式液压机 250~300 台,当前橡皮成形技术的发展趋势主要表现为以下几方面。

1.提高单位压力,改善零件表面质量,减少修整工作量

现在世界上大型的液压机为 120 000 t,工作压力达 100 MPa,其用途已不再局限于铝合金零件,而将橡皮成形扩大到落压件、黑色金属钣金件和汽车工业的覆盖件等方面。

2.橡皮垫式液压机继续得到发展

这种机床的优点是生产效率高,循环周期短;单位压力可通过加内套容框、减小容框与工作台面积获得提高。例如 26 000 t 橡皮垫式液压机压力从 70 MPa 可提高到 250 MPa。另装一加热平台或电炉,可进行加热橡皮成形的液压机和橡皮垫都很耐用,对操作工人技术水平要求较低,便于用电子计算机控制和容易实现有节奏的流水作业。

3.模具方面

大量采用高密度硬质木层板。模具修回弹并普遍采用消皱和侧压措施。

4.有限元数值模拟技术应用

随着计算机技术和有限元理论的发展,采用有限元模拟对成形过程进行仿真已经得到了快速发展。目前的仿真软件大致可分为三类:动力显式软件、静力显式软件和静力隐式软件。动力显式软件最初是为冲击、碰撞问题的仿真而开发的,采用中心差分算法,不需要刚度矩阵

的集合,不存在收敛性问题,特别适合于大型覆盖件的模拟计算,但它有固有的缺陷,即为了得到显著的计算优势,必须人为地放大真实的凸模速度,另外,它的回弹、起皱计算能力较差,典型软件有 LS‑DYNA3D,PAM‑STAMP,OPTRIS,ABAQUS‑Explicit,DYNAFORM;静力显式软件采用率形式的平衡方程和向前的欧拉立式法,由于它不须迭代求解,一方面避免了收敛性问题,但另一方面却使结果逐渐偏离真实解,因此必须采用很小的加载步长,计算效率并不高,典型软件有 ITAS3D,ROBUST;静力隐式软件从理论上讲最适合车身覆盖件的冲压成形问题,计算结果也是无条件稳定的,但是它存在收敛性问题,由于接触状态的改变,容易引起收敛速度变慢或发散,从而使计算难以进行下去,另外,计算效率低也是它的一个不利因素,典型软件有 AUTOFORM,MTIFRM,FORM‑3D,MARC,SIMEX,ABAQUS‑Standard。综合考虑,橡皮成形过程回弹较大,可采用 PAM‑STAMP 软件模拟(PAM‑STAMP 2G 工具是国际上第一个集成了光顺几何算法的商业有限元软件 Panelshop),图 7.31 为基于 PAM‑STAMP 2G 的模具补偿回弹控制流程。

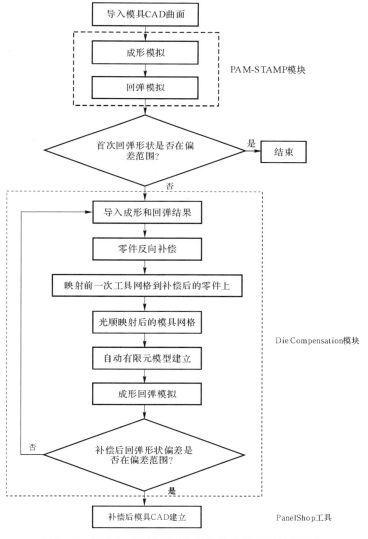

图 7.31　PAM‑STAMP 2G 的模具补偿回弹补偿流程

PAM - STAMP 具有丰富的后处理功能,可以输出等值线、FLD 云图以及各物理量的显示与测量等。应力应变与厚度的等值线图和云图显示,可以直观观察出应力应变和厚度分布情况;金属板料成形极限图 FLD 的显示,可以直观和方便地判断薄板的金属板料成形性;二维和三维零件的截面图则可以采用截面剖切面方式得到要求的特殊截面,观察目标参数情况,并可以输出结果数据文件;各种参数与时间的关系曲线和在变形过程中的各种物理量的动画显示与分析。

安全·小·提示

橡皮成形安全操作规程如下:

(1)过重的成形模需吊车起吊时,事先要检查钢丝绳、吊环、挂钩是否安全、可靠,模具起吊过程中不准从人的头顶上腾空跃过。

(2)机床操作者要按各种型号液压机床安全操作规程进行操作。

(3)压制过程中,不许超过额定压力。

(4)多人操作时,应统一指挥,动作协调一致。

(5)工作后,关闭电源、水门,整理好设备、工具、工作场地。

思 考 题

1.原理是什么?橡皮成形适合于制造哪些零件?

2.橡皮成形有什么特点?

3.橡皮成形设备分为哪几类?各类原理是什么?

4.制造橡皮成形模有哪些材料?如何应用?

5.橡皮成形模毛料一般采用什么定位?

6.橡皮成形零件按零件结构及工艺特点分为哪几类?

7.橡皮成形零件按变形特点分为哪几类?

8.何谓直线弯边成形极限、凸曲线弯边成形极限和凹曲线弯边成形极限?凸曲线弯边成形极限和凹曲线弯边成形极限通常用什么符号表示?

9.提高成形极限的工艺措施有哪些?

10.何谓"一步法"成形?其典型工艺流程是什么?

11.液压成形中的注意事项有哪些?

12.简述橡皮成形常见的质量故障、产生原因及排除方法。

第8章 拉形成形

内容提示

在航空工业,拉形成形主要用于制造曲率变化较平缓的大型钣金件,特别是用于一般工艺方法难以加工的蒙皮件的成形,如机身、起落架舱、整流蒙皮、前缘蒙皮等。本章主要讲述拉形成形的应用与基本原理、拉形设备工作原理及结构、拉形模材料及结构、拉形成形方法及工艺过程等。

教学要求

(1)了解拉形成形的基本原理。
(2)了解拉形设备的工作原理和结构。
(3)了解拉形模的种类、结构和所用材料。
(4)掌握拉形成形的工艺过程。

内容框架

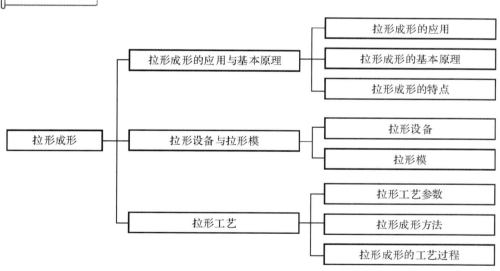

8.1 拉形成形的应用与基本原理

一、拉形成形的应用

所谓拉形成形,就是毛料按拉形模在拉伸机上拉伸成形。拉形成形适合成形外形尺寸大、厚度小、表面质量要求高的双曲度零件。在航空工业,它主要用于制造曲率变化较平缓的大型钣金件,特别是用于一般工艺方法难以加工的蒙皮件的成形,如机身、起落架舱、整流蒙皮、前缘蒙皮等。

拉形成形的方式有纵拉和横拉两种(见图8.1)。

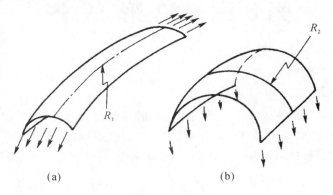

图 8.1 拉形成形方式

(a)纵向拉形;(b)横向拉形

对于长而纵向曲率大的双曲度蒙皮,采用纵拉;对于横向曲率大的双曲度蒙皮(如马鞍形蒙皮),采用横拉。对于带有凸或凹鼓包的蒙皮零件,还需要在蒙皮拉伸机上装有加压装置(见图8.2),在加压装置上安装并固定凹(或凸)模,边拉伸边对凸或凹鼓包加压方可,否则该部位难以贴模(见图8.3)。

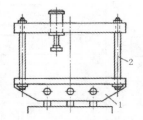

图 8.2 装在工作台上的加压装置

1—下工作台;2—上工作台支柱

图 8.3 用小凸模成形局部凹陷

二、拉形成形的基本原理

拉形成形的基本原理是利用弯曲和拉伸的作用,使板料与模胎的型面全部贴合而成为双曲度零件的成形过程。下面以横向拉形为例说明(见图8.4)。

先将毛料 1 按拉形模 2 弯曲,两侧用拉形机的钳口 3 夹紧,然后由升降工作台 4 带动拉形模 2 向上顶,毛料 1 被拉紧,这样一直拉到贴模为止。

拉形成形过程大致可分为三个阶段(见图8.5)。

在拉形成形过程中,板料的变形为弯曲、拉

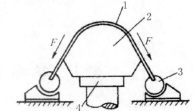

图 8.4 拉形成形原理

1—毛料;2—拉形模;3—钳口;4—升降工作台

伸两种形式。在开始阶段板料为弯曲变形。在弯曲的同时,进入拉形的中间阶段,拉形模继续向上顶,毛料受拉力而产生塑性变形。这时毛料明显地区分为与拉形模表面贴合的成形区 A 及悬空部分的传力区 B 两部分(见图 8.6)。当拉形继续进行,一直拉到整个毛料内表面与拉形模表面贴合为止时,传力区 B 逐渐缩小,一直缩小到拉形模边缘与钳口之间部分。由于传力区不与拉形模接触,没有模具表面的摩擦作用,毛料易变薄,同时夹头处应力集中影响,故此区域易被拉断,所以在拉形过程中,必须时刻注意并采取措施,防止拉废零件。

当拉到毛料完全贴模时,再进行少量拉伸(即补拉),以便减少回弹,提高成形精度。

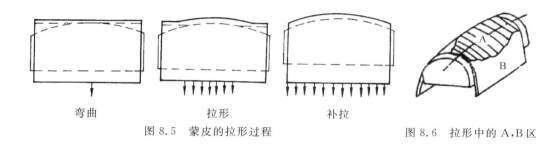

弯曲　　　　　　　　　拉形　　　　　　　　补拉

图 8.5　蒙皮的拉形过程　　　　　　　图 8.6　拉形中的 A,B 区

三、拉形成形的特点

(1)零件表面质量好,外形准确度高。

(2)模具构造简单,生产准备周期短。

(3)材料利用率低,要求工人具有较高的操作熟练程度。对于形状复杂的蒙皮,在拉形过程中要穿插劳动强度较大的手工修整工作。

8.2　拉形设备与拉形模

一、拉形设备

拉形机是完成拉形工作的主要设备,常用的拉形设备有以下几种。

1.台动式拉形机

台动式拉形机是单靠工作台的上升带动拉形模来完成拉形工作的,其结构及原理如图8.7所示。多数台动式拉形机用于横向拉形成形。

托板 1 可沿床身滑轨 9 前后移动,钳梁 2 铰接在托板 1 的上部;夹钳 3 装在钳梁 2 的 T 形槽内,每侧由 11 个组成。为适应拉形模的外部形状,便于拉形,夹钳 3 可前后调整。钳梁 2 由油缸 4 带动,可绕与托板 1 相铰接的轴转动 75°。工作台由油缸 5 的活塞带动升降。

机床的传动部分由机械传动、液压传动和气压传动组成。

机械传动用来移动钳梁。电动机 6 通过蜗轮减速器 7 带动传动丝杠 8 旋转,使托板 1 前后移动。通过电动机 6 换向,使传动丝杠 8 正反旋转,托板 1 便移近或离开工作台。由于托板 1 的两端分别由独立的传动系统带动,因此可使钳梁平行于工作台,也可一端移动,使钳梁的轴线与工作台的轴线成某一角度,最大调整角为 8°,适应夹钳距拉形模一定的距离。

液压传动用来升降工作台和转动钳梁,是两个独立部分。在工作中,根据实际需要使工作台一端升一端降(即使工作台倾斜)。

夹钳的钳口张开或夹紧毛料是通过气压系统传动的。

机床的工作原理就是把毛料夹紧在两排夹钳的钳口内不动,工作台顶拉形模上升,把毛料拉成所需要的形状。

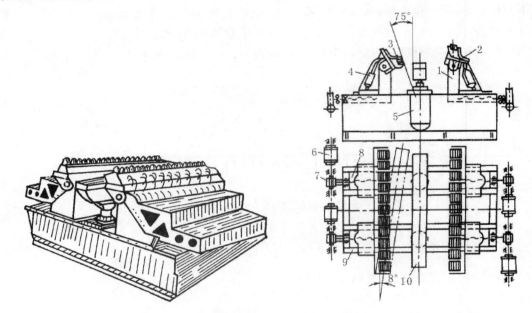

图 8.7 台动式拉形机结构及原理

1—托板;2—钳梁;3—夹钳;4—旋转钳梁油缸;5—升降工作台油缸;

6—双向电动机;7—蜗轮减速器;8—传动丝杠;9—床身滑轨;10—工作台

2. 台钳复动式拉形机

台钳复动式拉形机是工作台和钳口同时动作完成拉形工作的。工作台与钳口也可单独动作,其结构及原理如图 8.8 所示。台钳复动式拉形机主要用于纵向拉形成形。

托板 9 由传动丝杆 13 及托板螺母 12 带动沿床身滑轨 10 移动,拉形油缸 7 和回转钳口油缸 8 用铰链铰接在托板 9 上,装有钳口 1 和钳口油缸 5 的平板 6 固装在拉形油缸 7 的活塞杆前端。工作时,毛料 2 装在钳口 1 中,由钳口油缸 5 夹紧,在回转钳口油缸 8 的作用下,拉形油缸 7 绕托板 9 的铰点轴转动而带动平板 6,使钳口 1 所夹的毛料 2 与拉形模 4 的型面曲线相切。毛料 2 的拉形,由升降工作台油缸 11 带动工作台 3 和拉形模向上顶,拉形油缸 7 使钳口 1 向外拉,完成拉形。

机床的传动部分由机械传动和液压传动组成。机械传动是电动机通过蜗轮减速器带动丝杠转动移动托板;依靠电动机的换向,使托板移向工作台或离开工作台。液压传动分工作台升降、钳口夹紧与回转、拉形零件三个独立系统。

有的拉形机,装有上工作台,可以控制外形曲度复杂的零件及带有凸或凹鼓包的零件。

3. VTL – 1000 拉伸成形压力机

除了上述两种拉形机外,欧美各国和俄罗斯还有其他形式的拉形机,如近几年我国进口的 TRETCHFORMPRESS(VTL – 1000 – 160cJ – 480),简称 VTL – 1000 拉伸成形压力机(见图 8.9)。

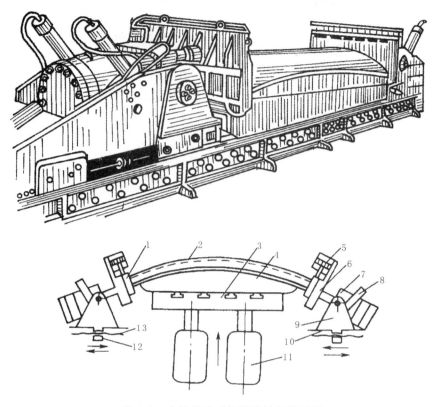

图 8.8　台钳复动式拉形机结构及原理

1—钳口；2—毛料；3—工作台；4—拉形模；5—钳口油缸；6—平板；7—拉形油缸；8—回转钳口油缸；
9—托板；10—床身滑轨；11—升降工作台油缸；12—托板螺母；13—传动丝杠

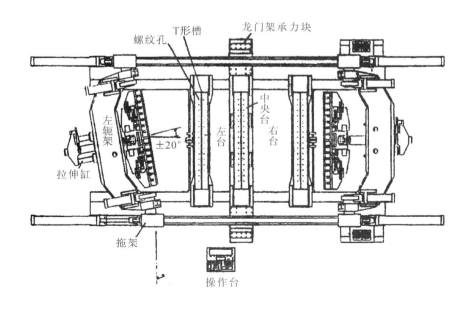

图 8.9　VTL-1000 拉伸成形压力机

续图 8.9　VTL－1000 拉伸成形压力机

VTL－1000 拉伸成形压力机最大拉伸吨位为 1 000 美吨(907 t)，最大可加工长 12 m、宽 4 m、厚 10 mm 的各类铝板、钛板及钢板等复杂蒙皮零件。它采用微机进行 CNC 控制，具有相切跟踪、屈服点探测和记录反复使用等功能。钳口可实现上仰、前后面摆动及垂直面内的旋转运动；同时可进行横向、纵向以及混合拉伸成形。

拉形设备的使用机动性在很大程度上取决于夹钳钳口的构造，此机床的主钳口，左右侧各一，小钳口左右每侧各一(卸掉主钳口中间两块即可换上小钳口)。型材钳口每侧一个(换掉主钳口中间两块即可换上型材钳口)。夹钳的机动性强，故可拉制复杂曲面的蒙皮件与型材件。

4.拉伸压延机床

拉伸压延机床如图 8.10 所示。机床的动作过程：首先将平板料夹入钳口，施加拉力，达到材料的屈服应力[见图 8.10(a)]。然后两边钳口同时下行，将板料包覆于凸模上[见图 8.10(b)]。接着上台面下降，凹模和凸模合拢，完成零件的最后成形[见图 8.10(c)]。这种成形方案的特点是两边夹钳在凹模加压的过程中只是拉紧毛料，并不制止毛料向凹模内流动，夹钳所起的作用和压延模中压边圈的作用类似，可以成形远比单纯拉形更复杂的零件。和压延相比，则因通用的一对夹钳代替了专用的压边圈，模具结构更简单紧凑。而且材料在纵向受拉的状态下压制，回弹和成形所需的压力比普通压延小得多，可以减小机床吨位。这种机床的缺点是结构较复杂，两边钳口成直线，用于成形曲面弯边的零件时受到一定限制。

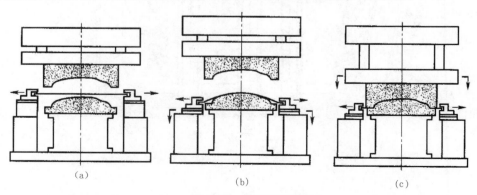

(a)　　　　　　　　(b)　　　　　　　　(c)

图 8.10　拉伸压延机床

(a)拉伸毛料；(b)夹头下降；(c)上横梁下降加压

5.FET1200 蒙皮拉伸成形机

FET1200 蒙皮拉伸成形机如图 8.11 所示,可进行横向拉伸成形,最大拉伸吨位为 1 200 美吨(1 088 t),最大可加工长 5 m、宽 5 m 的铝合金、钛合金和不锈钢等横向曲度变化大的零件。

图 8.11　FET1200 蒙皮拉伸成形机

二、拉形模

拉形成形用的模具叫拉形模(又叫拉伸模)。

1.拉形模的材料

拉形模的材料,一般有木质、塑料、金属、陶瓷和耐热混凝土等几种。其特点如下:

(1)木质拉形模。一般情况下,木质拉形模的基体用松木,表面用桦木,特殊情况表面用精制层板或在个别受力大的部位镶上精制层板。

木质拉形模的成本低,容易加工、制造周期短。但因容易变形、干裂、不耐久,因此多用于试制或小批生产。

(2)塑料拉形模。这种拉形模是目前各厂广泛采用的一种。它可按正模型或反模型塑造,型面的协调精确度好。塑料具有较好的强度,容易加工和返修,因此多用于成批生产。

塑料拉形模具有以下几种形式:

1)全塑料拉形模。这种拉形模的基体用环氧胶砂,表面层用环氧塑料(环氧树脂加铝粉或铁粉作填料加固化剂等)。

2)表面塑料拉形模。基体用木质,用钢板焊接为骨架,表面层用环氧塑料。这一种多用于成批生产。

3)泡沫塑料拉形模。这是一种薄壳式轻化模具。基体用松木制成构架,空间用化学发泡物或物理发泡物填充,表面层用环氧塑料。它适用于大型蒙皮零件。

(3)金属拉形模。金属拉形模一般有铸锌(锌合金)、铸钢两种。一般都按样板加工型面,经久耐用。

1)铸锌拉形模。它适合于厚零件或不锈钢零件拉形用。

2)铸钢拉形模。它适合于钛合金零件冷拉成形用。

(4)陶瓷拉形模和耐热混凝土拉形模。它们用于加热拉伸成形钛合金零件。

拉形模用什么材料制造比较合适,应根据零件形状、要求、产量以及零件的材料、厚度等具体情况确定。另外,还要考虑模具的使用要求及模具的用途等因素。

2.拉形模的结构

拉形的特殊性决定其拉形模的结构应具有其独到之处。拉形模的外廓尺寸、形状、结构形式正确与否直接影响到拉形零件的质量及模具的使用寿命。拉形模的结构如图 8.12 所示。

拉形模的主要参数及作用如下:

(1)两侧圆角 R 为 20~50 mm。

作用:减少拉形阻力,防止划伤零件。

(2)两侧斜角为 30°。

作用:使拉力与拉形模相切(横拉时),保证最边上的毛料能拉到贴模。

(3)两端包角 R 为 20~50 mm。

作用:减小横拉马鞍形零件时毛料向中间凹处滑动。

(4)拉形模的高度为 200~3 000 mm。

作用:保证模具具有足够的强度、使用寿命和保证贴模。为减少毛料,在保证模具强度足够的情况下,此尺寸可视具体情况确定。

(5)外廓尺寸。工作面的周围每边应比零件外形线放大 30~50 mm。

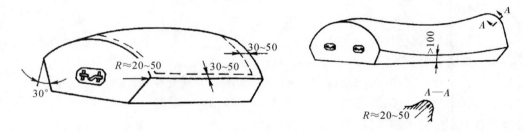

图 8.12　拉形模的结构

8.3　拉　形　工　艺

一、拉形工艺参数

1.拉形系数

拉形系数是指材料拉形后,变形最大的剖面处长度 $L_{\max}$ 与其原长度 L_0 之比,即

$$K_L = \frac{L_{\max}}{L_0} = \frac{L_0 + \Delta L}{L_0} = 1 + A$$

式中:K_L 为拉形系数;$L_{\max}$ 为拉形后零件延伸最大处截面的长度,mm;L_0 为拉形前材料在该截面的原始长度,mm;ΔL 为拉形后材料在该截面的绝对伸长量($\Delta L = L_{\max} - L_0$),mm;A 为

该截面长度上的平均伸长率,%。

K_L 的数值越大,拉形的变形程度越大。为计算方便,拉形系数 K_L 可近似表示为零件变形部位的最大长度 L_{max} 与最小长度 L_{min} 的比值。即

$$K_L = \frac{L_{max}}{L_0} \approx \frac{L_{max}}{L_{min}}$$

L_{max} 与 L_{min} 决定于零件的形状特点,其数值可以方便地从拉形模或表面标准样件上直接量取(见图 8.13)。

图 8.13 拉形零件的 L_{max} 与 L_{min}

2. 拉形次数与拉形程度

拉形次数是指拉制某一零件需要拉形几次才能拉成并符合要求。在生产中,希望拉形次数越少越好,最好一次拉成。通过计算,求出零件的拉形系数,再与极限拉形系数 K_{max} 相对照,决定该零件的拉形次数。如果计算的 $K_L \leqslant K_{max}$,则可以一次拉形,否则须进行两次或两次以上拉形。

对于某种材料的极限拉形系数可以通过试验预先获得。铝合金 2A12(LY12)与 7A04(LC4)在退火和新淬火状态下的极限拉形系数见表 8.1。

表 8.1 2A12(LY12)与 7A04(LC4)极限拉形系数

材料厚度/mm	1	2	3	4
K_{max}	1.04～1.05	1.045～1.06	1.05～1.07	1.06～1.08

在实际生产中,一般按零件的具体情况及拉形模凭经验确定。经过试验,最后确定拉形次数。对于凸峰形零件,纵向曲度较小的可一次拉形,曲度较大的须两次拉形;对于凹马鞍形零件,因在拉形时毛料易向中间滑动,中部易起皱,所以一般须两次或两次以上拉形。对于纵向拉形的零件,一般都是一次拉形。

拉形程度是指每次拉形时零件能达到的贴模程度及材料允许的变形程度。拉形程度的控制主要是对需要两次以上拉形的零件而言。对于这类零件,每次应拉多少,变形量应控制在什么范围之内才能把零件顺利拉成,要在实际操作中凭经验确定或经过几次试验才能确定。

3. 拉形力与拉形速度

拉形作用力可用下式近似估算,如图 8.14 所示。

横拉时工作台上顶力为

$$F \approx 1.8R_m S\cos\frac{\alpha}{2}$$

纵拉时拉伸夹钳的拉力为

$$F \approx 0.9R_m S$$

式中：F 为拉形作用力，N；R_m 为材料的强度极限，MPa；S 为毛料横截面积，mm^2；α 为拉形包角。

将计算出的力换算成机床的表压，再经过试验最后确定，使每次拉形时保持最大的拉力不变。

图 8.14　拉形力

拉形过程要做到速度均匀，不间断，这样有利于提高零件质量。工作台上升速度见表 8.2。

表 8.2　工作台上升速度（适用于铝合金材料拉形）

材料厚度/mm	工作台上升速度/(mm·s^{-1})
≤0.6	2.5～3.5
0.8～1.0	3.5～6
>1.0	6～8

4. 热处理状态选择

热处理状态选择见表 8.3。

表 8.3　热处理状态（适合于 2A12，2024，7A04，7075 等铝合金材料）

拉形次数	工序	热处理状态	说　明
一次拉形	最后拉形	新淬火	在材料孕育期内
多次拉形	首次拉形	退火	退火状态板料拉形
	中间拉形	退火	完全退火或消除应力退火，但次数有限
	最后拉形	新淬火	可通过冷藏延长孕育期

5. 毛料尺寸的确定

采用拉形成形的零件，绝大部分都是双曲度，而且零件外形尺寸都比较大。它的毛料尺寸除了零件本身需要的部分（一般为包容拉形模型面部分）以外，还要放出两侧钳口夹紧部分和钳口到拉形模边缘悬空部分（传力区），还要考虑拉形过程中的需要，这样，毛料必须很大。拉形之后，特意放大部分及零件边沿线以外部分（零件需要的装配余量留够）全部切掉成了废料。因此，拉形成形同其他成形方法相比，材料利用率很低，尤其是拉形中小零件材料利用率更低。

合理确定毛料尺寸，提高拉形工艺的材料利用率，显然是提高经济效益、降低成本的关键环节。

毛料尺寸的确定如图 8.15 所示。

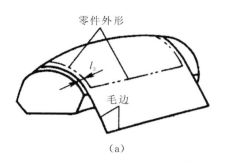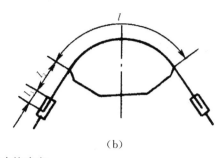

图 8.15　毛料尺寸的确定

(a)宽度确定;(b)长度确定

(1)毛料的长度为

$$L = l + 2(l_1 + l_2)$$

式中:L 为毛料长度;l 为拉形模型面最大截面处的展开长度;l_1 为毛料的夹紧余量,与夹钳的构造有关,一般为 50 mm;l_2 为拉形模边缘到钳口间的过渡区(传力区)长度,一般为 100～200 mm。

l_2 的大小,除以不妨碍机床的灵活操纵为原则外,并与拉形次数、毛料的厚度及力学性能有关。例如拉的次数多、料薄且硬,拉形时易拉裂的机会多,为了裂后切掉再拉够用,应当取大些;反之,可取小些。纵向拉形时,由于拉形机的钳口是曲线弧形,它的弧度与拉形模的弧度如果相差很大,要适当加大过渡区长度,以便于拉形成形。

(2)毛料的宽度为

$$B = b + 2l_3$$

式中:B 为毛料宽度;b 为零件的最宽处展开尺寸;l_3 为每边的余量,一般取 30～50 mm。

由于马鞍型零件两端高中间低,拉形时材料容易向中间滑动,需要放出两端的包角余量。对于锥度较大的零件,应下成梯形毛料。

二、拉形成形方法

由于拉形成形的零件材料牌号及厚度的不同,零件形状及大小的不同,生产数量的多少不同,拉形成形的方法也有所不同。

1. 按拉形成形的方式分

(1)横向拉形法。材料沿横向两端头夹紧,在被工作台顶升的拉形模顶力作用下,使材料与拉形模贴合的成形方法叫作横向拉形法。它主要用于短而横向曲率大的双曲度蒙皮零件成形。

(2)纵向拉形法。材料沿纵向两端头夹紧,在被工作台顶升的拉形模顶力和拉伸夹钳纵向拉力的双重作用下,使材料与拉形模贴合的成形方法叫作纵向拉形法。它主要用于长而纵向曲率大的双曲度蒙皮零件成形。

2. 按拉形次数分

(1)一次拉形法。这种方法适用于曲率变化不大的零件。一般来说,大多数零件采用这种方法。

为提高拉形效率,节约原材料,在生产中常采用下面几种方法。

1)重叠拉形法。把两张或两张以上的毛料重叠在一起拉。这样,对于薄的零件很适用。因为重叠拉形,相当于增加了厚度,在拉形中不易失稳起皱和断裂(见图8.16)。

采用重叠拉形时,每次重叠的数量可根据设备的能力和具体加工情况确定。拉形前,要擦净毛料、去净毛刺,防止划伤。淬火后的零件或毛料要擦干表面,防止杂物或灰尘夹在中间。

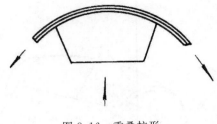

图 8.16　重叠拉形

重叠拉形后,由于材料厚度较薄,零件的曲度又不大,因此,外形误差可忽略不计。但因为拉形时毛料间产生摩擦,因此对于表面质量要求高的零件,不宜采用重叠拉形。

2)组合拉形法。为充分利用原材料(提高材料利用率),对一些尺寸小、左右对称、曲度相似、材料牌号及厚度相同的零件,可进行组合拉形。这种方法是在一个拉形模上做出几个零件的外形(见图8.17)。零件之间留出余量,下一块毛料进行拉形。拉形之后再按每个零件的大小剪下来。

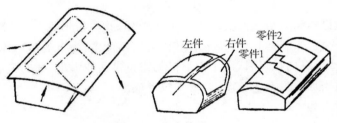

图 8.17　组合拉形

(2)多次拉形法。

1)重复拉形法。在一个拉形模上重复拉形。第一次用退火状态的毛料进行初拉形,第二次是在新淬火状态下拉到贴模。

2)多次拉形法。对于形状很复杂的零件,一次拉形或重复拉形都不能拉成时,可采用多次拉形法。多次拉形就是先用过渡模拉出过渡形(近似形或初形),再用真实形状的拉形模拉到贴模(见图8.18)。

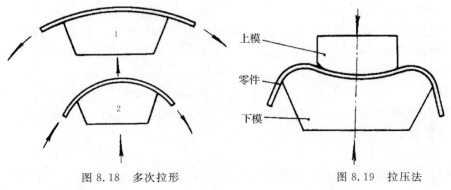

图 8.18　多次拉形　　　　　图 8.19　拉压法

3.特殊拉形

(1)拉压法。对于带有下凹或上凸鼓包的蒙皮零件,要在装有工作台的拉形机上,一边拉形一边对鼓包处进行加压(见图 8.19)。

(2)预制拉形。有的零件局部变形量大,即使增加拉形次数也不好拉。这就要在拉形前或拉形过程中进行预制或穿插手工整修。预制,就是事先给以变形(见图 8.20)。

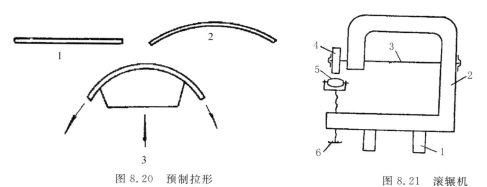

图 8.20 预制拉形

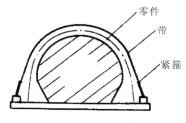

图 8.21 滚辗机

1—支架;2—机身;3—轴;4—上滚轮;5—下滚轮;6—调整脚轮

1)收缩预制。将变形小的部位多余的料,用收边机进行收缩,排除皱纹后,再进行拉形。

2)放边预制。把变形大的部位,在滚辗机(见图 8.21)上放边,再进行拉形。

(3)紧箍拉形。纵向曲度近似于直母线零件或稍带有马鞍形零件,一般在拉形过程中易于沿拉力方向起纵向棱子或不贴模,此时,可用紧箍拉形(见图 8.22)。

(4)滚弯-拉形成形。对于材料较厚的零件拉形时,钳口夹持比较困难,纵拉材料要有夹钳弧度,可滚弯毛料预制一定弧度(见图 8.23)。

图 8.22 紧箍拉形

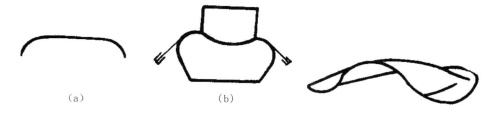

(a)   (b)

图 8.23 滚弯-拉形成形   图 8.24 拉形-落压成形的零件

(5)拉形-落压成形。对于形状特别复杂或只用某一种工艺方法也难以制造的零件,就要采用混合方法制造(第 10 章介绍)。拉形-落压成形的零件如图 8.24 所示。

4.按成形温度分

(1)冷拉形法。冷拉形法就是毛料、模具都在常温下进行拉形成形。综上所述的拉形成形方法,都是冷拉形。

(2)加热拉形法。加热拉形法就是将毛料和模具都加热,当毛料达到合适的温度时,进行拉形。这种方法多用于钛及钛合金蒙皮零件。其毛料的加热方法有辐射加热或毛料自阻加热;模具一般用管状加热器加热。钛及钛合金蒙皮加热拉形示意图如图 8.25 所示。

三、拉形成形的工艺过程

拉形成形方法尽管多种多样,但归结起来就是横向拉形和纵向拉形两大类或者说是两种方式。现就横向拉形和纵向拉形两种方式说明拉形成形的工艺过程。

1.横向拉形工艺过程

(1)按拉形模底面积的大小选用平台。平台的大小以不妨碍拉形成形为原则,一般都比拉形模的底面积稍小些,但不能小得太多,否则容易损坏拉形模。

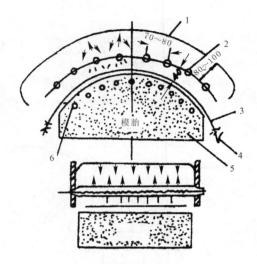

图 8.25 钛及钛合金加热拉形
1—反射罩;2—石英灯管;3—钛板;
4—钳口;5—拉形模;6—装加热管的孔

(2)将选好的平台对称装在拉形机的工作台上。

(3)将拉形模对称吊放在平台上。拉形模吊放位置应尽量使占用夹紧毛料的钳口数量最少,并使靠毛料两端的钳口能整个夹住毛料(见图 8.26)。根据毛料宽度,当无法做到如图 8.26(b)所示的位置,而在毛料一侧的夹钳仅夹住毛料的一部分时,按如图 8.27 所示处理,即在没夹住的部分垫上与毛料同厚度、同状态的垫片,使夹持力均匀,防止毛料在拉形过程中由此处先断裂。

(4)按拉形模外廓形状调整各夹钳的相应位置,使之与拉形模外廓尺寸相符合(见图 8.28)。

调整夹钳与拉形模两侧边的距离,使毛料在拉形时,能与拉形模的表面相切[见图 8.29(a)]。如果拉形模两侧型面延伸部分是很长的直线段,夹钳应向内转动 2°～3°,防止直线段这部分的毛料起皱,如图 8.29(b)所示。

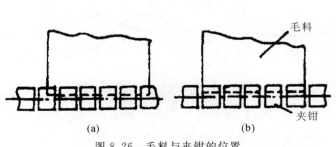

图 8.26 毛料与夹钳的位置
(a)不正确;(b)正确

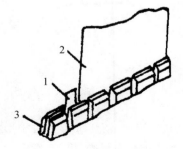

图 8.27 夹钳中垫片的位置
1—垫片;2—毛料;3—夹钳

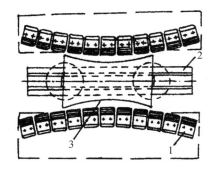
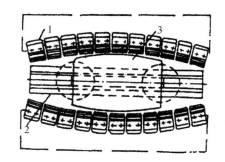

图 8.28　夹钳与拉形模的相对位置

1—夹钳；2—工作台；3—拉形模

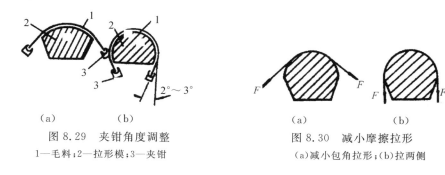

（a）　　　　　（b）

图 8.29　夹钳角度调整

1—毛料；2—拉形模；3—夹钳

（a）　　　　　（b）

图 8.30　减小摩擦拉形

（a）减小包角拉形；（b）拉两侧

　　（5）弯曲毛料，并夹入两侧的夹钳中。夹料时，使两侧的余量差不多，不能一侧的余量很大，而另一侧不够用。另外，各夹钳的夹持力不一定均匀，可能大小不一。为此，应将夹钳反复夹几次，或用橡皮条抽打夹钳边缘处的毛料，使个别夹不紧的夹钳能较均匀地夹住毛料。

　　（6）上升工作台进行拉形成形。当毛料开始被拉伸时，看四周是否均匀，如果某处的毛料过松或过紧，移动钳梁来消除，否则毛料容易出皱或易断，拉形模易偏移。

　　形状简单的零件，将平台平行上升，一次拉成；形状复杂的零件，须将工作台倾斜一角度，先拉某一部分，而后再拉另一部分，这样使毛料各部分均匀变形。在拉形过程中，可随时用橡皮条抽打或调整夹钳来排除皱纹。

　　在毛料完全与拉形模贴合后，给予少量补拉伸，以提高贴模度。

　　在拉制包角很大的零件时，因摩擦阻力大，使中间的毛料不容易伸长，不利于拉形，而会发生回弹不贴模。因此，要用减小包角的办法解决。先把顶部拉贴模［见图 8.30（a）］，然后两排夹钳向里倒，再拉两侧［见图 8.30（b）］。

　　当第一次拉形时，毛料可能起皱，皱纹起的大小与夹钳张开的程度有关。所以第一次拉形时夹钳不要张得太大，又要使顶部的毛料多产生变形。当第二次拉形时，再及时穿插橡皮条抽打，便可消除皱纹，拉出好零件。

　　拉形时，由于种种原因，拉形模位置可能移动，应及时纠正，否则影响拉形的顺利进行。

　　（7）下降工作台，去掉外力，松开钳口，取下零件。取下零件时，一定要先下降工作台，去掉外力后再松开钳口。否则，由于钳口先后松开不一致，易撕坏毛料或零件。

　　在拉制带加强筋、下陷或凹凸鼓包的零件时，拉好后应稍降工作台，使毛料的张紧状态稍放松，再用橡皮抽打，或用顶木顶好。否则，不但零件不贴模，又容易打裂零件。待全部加工好后,再去掉外力,取下零件。

　　2.纵向拉形工艺过程

　　纵向拉形是由工作台上顶与夹钳拉伸的复合交错动作完成的。

　　对某一零件来说,何时上顶、顶多少,何时拉、拉多少,是决定零件能否拉好的关键。因此,纵向拉形比横向拉形复杂得多,要具有一定的实践经验才能拉好零件。

　　纵向拉形时,要掌握好上顶的程度。顶多了会使纵向曲度增大,两边毛料上挠。这样,为使两边的毛料也达到一定的拉力,就必然使中间的毛料加大了拉伸量。因此,很可能在两边还未拉贴模时,中间的材料已经断裂。如果顶少了,当钳口拉伸时,中间毛料会悬空出棱,很难消除,尤其是在钳口与拉形模端面形状不吻合时,这种现象更为突出。

　　其主要工艺过程与横向拉形相似,这里不再重复。

　　拉形成形后,还不是成品零件,只是半成品。把半成品做成成品零件,还需要进行以下钣金工序。

　　(1)划边沿线。

　　(2)切割外形及开孔(没有孔者除外)。

　　(3)修整。

　　(4)去毛刺。

　　(5)检验。

　　(6)表面处理。

　　(7)移交到使用单位。

安全小·提示

拉形成形安全操作规程如下:

(1)工作前,检查手柄是不是在空挡位置,检查液压系统、气压系统有没有问题。

(2)夹紧零件前,检查手是否已经离开钳口。

(3)在机床上敲打零件时,注意起落范围内是否有人。

(4)多人操作时,统一指挥,动作要协调一致。

(5)机床禁止超负荷使用。

(6)机床周围要保持清洁。

思　考　题

　　1.何谓拉形成形?什么类型的零件采用拉形成形?

　　2.简述拉形成形原理及特点。

　　3.拉形成形过程大致分为哪三个阶段?

　　4.拉形设备有哪两类?简述其主要构造。

　　5.何谓拉形模?拉形模的材料有哪几种?各自有什么特点?

　　6.何谓拉形系数?其表达式是什么?

　　7.拉形成形常需考虑哪些工艺参数?

　　8.拉形零件毛料尺寸如何计算?

　　9.拉形成形有哪些成形方法?

　　10.简述横向拉形成形的工艺过程。

第9章　旋压成形

内容提示

旋压成形是一种利用旋压工具,对装夹于旋压机上的旋转毛料施加压力,使之产生塑性变形,从而成为所需空心回转体零件的工艺方法。本章主要讲述旋压成形的基本原理及主要工艺参数、旋压工具种类及用途、旋压模具结构及材料、旋压设备工作原理及结构、普通旋压与变薄旋压的材料变形特点、主要成形障碍及采取措施等。

教学要求

(1)理解旋压成形的基本原理及主要工艺参数。
(2)了解旋压工具的种类及用途。
(3)了解旋压模具的结构和材料。
(4)了解旋压设备的工作原理和结构。
(5)理解并掌握旋压成形的特点和工艺过程。

内容框架

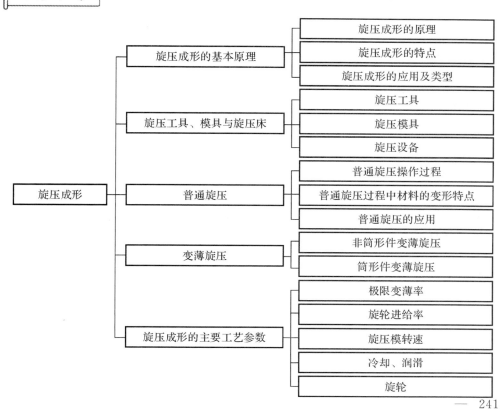

9.1 旋压成形的基本原理

一、旋压成形的原理

旋压成形是一种利用旋压工具,对装夹于旋压机上的旋转毛料施加压力,使之产生塑性变形,从而成为所需空心回转体零件的工艺方法。

旋压成形基本原理如图 9.1 所示,模胎 2 装于机床主轴 3 上,毛料 1 用尾顶针 5 上的压块 4 紧紧地压在模胎 2 上,当主轴 3 旋转时,毛料和模胎一起旋转。操作旋压棒对毛料施加压力并作线性进给运动,旋压棒的运动轨迹与待成形零件的母线一致。毛料在旋压棒的多次挤压作用下,产生间断的局部塑性变形与模胎贴合,最后获得所需的零件。

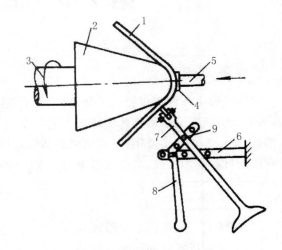

图 9.1　旋压成形原理图

1—毛料;2—模胎(芯模);3—主轴;4—压块;5—尾顶针;
6—支架;7—旋压棒;8—助力臂(辅助手柄);9—销钉

二、旋压成形的特点

(1)生产周期短,产品成本低。旋压模是单模,结构十分简单。旋压棒是通用的,因此旋压成形的生产准备周期短。旋压成形通过塑性变形改变毛料形状,材料利用率高,成本低。

(2)变形程度大,适用范围广。旋压过程中,材料通过旋压棒的挤压作用产生变形,位于旋压棒与旋压模之间的零件材料受到三向压应力作用,而且属局部塑性变形,存在有应变分散效应,因此,材料的塑性可以得到充分的发挥,获得很大的变形。许多用一般冲压成形难以加工的材料可以进行旋压成形。用其他方法需几次成形的零件用旋压成形一次就可以完成。

(3)改善材料力学性能。旋压成形中,材料晶粒细化并沿零件母线方向拉长,使零件材料的屈服强度极限以及硬度均得到提高,力学性能获得改善。这往往可以使产品设计得更轻。

旋压成形中,旋轮与零件之间接触区的温度达 500℃ 左右,从而消除或减少了零件的残余应力,提高了零件的疲劳强度。

(4)旋压成形体力消耗较大,工人技术水平要求较高,产品质量不稳定,劳动生产率低。随着科学技术的发展,这些缺点在逐步改善。

三、旋压成形的应用及类型

旋压成形工艺有着悠久的历史,早期主要用于生产锡、铜、金和银的碗、盘等器皿,采用手工作业。旋压机出现后,它被广泛应用于军工、机械、航空、航天、压力容器、灯具、乐器和生活日用品等的生产中。用旋压方法可制造各种不同形状的空心旋转体零件(见图 9.2)。在航空上,机头罩、发动机罩、螺旋桨帽、副油箱头等零件均可用旋压方法制造。

　　旋压成形按其变形特点可分为普通旋压和变薄旋压,变薄旋压按零件形状又可分为筒形件变薄旋压和非筒形件变薄旋压。

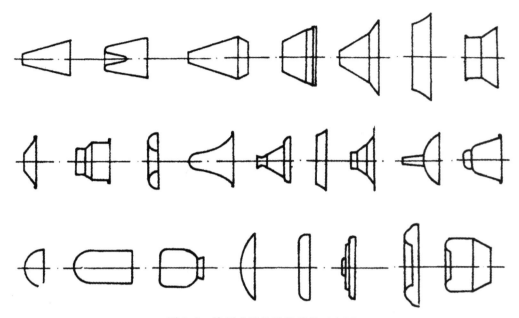

图9.2　旋压成形的零件形状示意图

9.2　旋压工具、模具与旋压床

一、旋压工具

1.旋压工具种类及用途

　　旋压用的主要工具是旋压棒(简称旋棒,俗称擀棒)。旋压棒有两种形式,即单臂式旋压棒或双臂式旋压棒,如图9.3所示。双臂式旋压棒由两根支臂组成,一为助力臂,二为主力臂。助力臂用销钉固定在机床支架上,主力臂用销钉固定在助力臂上,助力臂绕支架转动,主力臂绕助力臂转动。旋压时工人两手同时用力控制旋压棒的运动。双臂式旋压棒比单臂式旋压棒操纵灵活和省力。

　　旋压棒本身又可分为头、尾两个部分,头部为工作部分,尾部是锥形,用以镶装木质手柄。由于旋制的零件形状相异和完成的加工要求不同,因此旋压棒的工作部分也有许多不同的形式(见图9.4)。

　　(1)钝头旋压棒[见图9.4(a)]:旋压接触面积大,用于初旋成形。

　　(2)球形旋压棒[见图9.4(b)]:旋压接触面积小,适用于表面要求精细的零件成形。

　　(3)舌形旋压棒[见图9.4(c)]:用于内表面成形。

　　(4)尖头旋压棒[见图9.4(d)]:用于旋压凹槽、辗平等。

　　(5)弯头旋压棒[见图9.4(e)]:用于内表面成形。

（6）刮刀（刮屑旋压棒）［见图 9.4（f）］：用于切割余料、修边或刮修旋压表面。

（7）滚轮式旋压棒［见图 9.4（g）］：在旋压棒的支架上装以不同形状的滚轮，可以减少零件与工具间的摩擦，使操作省力，可完成初旋成形、修光表面、卷边和滚花、压螺扣等工作，应用很广泛。滚轮的形式根据工作要求不同，可分为多种（见图 9.5）。

1）凸形滚轮：用于旋光表面或初成形。

2）凹形滚轮：用于卷边。

3）筒形滚轮：用于压光或压槽。

4）切边滚轮：用于切边，可单个使用也可成对使用。

5）滚花滚轮：用于零件表面滚花。

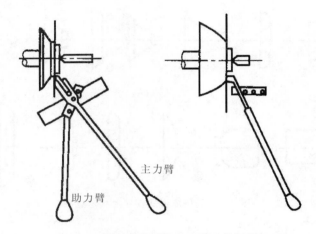

图 9.3 单臂式旋压棒和双臂式旋压棒

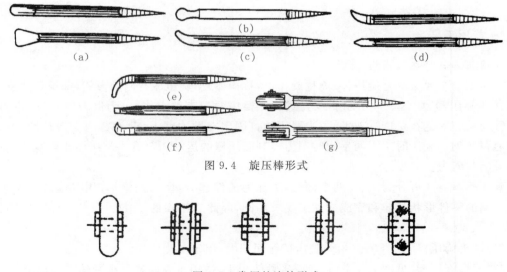

图 9.4 旋压棒形式

图 9.5 常用的滚轮形式

2.旋压工具的基本要求

（1）足够的刚度和强度。

（2）足够的硬度和耐热性。

（3）良好的表面状态。

（4）合理的形状和尺寸。

（5）能够灵活地转动。

3.旋压工具材料

（1）旋压铝件和铜件的旋压棒，用工具钢制造，经淬火后表面抛光；为增加耐磨性，表面可镀铬。此外，也常用一些组织坚硬的木料制造旋压棒，如枣木等，但其工作表面应无纤维痕迹，以免划伤零件。

（2）旋压钢件和不锈钢件时，旋压棒头部用青铜或磷青铜制造。因为旋压棒与零件接触处单位面积上的压力很大，温度较高，用一般工具钢易发生材料黏附现象。

（3）滚轮一般用夹布胶木或工具钢制造。带滚轮的旋压棒支架用普通钢制造。

二、旋压模具

旋压模具的结构和材料取决于零件的形状、尺寸大小、材料及生产数量等因素。

1.旋压模具结构

旋压模具的外形应符合零件内表面的形状，有时在这基础上应适当考虑一定的回弹量。模具表面要求光滑、硬度高、质量均匀、质量轻。对于大型模具要注意动平衡，转动时模具不能偏摆，因此质量不能偏心，必须以中心对称。

小型模具本身带有尾柄（见图 9.6），旋压时将尾柄直接夹紧固定在旋压床的主轴卡盘上。如果将尾柄制成与机床主轴的锥孔相配合的锥形柄，则也可将其直接插入旋压床的主轴孔内。

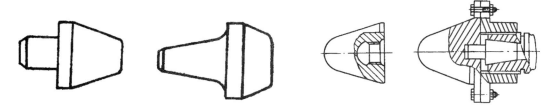

图 9.6　带尾柄的旋压模　　　　　图 9.7　螺纹固定式旋压模

中型模具常用螺纹连接于旋压床主轴上，如图 9.7 所示。模具上的螺纹旋紧方向与主轴旋转方向相反，具有自锁作用，工作时模具与旋压床之间越旋越紧，安全可靠。

大型模具可以用花盘直接与模具连接，大型模具不能做成实心，否则过重，转动后惯性太大，会引起机床振动，生产不安全，所以必须做成空心构架式结构。大型模具的动平衡问题相当重要，因此为了使模具中心不致偏心，模具中心应制出定心孔（见图 9.8）。大型模具或特大型模具还可采用除主轴螺纹固定外，再从主轴箱穿入一个拉杆，拉杆一端用螺母固定在主轴尾部，另一端用螺母旋紧模具，旋压时并用尾顶针顶住（见图 9.9）。

对于形状较复杂的收口型零件，模具可采用分瓣组合式模具，如图 9.10 所示。模具本体是分瓣组合而成的，中间有芯棒，用外套上的内螺纹固定。

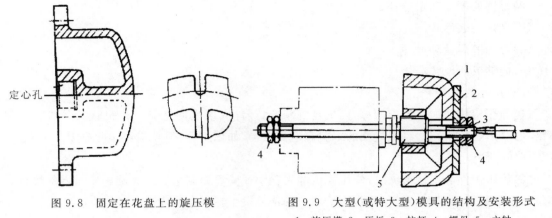

定心孔

图 9.8　固定在花盘上的旋压模

图 9.9　大型(或特大型)模具的结构及安装形式
1—旋压模;2—压板;3—拉杆;4—螺母;5—主轴

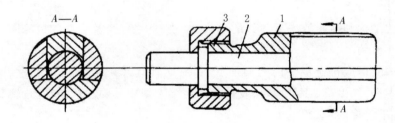

$A—A$

图 9.10　分瓣式旋压模
1—旋压模;2—芯棒;3—外套

2.旋压模具材料

(1)木材。木质旋压模是经过人工干燥处理的枫木、白桦、白杨等,木质模价格低廉、制造方便、质量轻。在旋压过程中,木质旋压模受力变形和零件变薄程度较小,但旋压后零件精度低,同时木材吸湿性大,易变形,寿命短。在零件尺寸较小,生产数量较少,产品要求不高时用木材制造旋压模。

(2)夹布胶木。夹布胶木的主要特点就是能够克服木材结构的缺点,但价格比木材高。

(3)铸铝。加工容易,质量轻,但寿命较短。在生产数量较少,用木质模具保证不了质量要求时,采用铸铝模具。

(4)铸铁。零件尺寸较大,数量多时采用铸铁旋压模。铸铁旋压模耐用,但笨重,表面易产生砂眼。

(5)铸钢。零件尺寸大,材料厚、强度比较大、精度要求比较高时采用铸钢旋压模。铸钢模耐用,加工方便,旋压件精度高,但笨重,表面易产生砂眼。

一般情况下,旋压模较小,可直接用钢棒料车削而成,大模具采用铸铝、铸铁、铸钢。为了克服大模具外形加工的困难,可以在铸件表面浇铸一层环氧树脂,但这种模具只能作最后赶光用,加工时表层易脱落,且难以保管,容易碰坏。

三、旋压设备

旋压床是主要的旋压设备,一般用车床改制而成。利用车床主轴带动旋压模和毛料一起旋转,操纵旋压棒进行旋压成形。

随着生产的不断发展,目前已有许多种旋压床,图 9.11 为液压半自动旋压床。主轴 3 通过调速手柄 2 可以调到所需转速,尾座 6 上的尾顶针在液压作动筒的带动下,可以左右移动,支架 5 上安装有旋压滚轮,它的纵横向运动是由纵横向液压作动筒来带动的,横向作动筒在靠模控制下可以自动旋压(见图 9.12)。横向进给作动筒 2 的壳体和拖板 3 及随动阀 4 三者连在一起,并在纵向进给作动筒 1 的壳体带动下作纵向移动。随动阀 4 的阀芯与靠模板 5 接触,并沿着靠模板表面滑动,阀芯的移动就可控制横向作动筒活塞两边的压力,使拖板上的滚轮与模具保持一定间隙,靠模板的外形与零件的外形一样,这样拖板上的滚轮在纵、横向液压作动筒和随动系统的作用下,保持和模具一定间隙运动,从而完成自动旋压工作。

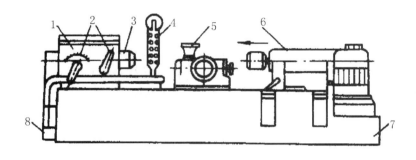

图 9.11 液压半自动旋压床

1—主轴箱;2—手柄;3—主轴;4—操纵盒;5—支架;6—尾座;7—床身;8—液压泵

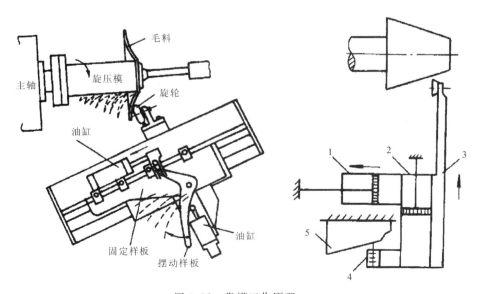

图 9.12 靠模工作原理

1—纵向进给作动筒;2—横向进给作动筒;3—拖板;4—随动阀;5—靠模板

数控技术作为现代工业生产中一门新的自动控制技术,应用了自动控制、计算机技术及精密检测技术等方面的最新成果,在提高生产率、降低生产成本、保证加工质量及减轻操作人员的劳动强度方面具有突出优点。目前的数控旋压机用计算机数字控制替代过去的液压仿形控制,同时带有编程及录返系统(PNC,又称学习系统,即自动记录熟练工人的操作并按所录参数自动重复以上操作)。这种旋压机床不需靠模板,当第一个合格零件旋成时,以后零件就可像第一个合格零件那样自动完成。

9.3 普 通 旋 压

一、普通旋压操作过程

普通旋压是使平板毛料渐次包覆于旋压模表面形成空心件的一种旋压方法。因其宏观效果类似于拉深成形,故又称拉深旋压。

1. 旋压前的准备

(1)毛料的准备。旋压前除检查材料牌号、厚度、尺寸、表面质量外,主要是旋压毛料展开形状和尺寸确定。旋压毛料可以按照拉深零件的毛料计算公式初步确定,即按面积相等的原则将零件展开为圆形,然后在直径方向加上切割余量,每道工序的切割余量为 $10\sim15$ mm。

(2)模具的安装。按零件选定模具,先检查模具表面是否有碰伤,防止旋压时损伤零件,模具与主轴的安装要牢固可靠,并检查与主轴是否同心,旋转后是否产生偏摆。如果模具安装不同心,有偏摆,在高速旋压下就容易引起机床振动和造成零件报废。

(3)毛料的润滑与夹紧。旋压时旋棒与材料的剧烈摩擦,容易擦伤表面或摩擦生热而使零件变软,因此,旋压时必须润滑。常用的润滑剂为肥皂、黄油、蜂蜡、石蜡和机油等混合剂,在高温下用石墨或凡士林的混合油膏润滑。涂好润滑剂的毛料在旋压前应予可靠夹紧,并保持与模具中心对称。

(4)合理的转速。转速根据毛料厚度、模具直径、毛料的力学性能等因素进行选取,合理的转速一般为 $200\sim600$ r/min。转速太低零件容易失稳,旋压棒施力时材料倒塌,使得旋压难以进行;转速太高则材料与旋压棒的接触次数太多,容易使材料过度辗薄。

2. 旋压成形过程

旋压成形过程如图 9.13 所示,先将毛料压紧在模具上,使其随同模具一起旋转,同时从毛料的内缘开始,因为内缘材料稳定性最高,用旋压棒赶辗延伸变薄,靠向模具的底部圆角,旋成过渡形状 1,然后由内向外赶料使毛料变为浅锥形,如图中过渡形状 2。此时毛料形成锥形,稳定性已较平板状提高,起皱失稳趋势有所减小。此后继续赶辗内缘,逐步增加靠模长度,形成过渡形状 3。接着再赶外缘,使毛料外缘向刚性较好的锥形过渡。这样多次反复赶辗,直至使毛料完全贴模,形成所需的零件形状。

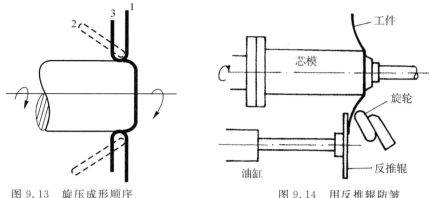

图 9.13　旋压成形顺序　　　　　　图 9.14　用反推辊防皱

二、普通旋压过程中材料的变形特点

1. 材料的变形过程不连续

普通旋压过程中,毛料随模具一起旋转,当旋压棒压向毛料时,迫使材料向模具弯折,产生局部塑性变形。由于毛料正在旋转,因此与旋压棒接触的局部塑性变形区材料会不断更新,并迅速扩展至整个圆周,随着旋压棒的进给,塑性变形区进一步遍及全部凸缘,使毛料成为锥形。对于凸缘材料的任一质点来说,它要经过几次"与旋压棒接触→脱离旋压棒接触"的反复,其塑性变形过程也就经历了"加载→卸载"的多次反复,因此说,普通旋压过程中材料的变形是不连续的。

2. 材料的应变状态与拉深类似

普通旋压过程中,与旋压棒接触的局部塑性变形区材料变形状态十分复杂。在经过不连续的塑性变形过程中,零件宏观效果上表现出毛料直径缩小、厚度基本不变,即材料在周向发生了压缩变形,而在轴向发生了拉伸变形。这与拉深过程中材料的变形情况相似。因此,普通旋压时材料的变形程度也可用拉深系数表示,即

$$m = \frac{d}{D_0}$$

式中,d 和 D_0 分别为零件和毛料的直径。普通旋压时,毛料尺寸可按面积不变原则计算。

3. 起皱是普通旋压过程的主要障碍

普通旋压过程和拉深相似,同样存在毛料凸缘起皱和零件底部圆角部位拉裂两种限制因素,只是在普通旋压中,筒壁底部所受拉应力小,正常操作中破裂的危险性较小,而毛料凸缘完全悬空,失稳起皱的危险性更大。生产中采取的防皱措施包括以下方面。

(1)选择合适的工艺参数。

(2)采取正确的操作步骤。首先用旋压棒赶压毛料外缘,使这部分材料逐渐靠向旋压模,这时外缘材料基本上不参与变形,保持稳定的刚性圈。然后变形区由内向外逐步扩大,越接近毛料外缘,赶压力必须越小。

(3)采用如图 9.14 所示的反推辊防皱。

(4)采用多次旋压,逐步完成零件的旋压成形。此法不但防皱且能防裂。

三、普通旋压的应用

普通旋压可将板料或管料制造成各种不同形状的空心旋转体零件。它可以完成下列工序。

（1）旋压拉深（见图 9.15）。

（2）旋压卷边（见图 9.16）。

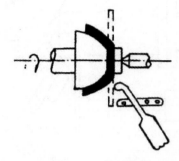 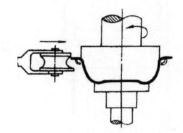

图 9.15　旋压拉深　　　　　　　　　图 9.16　旋压卷边

（3）旋压收口（见图 9.17）。

（4）旋压胀形（见图 9.18）。

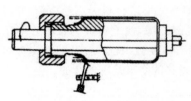 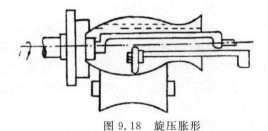

图 9.17　旋压收口　　　　　　　　　图 9.18　旋压胀形

（5）旋压切边（见 9.19）。

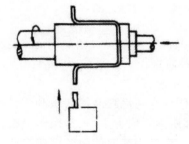

图 9.19　旋压切边

9.4　变薄旋压

变薄旋压是在普通旋压基础上发展起来的一种新工艺。它最早出现于欧洲的瑞典和德国，并被应用于民用工业。变薄旋压在导弹以及喷气发动机的生产中应用较多，例如，制造尾喷管、喷口、副油箱头、导弹和压气机的外壳、变厚度的空心阶梯轴等。加工用的毛料可以是厚板料，也可以是经过机械加工的锻件、铸件和焊接件等。

变薄旋压具有很多的独特优点：

(1)加工出的零件准确度高[壁厚公差可达±0.05 mm,内径可达±(0.1～0.2) mm],表面粗糙度好(R_a可达 1.6 μm 以下)。

(2)加工后材料的强度、硬度、疲劳强度均有提高。

(3)材料利用率高。

(4)模具简单。

(5)生产率高。

一、非筒形件变薄旋压

1.成形过程

非筒形件变薄旋压又称剪切旋压,这里以锥形件变薄旋压为例说明。锥形件变薄旋压成形过程如图 9.20 所示,与普通旋压的工艺过程有些类似。锥形件变薄旋压时,旋轮与旋压模之间的间隙小于毛料厚度。图 9.21 为锥形件变薄旋压机平面投影示意图。

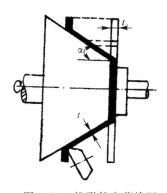

图 9.20　锥形件变薄旋压

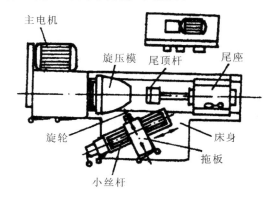

图 9.21　锥形件变薄旋压机

按旋轮进给方向与零件材料流动方向的差异,非筒形件变薄旋压分为正旋(材料流动方向与旋轮进给方向相同)和反旋(材料流动方向与旋轮进给方向相反)两种。

2.材料变形特点

(1)材料厚度按正弦规律变化,毛料直径不变(见图 9.20),即

$$t = t_0 \sin \alpha$$

式中:α 为半锥角,(°);t_0 为毛料初始厚度,mm;t 为零件筒壁厚度,mm。

毛料厚度的变薄是锥形件变薄旋压时材料变形的宏观表现,因此,常用厚度变薄率 q 作为衡量材料变形程度的指标。q 的表达式为

$$q = \frac{t_0 - t}{t_0} \times 100\%$$

将 $t = t_0 \sin \alpha$ 代入上式,得

$$q = (1 - \sin \alpha) \times 100\%$$

此式说明 q 越大,厚度变薄越大,材料的变形程度越大。α 也可表示变形程度,α 越小,变形越大(因为 α 总是小于90°)。

(2)轴向剪切变形是材料变形的主要特征。锥形件变薄旋压过程中,旋轮对毛料施加高

压,使材料产生局部塑性变形并不断扩展至所有凸缘。材料逐点产生轴向剪切变形,剪切旋压由此而得。

(3)锥形件变薄旋压时,材料还会绕对称轴产生一定的扭转变形。

3.锥形件变薄旋压成形障碍

锥形件变薄旋压成形中,如果变形程度过大或工艺参数选择不当,会导致破裂、起皱等成形障碍。

旋压过程一次完成不发生破裂的条件是变薄率小于极限变薄率。如果不满足,可采用多次旋压,中间加退火工序,也可以考虑采用加热旋压。

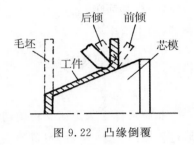

图 9.22 凸缘倒覆

如果旋轮与旋压模之间的间隙、旋轮圆角半径和进给率选择不当,凸缘就会偏离原位置,向前或向后倾斜,阻碍成形过程顺利进行。这种现象被称为凸缘倒覆(见图9.22)。凸缘倒覆后,往往出现起皱,皱褶的形式与拉深外皱类似。

二、筒形件变薄旋压

1.成形过程

筒形件变薄旋压又称流动旋压或强力旋压,其成形过程如图9.23所示。旋轮沿筒形毛料轴向进给,筒形毛料随旋压模同步旋转。零件材料在旋轮的挤压下产生局部塑性变形,随着零件的旋转和旋轮的进给,变形扩展至整个零件,使筒壁厚度减薄,长度增加。筒形件变薄旋压的机床与非筒形件变薄旋压机床类似或者相同。

按旋轮进给方向与零件材料流动方向的差异,筒形件变薄旋压分为正旋[见图9.23(a)]和反旋[见图9.23(b)]两种。正旋时,旋轮进给方向与材料流动方向相同,而反旋时,二者相反。

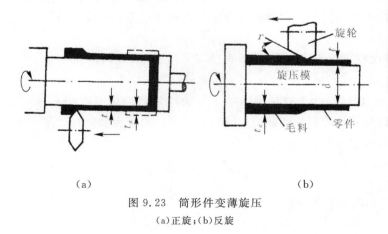

(a)　　　　　　　　　　　　　　　　(b)

图 9.23 筒形件变薄旋压

(a)正旋;(b)反旋

2.材料变形特点

(1)筒形件变薄旋压过程中,筒形毛料内径基本不变,外径减小,筒壁厚度减薄。常用壁厚

变薄率 q 作为衡量材料变形程度的指标,q 的表达式为

$$q = \frac{t_0 - t}{t_0} \times 100\%$$

式中,t_0 和 t 分别为旋压前后筒壁的厚度(见图 9.23)。q 越大,变薄越严重,材料的变形程度也越大。

(2)筒壁厚度方向变形不均匀,引起附加应力,使零件外层纤维轴向受压,内层受拉。

(3)旋轮相对于零件的送进速度在变形区是变化的。

(4)旋轮与零件之间的接触区为一空间曲面,接触压力分布不均匀。

3. 筒形件变薄旋压的成形障碍(这里主要介绍两类典型问题)

(1)破裂。筒形件变薄旋压中当变薄率超过一定值时,在筒壁上会出现破裂现象,从而使旋压成形过程无法进行。类似情况可采用多次旋压来解决。

(2)隆起。隆起也称飞边,是妨碍筒形件变薄旋压的另一种工艺问题。它产生于旋轮前,是材料流动过程中的一种失稳现象。筒壁厚度、旋轮前角和进给率是影响隆起的主要因素。当隆起保持稳定状态时,旋压过程仍可继续。当隆起逐步增长时,在超过一定的界限后会产生毛料掉皮并将零件压伤。减小进给率和旋轮前角可以减少隆起。实践表明,将旋轮设计成带台阶形有助于抑制隆起并防止其继续增长。

9.5 旋压成形的主要工艺参数

影响旋压成形过程的工艺参数很多,下面介绍几个比较重要的参数。

一、极限变薄率(见表 9.1)

表 9.1 极限变薄率

材 料	牌 号	锥 形	筒 形	材 料	牌 号	锥 形	筒 形
钢类	4130	75	75	铝类	2014	50	70
	6434	70	75		2024	50	70
	4340	65	75		5256	50	75
	D6AC	70	75		5086	65	60
	Rene41	40	60		6061	75	75
	A286	70	70		7075	65	75
	Waspaloy	40	60	钛类（热旋）	纯钛	45	65
	18%Ni	65	75		6-4	55	75
	321	75	75		B120VCA	30	30
	17~7PH	65	65		6-6-4	50	70
	347	75	75		钼	60	60
	410	60	65		铍	35	—
	H11 工具钢	50	60	难熔材料（热旋）	钨	45	

二、旋轮进给率 f

旋轮进给率是指旋压模每旋转一周旋轮沿零件母线方向的进给量。进给率大小对旋压力大小、成形效率、可旋性和成形质量等均具有直接影响。

进给率增大,使生产率提高,零件贴模紧,对提高零件的精度有利。但也使旋压力增大,零件表面粗糙度增加。进给率过大或过小,都可能造成机床的振动或爬行,从而影响零件质量。因此,旋轮进给率的选择受很多条件的制约,表 9.2 是一些经验值,仅供参考。

表 9.2　旋轮进给率的参考值

类型	进给率/(mm·r^{-1})	备　注
薄板锥形件变薄旋压	0.1～1	
厚板锥形件变薄旋压	1～2	
筒形件变薄旋压	0.3～2.5	常用的是 0.5～1.5

三、旋压模转速 N

旋压模转速对旋压成形过程有一定影响。增大转速,有助于提高生产率,但过高的转速往往会导致旋压模摆动和机床振动,使零件精度降低。此外,在进给率和旋压模尺寸确定的条件下,转速增高,材料产生的变形热量增高,需要更好的冷却。表 9.3 为几种常见材料旋压时旋压模转速的经验值。

表 9.3　旋压模转速的经验值

材　料	转速 N/(r·min^{-1})	材　料	转速 N/(r·min^{-1})
硬黄铜板	1200	紫铜板	600
纯铝板	300～500	不锈钢板	200～300

四、冷却、润滑

旋压成形过程中,零件材料在旋轮的挤压下产生局部塑性变形,变形功大部分转化为热能,加之旋轮与零件之间的摩擦,形成了变形区的高温状态。为了保证旋压成形过程稳定进行,防止零件材料黏附到旋轮或旋压模表面上,应对变形区进行充分的冷却和必要的润滑。表 9.4 为旋压成形常用的冷却润滑剂适用范围。

表 9.4　旋压成形常用的冷却润滑剂

材　料	冷却润滑剂
铝合金	机　油
低碳钢	机　油
合金钢	乳化液
不锈钢	机油或乳化液冷却,二硫化钼油剂润滑

五、旋轮

旋轮是旋压成形的主要工艺装备之一,它对零件施加成形力,并且高速旋转。因此,旋轮承受着很大的作用力和剧烈的摩擦作用,对旋压成形效果有着重大的影响。表 9.5 为旋轮结构参数的经验值。

表 9.5　旋轮结构参数的经验值

材　料		$\alpha/(°)$	$\beta/(°)$	$\gamma/(°)$	ρ/D
软钢		20~25			
不锈钢	经过退火	25~30	3~6	3~5	0.015~0.03
	未经退火	25 左右			
合金钢		25~30			
铝及其合金		12~15	3	3	0.04~0.09
黄铜		25~30	3	3	—

安全·小·提·示

为保证零件质量和安全生产,旋压操作应注意以下几点。

(1)旋压棒或旋压刮刀,应先检查其手柄的固定是否可靠。旋压模工作前也必须加以检查,如有缺陷应加以排除。

(2)旋压棒的工作部分在赶辗材料靠向模具时,应保证手柄部分灵活转动。

(3)旋压棒的安置应视工作性质而定,重型操作应使用刀架,轻型操作可运用托架。

(4)木质模具不应有裂纹,组合式模具表面上不应有突出的木螺钉。

(5)从可卸式模具上卸下零件时,应先将模具连同零件一并取下,然后再在工作台上取出零件。

(6)机床的转动部分应加防护罩保护。

思　考　题

1.何谓旋压成形? 简述旋压成形的特点。

2.旋压成形如何分类?

3.旋压工具有哪几种? 旋压棒的工作部分有哪些不同的形式?

4.常用旋压模具材料有哪些? 简述常用旋压模具材料各自的特点。

5.何谓普通旋压? 简述普通旋压的特点。

6.在普通旋压过程中材料变形有何特点?

7.在普通旋压中可采取何种措施进行防皱?

8.锥形件变薄旋压材料变形有何特点?

9.锥形件变薄旋压过程中为什么会产生皱褶和破裂?

10.何谓正旋和反旋?

11.变薄旋压过程中厚度变薄率表达式是什么? 它与变形程度有何关系?

12.旋压成形的主要工艺参数有哪些?

第10章　落 压 成 形

随着新工艺新技术的不断发展,落压成形的零件种类正在减少,但在新机型试制和小批量生产中,仍可充分发挥其优势。本章主要讲述落压成形的基本原理及特点、主要落压设备工作原理及结构、落压模种类及典型结构、落压成形方法及要点、落压成形质量分析与技术安全等。

教 学 要 求

(1)理解落压成形的基本原理。
(2)了解主要落压设备的工作原理和简单构造。
(3)掌握落压成形的工艺过程。
(4)了解落压模的种类、结构和所用材料。
(5)理解落压成形的质量分析与技术安全。

内 容 框 架

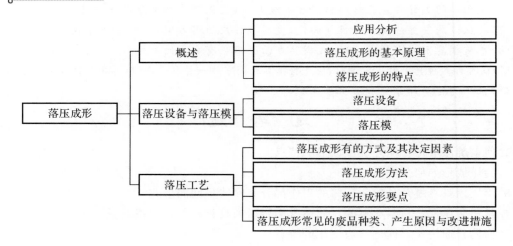

10.1　概　　述

一、应用分析

用铝及铝合金、镁合金、钛及钛合金、低碳钢、不锈钢等金属板材制造的外形复杂、曲面急

— 256 —

剧变化的钣金零件,一般都可以采用落压成形,再经过校形或修整,达到图纸要求。现代飞机结构件中,外形复杂、尺寸较大的双曲度钣金零件,如各种舱门的蒙皮和口框、机尾罩、翼尖、整流包皮、半管、油箱底盖和椅盆等,用弯曲、拉深、橡皮成形等方法都难以成形或不能成形,这样的零件可以采用落压成形方法制造。

由于落压成形具有其他成形方法所没有的某些优点,因此,目前国内外的航空工厂仍广泛采用。但由于它存在不少弊端,因此不适宜大批量生产。对于表面质量和外形准确度要求高的零件,尽量不用落压成形。在具备大吨位(单位压力高)、大台面液压机或其他先进钣金成形设备的情况下,也尽可能不采用或少采用落压成形。

随着新工艺新技术的不断发展,落压成形的零件种类正在减少,但在新机型试制和小批生产中,落压成形仍可充分发挥其优势。

落压成形的零件按其形状分,有蒙皮(包括翼尖、机头罩、机尾罩、整流包皮、油箱外皮等)、口框、板弯型材、盒形件及半管等类型。落压成形的典型零件如图 10.1 所示。

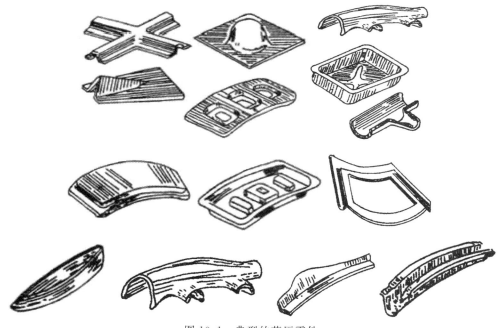

图 10.1　典型的落压零件

二、落压成形的基本原理

落压成形是利用落锤的冲击力将金属板料压制成所需曲面零件的一种钣金成形工艺。

落压成形原理如图 10.2 所示,落压模的上模固定在落锤的锤头上,其下模放在锤砧的工作台上,毛料放在落压模的下模上。锤头带动固定在其上的上模 1 沿落锤立柱的导轨,从一定的高度落下,捶击毛料 2,使毛料沿下模 3 的型面流动并产生塑性变形。上下反复几次,一直压到毛料符合模具形状为止,从而获得所需要的零件。

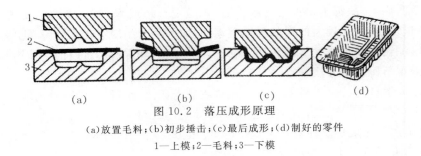

（a） （b） （c） （d）

图 10.2 落压成形原理

(a)放置毛料；(b)初步捶击；(c)最后成形；(d)制好的零件

1—上模；2—毛料；3—下模

落压成形是一种综合性的成形方法。落压成形过程，实质上就是收料和放料的过程。但收料过度易使毛料失稳而起皱，阻碍毛料的进一步变形。此时，应及时消除皱纹（即进行平皱），使成形顺利进行；放料易使毛料产生不均匀的应力分布，轻者致使毛料局部变薄，重者开裂。所以在成形过程中，必须很好地掌握收料和放料、平皱及垫橡皮等方法，使落压成形顺利进行，完成零件的全部成形过程。

三、落压成形的特点

落压成形与钣金件的其他成形方法相比较，有如下优点。

（1）落压成形是一种综合性的半机械化成形方法。在成形过程中，可视具体情况，机动、灵活地随时穿插平皱、垫橡皮、收边和放边等手工工作。

（2）在落压成形过程中，锤头下落的高度、锤头速度及锤击的轻重，可由工人灵活控制与掌握，因此，零件的变形速度与变形程度也可根据需要灵活掌握。

（3）落压成形能够成形其他工艺方法不能或难以成形的零件。

（4）落压成形所用的模具，结构简单、制造方便、容易加工，故成本低，生产准备周期短。

（5）落压成形使用的设备，构造简单，是钣金成形设备中价格较低的一种。

落压成形的缺点有以下几点。

（1）落压成形中材料所受的应力及其变形规律不好掌握，需要技术熟练的工人巧妙地操作，才能保证顺利地压制出高质量的零件。

（2）在落压成形过程中，需要随时进行敲修和平皱等手工工作，否则零件易形成死皱、变薄和破裂。因此，生产率低，废品多，零件精度差。

（3）材料的利用率低。

（4）模具寿命较低，特别是铅上模的寿命更低。

（5）劳动条件差，安全性差。

10.2 落压设备与落压模

一、落压设备

落压成形的主要设备是落锤，辅助设备有点击锤、收缩机、雅高机、振动剪、辗光机等。

1.落锤

（1）落锤的规格和技术性能。落锤是利用重物下落的冲击来提供成形能量的机床。在落锤中,上述重物即为锤头加上模。

目前各飞机制造厂所使用的落锤都是气动式。其吨位有 0.8 t,1.5 t,2 t,3 t 和 5 t 等五种规格。落锤的吨位是以在 5 atm(1 atm=101.325 kPa)下,汽缸所能提起落压模上模的最大质量来表示的。落锤的主要技术性能见表 10.1。

表 10.1　空气式落锤的技术性能

型号	工作台尺寸 长×宽 mm	锤头最大行程 mm	5 atm		机床外廓尺寸 mm	最大 锤击速度 m·min^{-1}	锤击次数 次·min^{-1}
			吨位 t	全程锤击力 t			
0.8	900×700	850	0.8	320～480	1 800×1 800×4 200	4	30
1.5	1 200×900	1 050	1.5	600～900	2 200×1 450×4 735	4	30
2	1 200×1 200	1 100	2	800～1 200	2 200×1 140×5 135	5.5	25
3	1 700×1 700	1 200	3	1 200～1 800	2 750×2 160×5 730	5	2.3
5	3 100×1 800	1 500	5	2 000～2 500	4 450×3 000×7 500	5.5	1.6

(2)落锤的构造。落锤虽然有五种规格,但它们的构造却基本相同。其简单构造如图 10.3 所示。

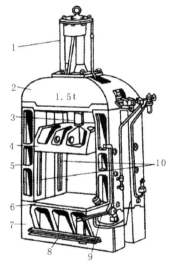

图 10.3　空气式落锤

1—汽缸;2—横梁;3—活塞杆;4—锤头;5—立柱;
6—工作台;7—锤砧;8—脚踏板;9—操纵手柄;10—导轨

1)锤砧。锤砧是落锤的基础,其上安装工作台和立柱。

2)工作台。工作台是用螺栓固定在锤砧上,落压模的下模放在工作台上。

3)立柱。立柱是用 4 个装有弹簧的螺栓固紧在锤砧上。立柱上有导轨,以供锤头上、下滑行时导正。它上面还有锁紧卡板及其作动筒,以便将锤头悬停于工作台上方的一定高度处。

4)横梁。横梁是用 8 个装有弹簧的螺栓固紧在立柱上的。这样,它把锤砧、立柱连接成整体。在横梁上面安装汽缸。汽缸的活塞杆通过横梁上的孔与锤头连接。

5)活塞杆。活塞杆是一个极其重要的构件。它带动锤头进行锤击。

6)栓头。栓头是通过锤头上的孔用双头螺丝固定落压模的上模的。

除以上六大部分外，还有操纵机构、压缩空气分配机构、空气过滤器、消声器和润滑装置等。

（3）落锤的工作原理。落锤的工作原理如图 10.4 所示。落锤的操纵方法有手脚操纵和双手操纵两种。用双手操纵的落锤，只有当工人的两只手同时操纵其两个手柄时，才能启动，故工作比较安全。

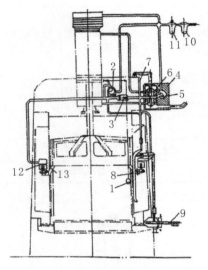

图 10.4　气动式落锤的工作原理

1—滑轮开关手柄；2—滑轮开关；3—控制压缩空气进入滑阀室的作动筒；4—滑阀室；5—滑阀室的限流阀；6—滑阀；
7—滑阀拉杆；8—军刀式杠杆；9—操纵手柄；10—空气过滤器；11—油壶；12—锁紧卡板作动筒；13—锁紧卡板

双手操纵落锤的工作原理及操纵过程如下。

图 10.4 为锤头停在上限位置。在启动落锤之前，要打开压缩空气管路中的各个开关，让压缩空气进入分气机构。然后用左手拉下滑轮开关手柄 1，使压缩空气进入限流阀 5 和锁紧卡板作动筒 12，再进入滑阀室 4。随后用右手将操纵手柄 9 稍向上提，这时锤头向上移动而锁紧卡板 13 收回。这就可以操纵锤头进行锤击。

锤头的上下运动方向与操纵手柄 9 的上下移动方向是一致的：操纵手柄 9 向上提，锤头上升；操纵手柄 9 向下按，锤头下落。锤击力的大小取决于限流阀 5 开启的大小（即进气量的多少）和操纵手柄 9 下按的速度。进气量大、下按速度快，锤击力就大；反之，锤击力小。

当不锤击而修整零件或取放零件时（或工作结束后），要将锤头升到上限位置，锁紧卡板 13 伸出导轨，再把锤头停在锁紧卡板 13 上。

2.辅助设备

（1）点击锤（或雅高机）。点击锤的功用是对板料或工序件进行局部放料和消皱。

（2）收缩机（或雅高机）。收缩机的功用是对板料或工序件周边进行收料，使材料拱曲而达到预先成形的目的。

（3）振动剪。振动剪的功用是切割多余毛料以便成形。该设备切割精度低，不能用于最后精切割。

（4）辗光机。辗光机的功用一是辗光零件表面；二是对曲面零件的某一区域进行局部放料，以使板料弯曲；三是根据加工零件的曲度不同，可更换不同形状的滚轮以求改变加工曲度。

二、落压模

落压成形用的模具叫作落压模（也称落锤模）。

1.落压模的种类

（1）按制造落压模的材料分有环氧塑料落压模、聚氨酯橡胶落压模和铅锌落压模（又叫铅锌模）三种。

1）环氧塑料落压模。它是用环氧塑料塑造而成的，一般用锌合金铸成基体，型面用环氧塑料塑造。这种模具的型面尺寸准确、协调精度高。但因环氧塑料是脆性材料，使用中型面上易出现沙眼或气孔而损伤零件，甚至型面裂损，故不适合大批量生产使用。

2）聚胺氨橡胶落压模。它也是用锌合金铸成基体的，其型面用聚氨酯橡胶塑造而成。材料具有弹性，不易裂损。用这种模具压制零件不会损伤，贴模度好，适用于压制厚度较薄的蒙皮类零件。但因这种材料弹性大，硬度低，有时零件的皱纹压不平。

3）铅锌模。它是全金属模具，由铸件毛料经钳工加工而成。上模材料是铅合金。它的密度大，较软，锤击零件的效果好，不易划伤零件。下模材料是锌合金，其强度、硬度都能满足成批生产的使用要求，寿命长，故使用比较广泛。

（2）落压模按用途分有成形模、过渡模和校形模三种。

1）成形模。这种模具的型面与零件形状、尺寸完全一致，直接用来压制成形零件而不需要过渡模和校形模，适用于压制形状比较简单的零件。

2）过渡模。模具型面制成零件大致的过渡形，用来成形出零件的雏形或过渡形，再用校形模校正成零件的最后形状。其精度要求不高，适用于形状复杂，用成形模不能直接成形的零件。

3）校形模。它的型面与零件的最后形状完全一致，专门用来校正零件使其达到所要求的形状，因此它的精度要求很高。

2.落压模典型结构

落压模的典型结构如图 10.5 所示。落压模由上模和下模组成。起重耳环起吊搬运作用，铸入上下模内。带台阶的螺母是往锤头上固紧上模用，只铸入上模的上部。导向块（或导向槽）起上下模导向用（有时为了防止上模变形）。上模与锤头固定形式如图 10.6 所示。

3.落压模与落锤的匹配

（1）上模的质量应小于落锤的标定吨位值。

（2）落压模的外廓尺寸不得超过落锤台面的有效尺寸。

（3）上下模的开启高度不得超过锤头的最大行程。

4.落压模加工制造过程

环氧塑料落压模和聚氨酯橡胶落压模的制造过程大致相同。先按已制好的模型（石膏模或木模型）做砂型，往砂型中浇铸熔化好的锌合金液体，凝固冷却后成为模体。再按反模型或实样用环氧塑料或聚氨酯橡胶塑造型面，经加热固化或硫化后即可，上下模制好后刨平上下模面,检验合格即可使用。

铅锌模的制造过程则不同。它必须先制造下模,再按已加工好的下模铸造上模。

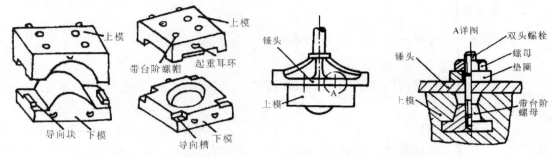

图 10.5　落压模的典型结构　　　　图 10.6　上模与锤头的固定形式

(1)下模的制造过程(见图 10.7)。

1)做砂型(造型)。按正(反)模型或石膏模(也可按模胎)制造砂型,并烘干,如图 10.7(a)～(g)所示。

2)浇注下模,如图 10.7(f)所示。

3)加工下模。按样板或反模型(有时也按实样)加工型面,划出必要的基准线及零件边沿线。

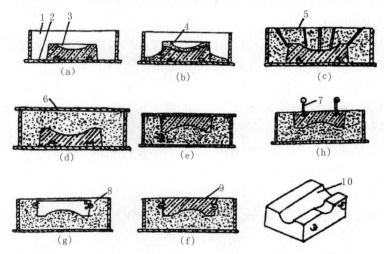

图 10.7　下模的造型和浇注

1—砂箱;2—底板;3—石膏模;4—新砂;5—旧砂及气孔;6—盖板;
7—吊钩,取出石膏模;8—起重耳环装入制好的砂型;9—浇注下模;10—制好的下模

(2)上模的制造过程(见图 10.8)。

1)造型[见图 10.8(a)～(c)]。

2)浇注上模,如图 10.8(d)所示。

3)钳工修光,并研合上、下模的间隙。

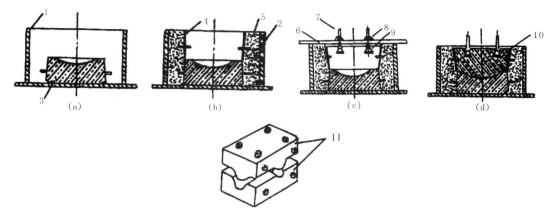

图 10.8　上模的造型和浇注

1—砂箱；2—型砂　3—下模；4—框板；5—起重耳环；6—浇铸样板；

7—螺栓；8—螺母；9—台阶螺母；10—浇铸上模；11—制好的铅锌模

随着数控加工机床的普及，落压模型面的加工也逐步由手工加工提升为数控机床加工，加工效率明显提高，落压模的制造精度提升得更大。

10.3　落 压 工 艺

落压零件尽管其几何形状千差万别、千变万化，但总体来说，不外乎凸曲面和凹曲面两大类或者两者兼而有之；就其变形方式来说，不外乎以拉为主和以压为主或拉压两种变形方式的组合。

以拉为主的变形方式——"放"。在这种变形方式下，板料的成形主要是依靠其纤维的伸长与厚度的减薄来实现，拉应力的成分越多，数值越大，板料纤维的伸长与厚度减薄越严重。以压为主的变形方式——"收"。与上述相反，在这种变形方式下，板料的成形主要是依靠其纤维的缩短与厚度的增加来实现，压应力的成分越多，数值越大，板料纤维的压缩与厚度增加越严重。

一、落压成形的方式及其决定因素

1. 落压成形的方式

（1）压缩成形。这种成形方式所用的落压模，其下模是凸模，工作面的形状与零件内形相符（见图 10.9）。

（2）拉伸成形。这种成形方式所用的落压模，其下模是凹模，工作面的形状与零件的外形相符（见图 10.2）。

（3）混合成形。这种成形方式所用的落压模，其下模凸、凹部分都有（见图 10.10）。

2. 决定落压成形方式的因素

在确定落压成形方式时，首先考虑的因素有以下几个方面。

（1）采取哪一种变形方式有利。

（2）能否一次压成及过渡模的道数与形式。

（3）能否保证零件质量。

（4）模具制造难易程度及使用要求。

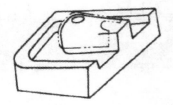 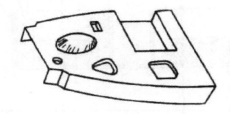

　　　　图 10.9　压缩成形　　　　　　　　图 10.10　混合成形（仅示出零件）

二、落压成形方法

对于形状比较简单的零件用成形模一次可以成形。有的零件落压后还要穿插手工修整工序，然后再进行落压到最终要求的形状。对于形状比较复杂的零件则可采用垫层板、垫橡皮等方法成形。也有的零件必须采用过渡模成形，最后经过校形达到要求。

1.一次成形

形状比较简单的零件，如曲度不大的蒙皮、框板、板制型材、半管等，用成形模一道落压工序即可成形。

2.预制-落压成形

（1）收边-落压成形。有的零件，需先将平直的毛料在收缩机（或雅高机）上收边，收缩成拱曲形再落压成形。否则，会因板料边缘收料剧烈而形成大量的皱纹，以致产生死皱，如图10.11所示。

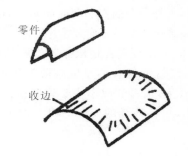 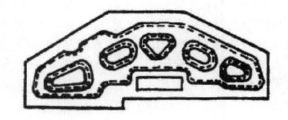

　　　图 10.11　收边-落压成形　　　　　　图 10.12　放边-落压成形

（2）放边-落压成形。对于口框类零件，中部有鼓包（鼓包中部材料需在最后切掉），在成形中，鼓包部分是拉伸，周围材料补充不进去，会导致此部分拉裂，故需在鼓包部位垫橡皮或在点击锤（或雅高机）上展放，然后进行落压，如图 10.12 所示。

3.垫橡皮成形

根据板料在落压成形过程中变形的具体情况，在毛料的上面或下面垫上不同形状与厚度的橡皮进行锤击，可以使成形顺利进行。因为橡皮具有弹性和可压缩性，特别是它的摩擦力大，在锤头和上模锤击力的作用下它能贴紧板料，随着橡皮本身的变形而带着板料流动，从而起排皱作用（见图 10.13）和储料作用（见图 10.14），而且改善板料的受力状态，以防止零件过分变薄或拉裂。此外，垫橡皮还能起加大圆角等作用，如图 10.15 所示。随着成形的进行，要逐步地取下橡皮或移动橡皮的位置，最后用上模校形，即完成了落压成形工序。

图 10.13　垫橡皮排皱

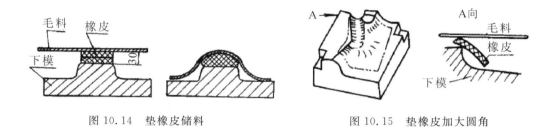

图 10.14　垫橡皮储料　　　　　　　　图 10.15　垫橡皮加大圆角

4. 垫层板成形

对于具有封闭形状的深拉深件（如盒形件），采用一道模具垫层板方法落压成形。不论下模是压缩式（凸模）还是拉伸式（凹模），均可采用，如图 10.16 所示形式。

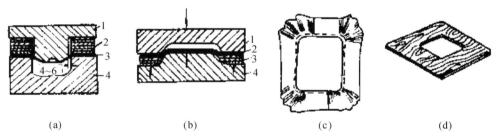

(a)　　　　　　　　　(b)　　　　　　　　　(c)　　　　　　　　　(d)

图 10.16　垫层板落压成形的形式
(a)拉伸式；(b)压缩式；(c)成形的零件；(d)单个层板
1—上模；2—层板；3—毛料；4—下模

垫层板（与毛料接触的那一层用 3～4 mm 厚的光滑钢板，其余各层用 8～10 mm 厚的木质航空层板制作），可以压紧毛料，限制上模每次捶击压进的深度，控制变形量，以便循序渐进地将毛料拉入下模型腔，使之少产生皱纹或避免拉裂，如图 10.17 所示。

5. 过渡模成形

对于形状复杂、深度较大的双曲度零件，采

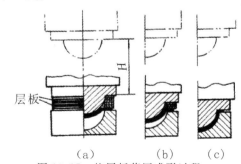

(a)　　　(b)　　　(c)

图 10.17　垫层板落压成形过程
(a)第一次捶击；(b)中间捶击；(c)最后捶击

用上述方法不能或难以成形时,采用过渡模(两道或几道模具)成形。

所谓过渡模成形,就是用过渡模先成形出深度较浅的或形状简单的过渡初形(起贮料作用,以备下一步成形的需要),以便防止板料在成形过程中过分起皱、变薄或拉裂,然后再按校形模落压校形。

根据零件的具体情况,用过渡模成形方法大致有以下几方面,供选用。

(1)加大圆角,使材料流动顺利,如图 10.18 所示。

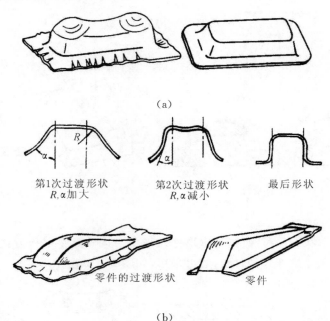

(a)

第1次过渡形状
R,α 加大

第2次过渡形状
R,α 减小

最后形状

零件的过渡形状

零件

(b)

图 10.18　加大圆角

(2)划分成形区域,由里往外依次成形,如图 10.19 所示。

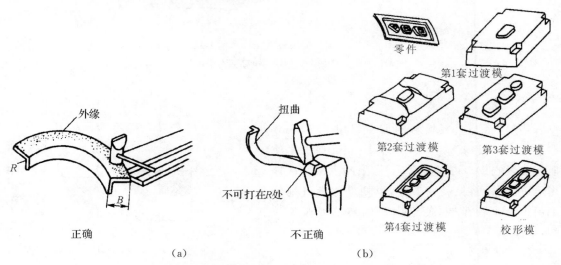

外缘

R

B

正确

(a)

扭曲

不可打在R处

不正确

(b)

零件

第1套过渡模

第2套过渡模

第3套过渡模

第4套过渡模

校形模

图 10.19　划分成形区域,由里往外依次成形

（3）先成形局部，再成形全部，如图 10.20 所示。

零件　　　第1次过渡件　　　第2次过渡件

图 10.20　先成形局部，再成形全部

（4）缓和变形程序，如图 10.21 所示。

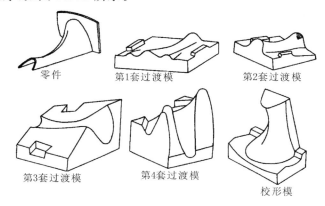

零件　　　第1套过渡模　　　第2套过渡模

第3套过渡模　　　第4套过渡模　　　校形模

图 10.21　缓和变形程度

（5）降低高度，储存材料，如图 10.22 所示。

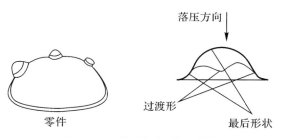

落压方向

过渡形　　　最后形状

零件

图 10.22　降低高度，储存材料

（6）重叠成形。对于材料厚度小于 0.6 mm 的零件，可以把几件重叠起来一起落压成形，然后再单个分别校形。这样，不但提高效率，而且能减少皱纹，提高零件的表面质量。

（7）成组成形。对于小型零件，如板制型材、小整流罩等，为提高效率、节省原材料或改善受力状态，可以把两件或几件连在一起（下一块毛料），成组落压成形，然后在各个切开，分别校形，如图 10.23 所示。

6.拉形-落压成形

对于某些双曲度而变形量又大的蒙皮类零件，其外表面与气动力外形有关，表面质量、制造精度和协调精度及光滑流线程度要求很高。如果毛料直接落压成形，则形成很多皱纹而达不到质量要求。因此，需先把毛料放在蒙皮拉形机上拉形后再落压成形，如图 10.24 所示。

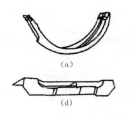
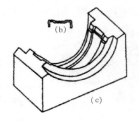

图 10.23　成组成形零件

(a)单个零件;(b)两件相连(仅示出零件端头形状);(c)模具;(d)两件相连

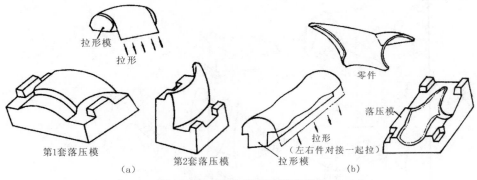

图 10.24　拉形-落压成形的零件

(a)机头罩零件的成形过程;(b)机尾罩零件的成形过程

7.落压-旋压成形

对于某些大型旋转体零件,如果仅用旋压成形,不但需要多道旋压模进行旋压,而且往往因板料过分变薄而达不到技术要求。这时,可先落压成形为过渡雏形,再旋压成零件的真实形状,如图 10.25 所示。

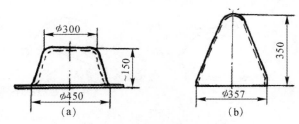

图 10.25　落压-旋压成形

(a)落压预成形后的零件;(b)旋压零件

8.滚弯-落压成形

曲度大的近似单曲度的零件,可先将毛料在滚弯机上滚出曲度,再落压成形,如图 10.26 所示。

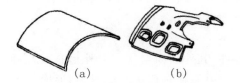

图 10.26　滚弯-落压成形

(a)滚弯预成形后的零件;(b)落压零件

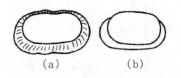

图 10.27　拉深-落压成形

(a)拉深预成形后的零件;(b)落压零件

9.拉深-落压成形

形状比较规则的箱体零件,可先将毛料通过拉深预成形(压边力不可过大,防止壁厚变薄),再落压成形,如图 10.27 所示。

落压成形以后,还要将半成品加工成成品零件。主要的钣金加工工序有以下几个。

(1)划出零件边沿线。

(2)切割外形及开孔(无孔者除外)。

(3)修整。

(4)淬火(不需要者除外)。

(5)修整淬火产生的变形。

(6)最后切割到尺寸。

(7)检验。

(8)表面处理(不需要者除外)。

(9)移交到使用单位。

三、落压成形要点

在落压成形过程中放料和收料的程度和部位要掌握好,即正确掌握与控制材料的流动。其原则是"开流"和"限流"。

"开流",就是在需要材料收和放时,应设法减小材料流动的阻力,让其顺利流动。这就要求落压模的间隙及凸模圆角适当,做到合理润滑。

"限流",就是在不需要材料流进的地方,加大其流动阻力,限制其流动。

达到以上要求的具体办法有以下几种。

(1)采用正确的毛料尺寸。

(2)采用合理的模具间隙。

(3)做到合理收料和放料,随时平皱。

(4)正确使用层板及垫橡皮。

四、落压成形常见的废品种类、产生原因与改进措施

在落压成形过程中,零件上的应力、应变分布十分复杂且极不均匀。在拉应力大的部位,轻者变薄,重者产生裂纹,甚至开裂;而压应力大的部位,材料会因失稳而起皱,甚至出现死皱。因此,零件局部变薄、裂纹、开裂以及形成死皱,是落压零件废品的主要特征,其产生原因与改进措施见表 10.2。

表 10.2　落压成形常见的废品种类、产生原因与改进措施

废品种类及特征	产生原因	改进措施
表面划伤和擦伤	(1)落压模型面不光滑或未擦净; (2)毛料有毛刺或未擦净; (3)落压模间隙不合理; (4)落压成形过程中润滑不良	(1)擦净并打光落压模型面; (2)去除毛刺,擦净毛料; (3)采用合理的模具间隙; (4)加润滑剂
皱纹或死皱	(1)收料不当而造成多料或者收料剧烈; (2)锤击中形成的皱纹没有及时展开; (3)落压模间隙大; (4)毛料小	(1)做到合理收料,正确使用层板及垫橡皮,随时平皱; (2)采用合理的模具间隙; (3)采用正确的毛料尺寸

续表

废品种类及特征	产生原因	改进措施
局部变薄形成裂纹或开裂	(1)放料不当; (2)一次锤击的变形量过大; (3)毛料大,边缘有毛刺; (4)落压模的间隙小; (5)落压模的凹模圆角小	(1)做到合理放料,正确使用层板及垫橡皮; (2)一次锤击的变形量要适当; (3)采用正确的毛料尺寸,去除毛刺; (4)采用合理的模具间隙; (5)落压模的圆角半径要合理

安全·小·提示

落压工段不安全因素较多。不论是使用吊车吊运落压模,还是开动落锤落压成形零件,或者使用点击锤等设备工作时,都要遵守安全操作规程。

落压成形的技术安全规则如下:

(1)工作前,检查落锤各部分是否正常,在导轨上涂润滑油,检查压缩空气开关、锁紧卡板及操纵手柄等是否可靠,确认无问题后可空车运转 2～3 min,一切正常时,方可正式使用。

(2)压缩空气管路中的气压小于 0.49 MPa 时,不得开动落锤。

(3)固定上模用的螺杆,必须按规定数量装齐拧紧,并用钢索补充固定,以防止上模坠落伤人。

(4)必须将锤头上升至锁紧卡板上,放稳后,方可装卸落压模及取、放、修整零件。

(5)工作时,严禁用任何重物压住脚踏板或滑轮手柄进行操作。

(6)工作过程中,经常检查螺母、螺杆紧固情况和落压模有无损坏和裂纹。发现故障,及时排除。

(7)两人同时在落锤上成形零件时,开动落锤的人员必须听从取放零件人员的指挥,不得任意开动。

(8)工作过程中,使用吊车、点击锤、振动剪床、收缩机等设备时,应遵守这些设备的安全操作规程。

(9)工作结束后,锤头应锁紧,关闭各个开关。

思 考 题

1.何谓落压成形? 哪些类型零件适合落压成形?

2.落压成形的特点是什么? 其实质是什么?

3.落压成形的主要设备是什么? 其主要构造是什么?

4.落压成形的辅助设备常用的有哪些及各自功用是什么?

5.落压模有哪几种? 落压模与落锤的匹配要求是什么?

6.落压成形过程中垫橡皮的作用是什么?

7.落压成形过程中垫层板的作用是什么?

8.用过渡模成形有哪几种类型?

9.落压成形的要点是什么?

10.落压成形常见的废品种类、产生原因与改进措施各是什么?

第 11 章　其他钣金成形工艺方法

内 容 提 示

　　本章主要讲述喷丸成形、加热成形、蠕变成形、应力松弛成(校)形、冷冲挤、胀形、高能成形、超塑性成形、多点模成形、数控渐进成形及激光无模成形等钣金成形方法工作原理、特点、工艺过程,并简单介绍钣金零件数字化制造与检测相关知识。

教 学 要 求

　　(1)了解钣金新材料、新工艺、新技术的特点。
　　(2)了解钣金新工艺的工作原理和工艺过程。

内 容 框 架

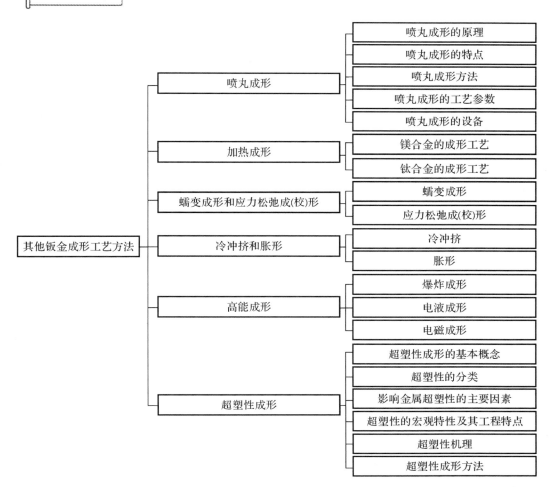

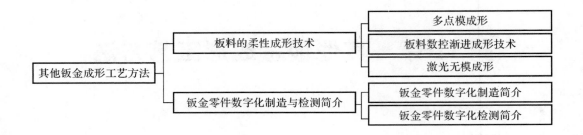

11.1 喷 丸 成 形

为了增加结构强度和减小结构质量,20 世纪 50 年代中期,在高速歼击机和大型运输机中出现了可替代铆接结构的整体结构和整体壁板。整体壁板不仅强度高,而且平面尺寸也大,闸压、滚弯和拉形等成形方法都不能满足成形要求,喷丸成形就是适应这种要求而诞生的一种工艺方法。

喷丸技术早期主要用于强化零件表面层,使表面层产生压缩应力,达到提高抗疲劳强度和抗腐蚀能力的目的,以后才用于成形整体壁板。正确地选择喷丸工艺参数和受喷区域,恰当地施加预应力或与其他成形方法组合使用,可加工外形和型面较复杂的整体壁板。

一、喷丸成形的原理

喷丸成形是利用高速的球形弹丸打击零件表面,使零件产生变形,以达到成形目的的一种工艺方法。

喷丸成形原理如图 11.1 所示,借助压缩空气或高速叶轮的离心力驱动球形弹丸高速撞击零件表面,使其上表面形成无数个小坑,每个小坑都有材料被挤出来,向四周延伸,结果使整个上表面面积增加,而紧靠上表面的零件内层没有受到冲击,仍保持原来的面积,这

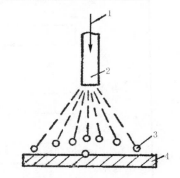

图 11.1 喷丸成形原理图
1—压缩空气;2—喷嘴;3—球形弹丸;4—被加工的零件

样上表面的伸长就受到内层纤维的限制,因此上表面受压应力,而内层纤维受到上表面伸长的影响,内层受拉应力。上表面伸长的结果使整个零件弯曲变形(见图 11.2),因此下表面受到压缩。喷丸成形后的零件厚度上的应力分布如图 11.3 所示。可见喷丸后的应力分布是理想的。因为喷丸后,零件表面产生了预压应力,从而提高了零件的疲劳强度。

二、喷丸成形的特点

(1)喷丸成形时高速运动的球形弹丸撞击材料表层,使一定深度的表层产生塑性延伸变形。喷丸在材料表面形成的应力层,阻止和延缓裂纹的产生、扩展,能提高零件的疲劳强度。

(2)材料接受给定弹流的喷射,当覆盖率达到饱和状态时,零件就再不变形。

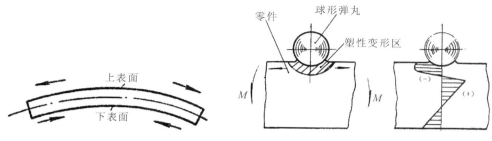

图 11.2　喷丸后零件弯曲　　　　　图 11.3　喷丸成形后的应力分布

（3）喷丸的送进方式和弹流参数可以随意匹配，加工程序有很大的灵活性。

（4）只要提供足够的弹丸散射面积，一般被加工零件的长宽尺寸不受限制。

（5）喷丸零件表层压应力的存在，提高了材料疲劳性能和抗应力腐蚀能力，该工序可以和喷丸强化同步进行。

（6）喷丸工艺的设备和工艺装备结构简单，造价低廉。

（7）喷丸工艺对工人操作技巧和经验积累依赖性很大。目前，尚未出现严格定量的工艺程序，针对具体零件靠试喷数据和工人技术进行加工。

三、喷丸成形方法

整体壁板喷丸成形的方法见表 11.1。

表 11.1　整体壁板喷丸成形的方法

喷丸成形方法	自由状态单面喷丸	预弯曲单面喷丸	预拉伸双面喷丸	组合成形	喷丸成形并强化
示意图			$N \longleftarrow \quad \longrightarrow N$		
成形特点	板料在自由状态下，接受一个表面上的弹流撞击。 长宽相等的等厚板，喷丸后为球面。 纵横刚度不同的板料，刚度小的方向弯曲变形大	板料预先施加弹性弯曲，预弯曲的方向可增加变形量；预弯曲的目的是产生弹性预应力。这一工艺是在专门的夹具中实施的	板料在单向拉伸的状态下双面喷丸	喷丸成形不能满足板料变形要求时，和其他成形方法相结合，喷丸一般安排在最后工序	板料经喷丸后应满足型面要求和取得强化效果

续表

喷丸成形方法	自由状态单面喷丸	预弯曲单面喷丸	预拉伸双面喷丸	组合成形	喷丸成形并强化
适用范围	零件纵横刚度差大,机翼壁板的纵向加强筋和翼型等百分线平行	零件纵横刚度差小,型面曲率半径小于自由状态下喷丸的极限成形半径	带弯折的机翼壁板,有"马鞍形"曲面的壁板	零件局部刚度大,喷丸不能成形	有喷丸强化要求的壁板

四、喷丸成形的工艺参数

1. 喷丸强度

喷丸强度是用标准试片受喷后的拱曲弧高来表示的。试片用冷轧钢板制成,硬度为 HRC45～50。

2. 覆盖率

覆盖率是表达被弹丸流撞击的零件表面弹坑的覆盖程度。它可计量压缩应力的均匀性。覆盖率的表达式为

$$R = \frac{S}{S_0} \times 100\%$$

式中:R 为覆盖率;S 为弹坑占有的零件表面积,mm^2;S_0 为受喷零件总面积,mm^2。

3. 弹流速度

弹流速度反映弹丸具有的动能。不论是从压缩空气喷嘴还是从高速旋转叶轮中喷出,都很难测定其确切量值。一般通过调整压缩空气压力和叶轮转速来控制其弹流速度。

4. 弹丸

弹丸是喷丸成形动能的载体,弹丸的直径、材料、硬度、形状都直接影响喷丸成形。目前喷丸成形一般用铸钢弹丸,不锈钢弹丸效果最佳;非金属弹丸(玻璃或陶瓷)主要用于喷丸强化。铝合金整体壁板最好选用不锈钢弹丸。循环使用的弹丸应该定期清理、筛选和更换。

5. 喷射角

喷射角表明弹丸流对零件撞击的方向,一般当喷嘴相对零件垂直喷射时效果最佳。

6. 弹流量

弹丸单位时间通过喷嘴或叶轮喷射的数量,按质量计。在喷丸机的输送弹丸系统中,弹丸进口大小可以控制,以调节流量。弹流量是弹流动能的计量参数之一,影响喷丸强度。

7. 喷射时间

喷射时间是弹丸喷射覆盖率的决定因素。当喷射时间使覆盖率达到饱和时,零件不再变形。

8. 喷射距

喷射距是指喷嘴或叶轮至被加工零件表面的距离,主要影响弹流速度和弹丸散射面积。飞离喷嘴或叶轮后的弹丸是减速运动,要在弹丸流喷射行程的最佳距离处撞击被加工零件。

五、喷丸成形的设备

1. 分类

按推进弹丸的方式可分为气动式喷丸机和离心式喷丸机。

2. 构成

典型喷丸机结构如图 11.4 所示。

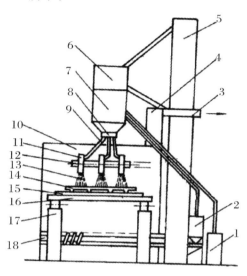

图 11.4　典型喷丸机结构图

1—破碎弹丸收集器；2—自动式装丸器；3—弹丸回收器；4—排气管；5—弹丸提升器；6—弹丸分离器；
7—弹丸储存室；8—弹丸控制活门；9—输弹管；10—工作室；11—叶轮(或喷嘴)；12—叶轮(或喷嘴)支架；
13—弹丸流；14—板料；15—垫板；16—工作台；17—工作架(座)；18—弹丸传送器

典型喷丸机一般由下列主要部件构成。

(1)弹丸的推进装置，将弹丸加速到要求的速度。气动式喷丸机的弹丸推进装置是压缩空气和喷嘴(图 11.5 利用压缩空气推动弹丸，弹丸靠自身重力落入喷嘴内，由压缩空气向外吹出，空气压力可以调节，最大用到 5 atm)，离心式喷丸机的弹丸推进装置是电动机和叶轮(图 11.6 利用叶轮转动时的离心力将弹丸甩出，滚棒 5 支持的托架 4 可垂直于纸面作纵向送进)。

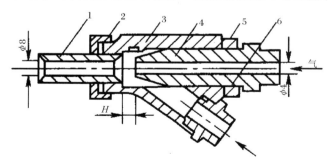

图 11.5　喷嘴结构

1—PL 喷嘴；2—连接螺母；3—枪体；4—内喷嘴；5—定位螺母；6—输弹管

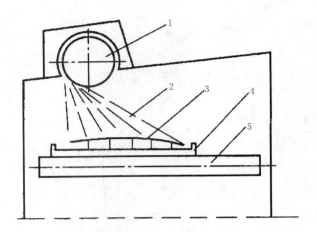

图 11.6 叶轮式喷丸示意图

1—叶轮;2—弹丸;3—金属板料;4—托架;5—托架送进滚棒

(2)弹丸输送提升机构,保证弹丸的重复使用。

(3)弹丸分离机构,清除破碎的或小于标准尺寸的弹丸,保证弹丸质量。

(4)弹丸添加装置,补充弹丸消耗。

(5)保证弹丸流和被加工板料的相对运动,一般是工作台移动,喷射室固定,反之也可。

(6)喷射室又称喷丸间,弹丸运动的密封空间,板料在此接受喷丸,控制弹丸不到处飞溅。

11.2 加 热 成 形

加热可以提高金属材料的塑性,有利于塑性加工,对难成形材料的加工尤为重要。加热成形主要解决镁合金、钛合金等低塑性材料的成形(校正),难成形的铝合金零件亦进行加热成形。

材料成形加热的目的:

(1)增加材料在一次成形中所能达到的变形程度。

(2)降低材料的变形抵抗力。

(3)提高零件的成形准确度。

一、镁合金的成形工艺

1.加热温度

镁合金板料加热成形温度见表 11.2。

表 11.2 镁合金板料加热成形温度

材料牌号	成形温度/℃	时间控制/h
MB1	300～350	
MB8	280～350	≤1
MB15	250～300	

加热温度太低,加热效果不明显;加热温度太高,材料的抗拉强度过低,在变形过程中材料受拉的部位容易发生拉裂。当加热温度超过 465℃时,出现红脆,材料脆性破裂,不能成形。镁板在 320～350℃的加热时间不能超过 1 h,否则晶粒长大变粗,降低材料的使用性能。

2.加热方法

常用的加热方法有三种:一是加热毛料;二是加热模具;三是同时加热毛料和模具。

(1)加热毛料。毛料的加热方法常见的有空气电炉加热、电热平台加热、石英灯加热和喷灯加热。加热毛料的方法最简单,可以利用通用的空气电炉或电热平台等预先加热毛料,模具不加热,工艺装备简单。但将加热的毛料从电炉中和平台上转移到模具上时,由于薄板的相对厚度小,散热面积大,降温迅速,因此只能用于零件尺寸小,加工时间短,毛料与模具间接触面积不大的情况。为了减少毛料的散热损失,可在模具和毛料间衬以玻璃布,或用导热性低的耐高温非金属材料,如玻璃夹布胶木制造模具。空气电炉属于通用设备,功率大,加热温度易于自由调节,但是毛料的装卸较不方便,炉腔的空间利用率较低。电热平台台面尺寸按需要确定,图 11.7 为一加热板料用的电热平台,在钢质平台上开有一系列均布的电热管安装孔,孔中插入图 11.8 的电热管元件。通电以后,用热电偶和仪表自动控制平台的温度。加热时,将毛料平铺于平台台面上,利用接触传热加热毛料。台面可用罩盖盖住,减少热量损失,平台和支架之间垫有石棉绝热板。图 11.9 是型材加热用平台。石英灯加热如图 11.10 所示,要求能迅速移开石英灯,在 1～2 s 内使模具闭合。喷灯加热是一种最简单的方法,但加热不均匀,难以正确掌握加热温度(一般用测温笔加以控制),大多用于锤拱和手工修整时局部加热毛料。单纯加热毛料,由于毛料加热后要利用常规的冷成形设备和模具来进行成形,考虑毛料温度因热量散失,将有 70～150℃的降低,所以毛料的加热温度也要提高一些。

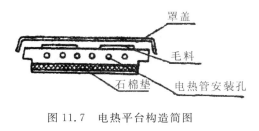

图 11.7　电热平台构造简图

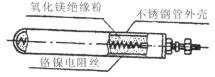

图 11.8　电热管元件

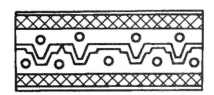

图 11.9　型材加热用平台

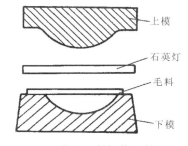

图 11.10　石英灯照射加热毛料

(2)加热模具。模具加热有两种方式,一种是自身带热源,如电热管、电阻丝等;另一种是不带热源,如橡皮压制模和其他小尺寸模具,通常可用加热平台、喷灯等外来加热源加热。图 11.11 为使用电热管的弯曲模。模中开孔,同时插入电热管,接通电路,模具的加热可用热电偶控制。

（3）同时加热毛料和模具。落压成形、橡皮压制、拉形、手工校形等工序一般需要同时加热毛料和模具，例如橡皮压制时，毛料和成形模可以同时放于电炉或平台上加热，然后迅速移到液压机上成形，这时必须在毛料上垫以厚度不小于 40 mm 的耐热橡皮。当镁合金零件数量较多时，也可将液压机的某一活动台面做成电热式，以便工作的进行。

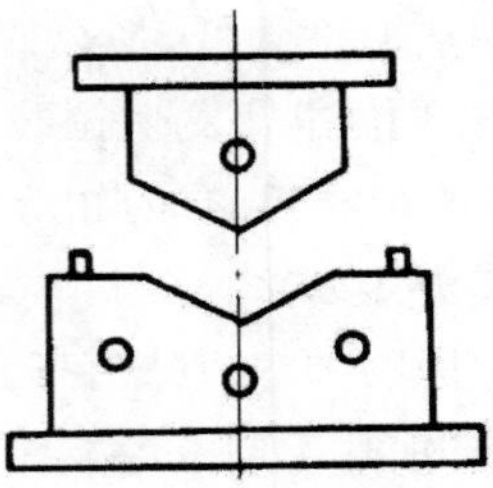

图 11.11　带电热管的弯曲模

3.模具材料

需要加热的模具必须用金属材料制造。一般用铸钢或铸铁，要求较高时用锻模钢（3Cr2W8V，5CrMnMo,9CrSi）。

4.润滑剂

镁合金热压成形所用的润滑剂应有足够的耐热性，并且不致引起腐蚀。拉深、拉形和落压工作一般可用 20％石墨或云母粉和 80％汽缸油的混合剂润滑。橡皮压制时，可以采用细滑石粉，撒于毛料和橡皮表面，以防橡皮黏附于加热的毛料上。由于镁合金极易腐蚀，生产中必须注意防护，去油后的板料在车间的存放期不得超过 30 d，零件成形时表面上残留的石墨或其他润滑剂，对镁合金有强烈的腐蚀作用，因此零件成形完后，必须除掉润滑剂的残留物，并立即进行保护处理。

5.镁合金压制工艺

（1）冲裁和剪切。将毛料加热到 250～320℃。

（2）弯曲。冷弯 90°时，$R_{min}=(4\sim6)t$。加热至 300℃时，$R_{min}=(1\sim3)t$。

（3）翻边。加热至 300～350℃，翻边系数可达 0.34～0.4。

6.操作注意事项

（1）去掉氧化层的毛料应在 10 d 以内完成加工。

（2）加工中，如果润滑油未擦净会产生污损，则应在 3 d 内进行除油处理。

（3）禁止用石墨铅笔划线，可用划针或红蓝铅笔划线。

（4）氧化处理之前，所有边缘和尖角应倒圆，氧化处理后在 24 h 内涂底漆。

（5）严格控制加热成形温度，温度过高产生过烧，成形性能降低；温度过低，易脆裂而报废。

二、钛合金的成形工艺

1.加热温度

目前生产中应用的钛合金加热成形的温度不统一，温度范围见表 11.3。

表 11.3　钛合金加热成形温度

材料牌号		成形温度/℃	允许的最大保温时间
工业纯钛	TA1,TA2,TA3	400～500	204～538℃/4 h
钛合金	TC1	500～650	538～593℃/2 h
	TC3,TC4,TA7	600～750	593～649℃/1 h

在合理范围内提高成形温度,材料的塑性好,贴模精度高,但不利的方面是钛在温度427℃以上会迅速氧化,零件超过540℃后表面氧化层开始增厚,超过700℃后将产生氧化皮,压制后的酸洗清理量加大;成形温度高,要求使用更好的模具材料,模具成本高,切削加工困难;温度越高,越不利于操作和机床的维护。因此,只要能满足零件的成形要求,应该尽量降低成形温度。

超过450℃时,为防止表面氧化,应涂以陶瓷类或其他保护剂。

2. 加热方法

加热方法与镁合金基本相同。钛合金的加热方法主要有三种:一是加热毛料;二是加热模具;三是使用专用热压机床,同时加热模具和毛料。

(1) 加热毛料。这种方法是加热成形中最简便的方法。其特点是利用一般冷成形的冲压设备和工艺装备,仅仅另行添置一套加热零件的装置。例如旋压钛合金时,毛料用焊枪加热,边烤边旋。生产少量小的浅拉深件时,可以将毛料放在冷冲模上,用喷灯烤热毛料,瞬时冲压成形。用 2 000 t 液压机拉深直径 1.6 m TA7 半球底时,模具预热到 350~400℃,毛料用电炉加热到 750℃后,迅速送入模具,20 s 内成形。钛合金的电阻极大,等于或大于铬镍电阻丝的电阻,在落压和型材拉弯中往往利用钛合金的自阻通电加热。如图 11.12 所示是自阻加热落压的示意图,毛料必须是等剖面,为了节省钛板可以在毛料两端滚焊铝板,铝板电阻小,散热快,通电后不发热,便于操作。成形前,将延伸段铝板 4 放入夹头中,在夹头的槽钢 1 内装有两端封闭的橡皮管 2,当管内通入压缩空气时,橡皮管在槽钢内膨胀,将铝板端头夹持在导电的铜板 5 与石棉垫 3 之间。然后通电,在 30~60 s 内将毛料加热到需要温度,然后迅速切断电源和气源,落下锤头打击零件。最好能将断电电气开关与落锤手柄连在一起,协同动作,每次落压后,重复上述过程,直到获得零件的最终尺寸。最后一次落压,应使上下模闭合,对零件加压至少 1~2 min。为了防止毛料与模具发生短路,可以在两者之间垫玻璃布或石棉垫,或将毛料表面涂敷陶瓷绝缘涂层。自阻加热通常用的是低电压和大电流。自阻通电加热成形的优点是可以利用工厂现有的常规设备,投资少,工装制造较简单,只需配备一台变压器及夹持零件两端以便接通电源的夹头。

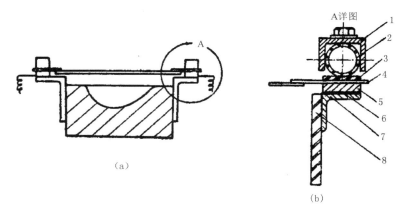

图 11.12　自阻加热落压示意图

(a)自阻加热落压;(b)夹头剖面

1—槽钢;2—橡皮管;3—石棉垫;4—毛料;5—铜板;6—绝缘板;7—角铁;8—层板

（2）加热模具。此法是先加热模具，然后将毛料放入模内加热，达到一定温度时才压制成形。在模具内直接插入或嵌入电热元件，对电热元件通电，使模具升温，再加热毛料。金属模一般用通电电热管加热，在模体上按需钻制一定数量的通孔，插入电热管。电热管的布置应使模具加热均匀（见图11.13），不然模具发生变形，上、下模间隙不均，影响零件的压制精度。拉深模不便安装电热管，一般采用图11.14结构，压边圈和凸模采用绕在瓷盘内的电阻带或电阻丝加热。凸模做成空心，通水冷却，以提高拉深件筒壁危险断面的强度。

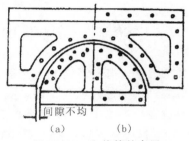

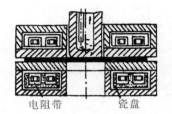

图11.13　电热管的布置

(a)电热管布置不合适；(b)电热管布置合适

图11.14　加热拉深

（3）专用热压机床。以上加热毛料和加热模具两种方案都是为了能使用常规的压制设备，如冲床、落锤等来压制钛合金零件。但由于用这些设备成形速度太快，因此成形后的零件会出现回弹，不易贴模。随着钛合金的推广使用，必然的发展结果是设计专用热压机床，在机床上安装通用的电热平台，四周屏蔽，造成均匀的加热空间，并合理地控制成形温度、压力和时间，则可以基本上做到消除回弹，零件成形后不需手工修整，大大简化了模具结构，提高了工作效率和零件的压制质量。

1)钛合金加热成形校形机床（见图11.15）由两台1 000 kN液压机并列组成，可以单动或联动，每一台面的尺寸是700 mm × 800 mm。上部安装两只垂直油缸，在两个活塞杆的下端各安装一块上电热平台。床身台面上安装两块下电热平台，分别由下部两个顶出油缸升降。台面前后有四组侧向加压装置3，侧向压力各300 kN。在上、下电热平台上安装模具、加热模具和毛料，最高温度为800℃。机床主要用于飞机上中小型框肋、型材等零件的热成形和热校形。

2)通用压弯机改装成钛合金机床（见图11.16）上、下台面1,5分别安装陶瓷加热板2,4，构成炉膛，内部空间尺寸为700 mm×250 mm×225 mm。陶瓷板之间用钛合金板条连接，以便封住炉膛而又允许上模上下活动。炉膛的前端装有活动炉门，供装料和取件用。炉膛后端的炉门紧闭，只有装卸模具时才打开。展开毛料放

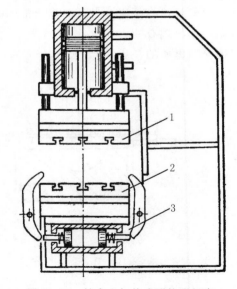

图11.15　钛合金加热成形校形机床

1—上电热平台；2—下电热平台；3—侧向加压装置

在图 11.17 的定位托架上,用手柄沿导轨推入炉膛,成形后再拉出。

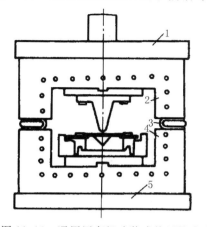

图 11.16　通用压弯机改装成热压钛合金机床

1—上台面;2—加热板;3—钛合金板条;4—加热板;5—下台面

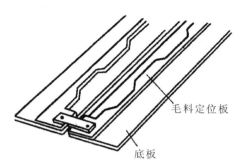

毛料定位板

底板

图 11.17　毛料的定位托架

3. 模具材料

钛合金的热成形或校形温度在 $600\sim800℃$,要求模具长时间在 $700\sim900℃$ 高温下保持良好的表面粗糙度和准确的外形。因此模具材料应能抗氧化,有足够的热强度,使用中尺寸稳定,并且工艺性能好,便于浇铸、热处理、切削加工、补焊等。常用的钛合金加热成形模具材料见表 11.4。

表 11.4　常用的钛合金加热成形模具材料

模具材料	适用温度	备　注
5Cr25Ni11Si	$650\sim800℃$	浇铸法制模
4Cr5MoVSi	$650℃$ 以下	
3Cr2W8V,9CrSi,5CrNiMo,5CrMnMo	$400℃$ 以下	
陶瓷	$730℃$ 以下	烧结温度在 $800℃$ 以下

4. 钛合金压制工艺

(1)冲裁和剪切。冷切断面质量差,需放修边余量;热切需将毛料加热到 $300\sim400℃$。

(2)弯曲。冷弯:板弯 $90°$ 时 $R_{min}=(4\sim6)t$;二次弯曲并采取中间退火时 $R_{min}=(1.5\sim2.0)t$,冷弯回弹大。热弯:加热温度 $300\sim350℃$,可显著减小回弹。

(3)拉深。冷拉极限拉深系数可以取:纯钛 $m=0.6$;钛合金 $m=0.7$。热拉增加技术困难,宜多次冷拉,每次拉深时可选用较小的变形,增加中间退火次数。

(4)翻边。室温下工业纯钛极限翻边系数 $K=0.6\sim0.67$;钛合金的极限翻边系数 $K=0.62\sim0.74$。加温可降低极限翻边系数。

(5)其他成形。零件形状简单时,如橡皮压制、拉弯应尽量采用冷压,每次少压一些,中间安排退火工序。形状复杂的钛合金零件,宜采用加热模具的方法一次成形。

11.3 蠕变成形和应力松弛成(校)形

一、蠕变成形

利用金属或合金的蠕变特性,发展成为一种新的钣金件成形方法——蠕变成形工艺。所谓蠕变是指金属在恒定压力下,除瞬时变形外,随着时间的增长而发生缓慢、持续的变形。蠕变的机理是晶内滑移、亚晶形成及晶界变形等。由于出现蠕变,材料的承受载荷的能力大大降低,而塑性变形的能力则显著提高,这对钣金成形极为有利。

蠕变成形用的单位压力很低,成形时间长,为了防止金属在高温下受到氧化和污染,通常采用抽真空的办法成形,即真空蠕变成形。图 11.18 是一种简单的真空蠕变成形装置。在模具内装有电热管或电热丝,并用热电偶测温和控温。在金属板料上放一块 0.02~0.10 mm 厚的不锈钢板,以保护钛板,并使容框密封。在抽去板料与凹模间的空气之后,通过模具加热的板料在大气压力下发生蠕变,逐渐贴附凹模,形成零件。这种成形的特点是成形速度低,成形压力小,板料在真空中成形可以避免高温氧化和污染。蠕变成形特别适用于钛合金材料,因为钛合金材料在高温下容易氧化,室温成形回弹量大,易破裂,而高温蠕变性能良好。

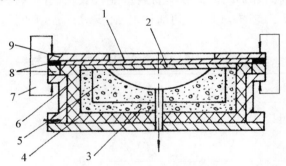

图 11.18 真空蠕变成形装置

1—不锈钢保护板;2—钛板;3—加热元件;4—保温层;5—陶瓷模;6—容框;7—E 型夹;8—密封;9—盖板

综上所述,高温度、长时间和低应力是蠕变成形的特征,也是蠕变成形的条件。

二、应力松弛成(校)形

应力松弛成(校)形是制造钛合金零件和整体壁板零件普遍采用并行之有效的工艺方法,即采用先在室温下(或加热状态下)预成形,然后进行热校形,以制成尺寸符合要求的零件。对于人工时效强化的铝合金壁板,应力松弛成(校)形与时效强化同时进行(在时效期内),故又将这种成(校)形称为时效应力松弛成(校)形。

应力松弛成(校)形工艺过程包括将预成形件和模具在热校形压床中加热到所需温度,合上模具,施加足够的压力,并保温、保压一定时间,最后取出零件。

应力松弛成(校)形的机理主要是利用材料在高温下软化与应力松弛的综合效应,经过热校形可以减小回弹,大大提高零件的尺寸准确度。

　　如果经过预成形的零件在高温下由校形模压至贴模程度,则在凸凹模制约下,零件的变形保持恒定。此时如果在恒定的温度下保持一段时间,则零件内部的应力将随着时间增加而不断松弛,总应变中的弹性分量不断转化为塑性分量,零件的回弹将越来越小。当温度到达某一定值时,应力松弛极限趋向于零,而回弹也几乎下降到零。这对于钛合金零件和大平面尺寸、小曲率、型面结构复杂、准确度高的壁板零件成(校)形是极为有利的。用其他方法成形后也可采用应力松弛法校形。

　　应力松弛成形(校)不需要制造专用设备,可以使用钣金零件热处理设备。这种方法工装简单,生产投入少,成形质量稳定,成形后的零件残余应力小,可增进材料的抗应力腐蚀能力。

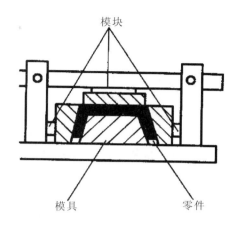

图 11.19　钛合金松弛校形

　　图 11.19 为钛合金松弛校形,在高温与外载荷同时作用下,随着时间的增加,钛合金的塑性变形加大,弹性变形减少以致趋于零,将校形模连同零件一起加热到 $510\sim560℃$,在这一温度保持 $10\sim30$ min,然后在空气中慢慢冷却,所得零件回弹可基本消除。

11.4　冷冲挤和胀形

一、冷冲挤

1.冷冲挤的原理

　　冷冲挤的原理如图 11.20 所示,将厚毛料放入凹模的空腔内,利用凸模加压,迫使毛料向凸、凹模间隙中流动,冲挤成较深的薄壁筒形件。

2.冷冲挤的分类

　　根据材料的流动方向,冷冲挤可以区分为正挤、反挤和正反挤,如图 11.21 所示。

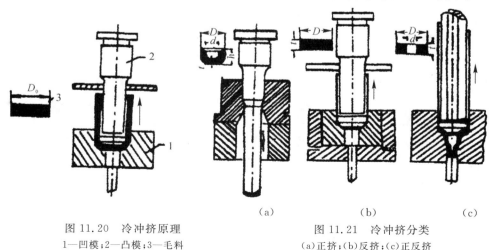

（a）　　　　　　（b）　　　　　　（c）

图 11.20　冷冲挤原理
1—凹模;2—凸模;3—毛料

图 11.21　冷冲挤分类
(a)正挤;(b)反挤;(c)正反挤

（1）正挤。金属的流动方向与凸模的运动方向相同，一般用以制造圆柱形、椭圆形和矩形断面的长管和筒形件。正挤时材料的变形阻力较小，因此需要的压床压力也较小，但凹模承受的单位压力最大，必须有很高的强度，通常可增大其外廓尺寸并采用优质钢材料制造。

（2）反挤。金属流动的方向与凸模运动的方向相反，用于制造棱柱形、圆柱形和形状较复杂的零件。反挤的变形阻力较正挤时大，因此要求使用功率大一些的曲轴式挤压机。

（3）正反挤。金属在凸模的运动方向和相反的方向同时流动，用以制造形状复杂、扁圆形、多角形和带有支管凸起或特种底部的空心件。

3.冷冲挤的特点

（1）冷冲挤是一种无切屑、少切削、高效率的先进工艺。

（2）能对铝合金、铜、低碳钢、高碳钢、合金钢（如 20Cr，40Cr，1Cr18Ni9Ti）零件成功地进行冷冲挤加工。

（3）冷冲挤零件的质量好，强度高，壁厚均匀，尺寸精确，精度可达到精磨的水平。由于表面光洁，材料的纤维连续流畅（保持纤维的完整性），因此，零件的强度特别是疲劳强度好。

（4）一道冷冲挤模能代替多道拉深模。一般金属冷冲挤的一道模子，可以取代拉深的 3～4 道模子。冷冲挤工艺相对于拉深工艺有明显的优越性，利用这种方法生产薄壁圆筒件，一次挤出的零件筒壁高度，对于有色金属可以达到直径的 5～8 倍（相当于拉深系数为 0.22～0.17），一次可以代替 5 道以上的拉深工序。因为冷冲挤变形区的材料受到三向压应力，而且压应力的数值很高，大的三向压应力能够封闭材料塑性变形时形成的微裂缝（它的扩展能导致零件开裂），防止微裂缝的扩大甚至能将其弥合。因此，金属材料的塑性在冷冲挤中能够比在拉深时更充分地发挥，使冷冲挤一次成形的许可变形程度远大于拉深。这就是一道冷冲挤模能代替多道拉深模的道理。

二、胀形

1.胀形原理及应用

胀形是将直径较小的筒形或锥形毛坯，利用由内往外膨胀的方法，成形为直径较大或有曲母线的旋转体零件。不规则状的非旋转体零件有时也用胀形的方法制造，例如，鼓肚形的军用水壶就是利用胀形的典型例子，但在航空工厂中应用不多。胀形用的毛坯主要由板料滚弯焊接而成，在个别情况下则用管料或有底的杯形拉深件。在飞机工厂中，胀形用于制造副油箱的外壳，校正焊接管套的直径等。喷气发动机的胀形零件较多，特别是尺寸要求较严的喷管类零件，利用胀形最合适。随着高速飞机和火箭工业的发展，旋转体零件的数量将越来越多，胀形工艺也将获得广泛的采用。典型的胀形零件如图 11.22 所示，零件材料应有良好的焊接性能，如 3A21(LF21)，5A02(LF2)，1Cr18Ni9Ti，30CrMnSi 等。图 11.22 中零件（a）(c)(e)的材料为 1Cr18Ni9Ti，图中零件（b）的材料为 30CrMnsi，图中零件（d）的材料为 3A21(LF21)。

2.胀形的变形极限

图 11.23 胀形后毛料的最大变形程度为

$$\varepsilon = \frac{d_{max} - d_0}{d_0} = \frac{d_{max}}{d_0} - 1 = K_z - 1$$

式中：ε 为胀形后毛料的最大变形量；d_{max} 为胀形后零件的最大直径，mm；d_0 为胀形前毛料的直径，mm；K_z 为胀形系数，常用来衡量胀形零件的变形程度。

几种常用胀形材料的极限胀形系数见表 11.5。

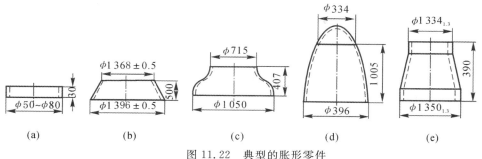

图 11.22　典型的胀形零件

表 11.5　几种常用胀形材料的极限胀形系数

材料牌号	K_z
30CrMnSi	1.06～1.08
5A02(LF2)	1.10～1.12
3A21(LF21)	1.18～1.20

根据计算如果胀形系数超过表列的极限值,则需采取多次胀形,并在胀形工序之间安排退火工序。

为了减小回弹,材料最小伸长处在胀形结束时应受到 1%～3% 的塑性拉伸。胀形毛料的直径可按如图 11.23 所示的方法来确定,毛料的长度 L_0 按下式决定,即

$$L_0 = L[1 + (0.3 \sim 0.4)A] + B$$

式中:L 为图纸规定的零件母线长度;A 为毛料切向的最大延伸率;0.3～0.4 为因切向伸长而引起的毛料高度缩小所需放的余量;B 为切割余量,一般取 10～20 mm。

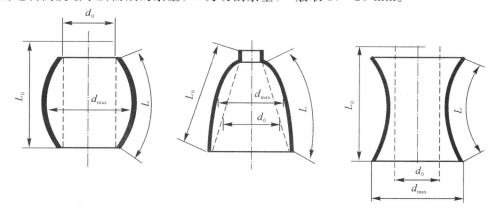

图 11.23　胀形零件毛料的确定

3.胀形的工艺方法

胀形可采用不同的方法来实现,其中常用的有刚性模胀形、软模胀形和液压胀形。

(1)刚性模胀形。图 11.24 为利用分块式刚性凸模胀形的原理图。凸模 1 由扇形块拼成,

套在锥形中轴 2 上,当凸模 1 向下滑动时,各个模块向外胀开,扩张毛料而成形。这种方法的生产率高,零件直径的回弹量便于用调整凸模扩张量的方法来补偿,胀形力由机械传动产生,因此力大。这种胀形方法多用于喷气发动机零件的制造。

（2）软模胀形。图 11.25 和图 11.26 分别为橡胶胀形和石蜡介质胀形。软模胀形主要用于中、小型质量要求较高的零件。

（3）液压胀形。液压胀形适宜于生产中型零件,是飞机工厂制造副油箱外壳的主要方法。液压胀形传力均匀,设备简单,零件表面光滑。液压胀形有以下两种方法:

第一种方法是将液体（一般为水）通入封闭的橡皮囊内加压,如图 11.27 所示。这种方法的优点是密封问题较易解决,每次成形时压入和排出的液体量较小,因此工作地清洁,生产率高。缺点是橡皮囊的制造比较困难,使用寿命较短。

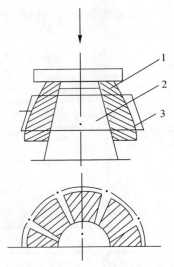

图 11.24　分块式刚性凸模胀形
1—凸模;2—锥形中轴;3—毛料

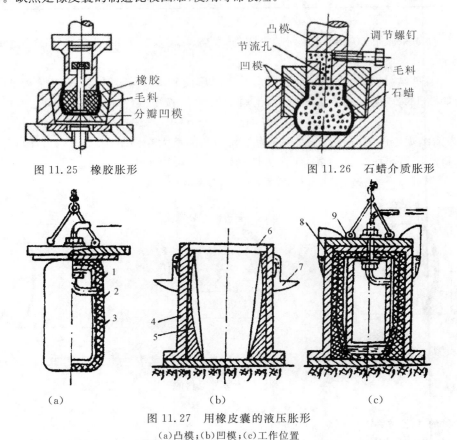

图 11.25　橡胶胀形

图 11.26　石蜡介质胀形

图 11.27　用橡皮囊的液压胀形
(a)凸模;(b)凹模;(c)工作位置
1—导管;2—凸模壳体;3—橡皮囊;4—金属外壳;5—凹模;6—毛料;7—锁钩;8—零件;9—盖板

第二种方法是直接通入两端密封的零件内加压,如图 11.28 所示。利用心杆两端的橡皮圈 3 或 10 保证密封。操作时先将毛料 6 放入凹模 5 内,然后装入心杆,利用机械装置将盖板 1 锁紧于外壳上。此后往作动筒 2 的上室通入压缩空气推动活塞 4 和活塞杆 8 下行,使橡皮圈 10 压紧毛料的下端,同时压缩空气又推动作动筒的顶盖上行,挤压橡皮圈 3 而使毛料的上端密封。胀形时毛料和凹模间的积水由专设的孔道排出。此法要可靠地解决密封问题,且工作地不易维持干燥。

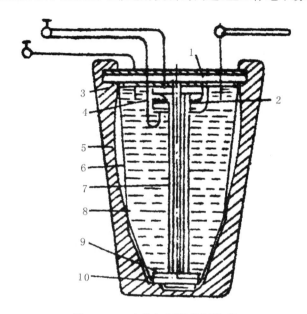

图 11.28　直接加压的液压胀形

1—盖板;2—作动筒;3—橡皮圈;4—活塞;5—凹模;6—毛料;7—拉紧杆;8—活塞杆;9—压板;10—橡皮圈

11.5　高 能 成 形

在极短时间内释放出巨大能量来作为成形能源的工艺方法,称为高能率成形,简称高能成形。高能成形又称脉冲成形或高速成形。其特点是使较大的能量在极短的时间内释放出来。这些能量主要通过冲击波的形式作用到被成形的毛料上,使毛料在极短的时间内接受一个脉冲能量,冲量变成毛料的动量,使毛料以很高的速度向模腔运动而成形。

高能成形首先需要一个大功率的能量。现用的第一类能源是化学能,如炸药、火药、爆炸气体等。第二类能源是电能,有电液效应和电磁效应两种方式。第三类能源是高压气体。目前常用的能源是炸药、电液效应和电磁效应,相应的成形方法称为爆炸成形、电液成形和电磁成形。

高能成形主要用来制造手工难以校形的耐热材料或高强度材料的大型零件。

一、爆炸成形

1. 爆炸成形的原理

爆炸成形是用炸药爆炸产生的高压通过各种介质(水、空气或砂子)产生冲击波,使毛料产生高速塑性变形的成形方法。其成形原理如图 11.29 所示,利用炸药的化学能作为能源,炸药被雷管引爆后,在几十万分之一秒内完全转化为高温高压气团(爆心处产生 3 000℃以上的高温和 1 MPa 以上的压力),猛烈推动周围的介质,在介质中引起强压缩的冲击波。爆炸成形多用水作为介质,因为水传压均匀、安全,操作方便。冲击波传到毛料表面时,将能量传给毛料,转化成毛料的动能,使毛料中部以很高的速度向模腔运动,并带动压边圈下的材料绕过凹模圆角流入模腔。随后,炸药产生的高温高压气团急剧膨胀,推动水迅速运动,产生很大的水流动压,使毛料受到二次加载,再次得到加速,进一步促进零件成形。毛料以相当大的速度撞击贴模,造成很高的校形压力,零件回弹很小。

高能成形中毛料以很高的速度向模腔运动,模腔内的空气来不及排除,引爆前必须抽成所需的真空度(一般残余压力应小于 666.61 Pa),因此还须解决模腔的密封问题。

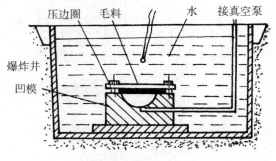

图 11.29 爆炸成形的原理

2.爆炸成形的特点

(1)对飞机小批量、多品种、改型快的生产特点适应性好,投产快。

(2)设备简单,投资低。

(3)能源价廉,易控制。

(4)能成形一些常规方法难成形的零件。

(5)不受钣金零件尺寸限制。

(6)产品质量随机性较大,不易控制。

(7)生产效率较低,劳动条件差。

3.爆炸成形的主要工艺参数

各种爆炸成形方法虽然各有其特殊性,工艺参数不能一概而论,但是药包用得是否得当,却是一个影响成形质量的共同性问题。药包的参数包括药形、药位、药量三个方面。

(1)药形。药包形状决定了产生冲击波的波形,因而与毛料上的载荷分布有密切关系。药包形状应根据零件的几何形状来决定,原则上应符合毛料各部位变形量的需要,并使模具受载最合理,同时,药包的制造应该简单。爆炸拉深通常采用的药包有球形、柱形、锥形和环形。对于旋转体胀形零件,一般都采用圆柱形药包,其长度视具体零件而定,图 11.30 为几种胀形零件的药包形状图。爆炸成形板状零件时,可以采用环形、螺旋形、S 形和入形等形状的药包(见图 11.31)。复杂形状的药包,如用导爆索或胶质炸药为原料,制作极为方便。

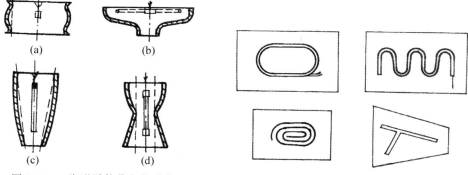

图 11.30　胀形零件药包的形状
(a)短形柱药包;(b)盘形药包;
(c)长柱形药包;(d)用导爆索连接的二短柱形药包

图 11.31　板状零件的药包形状

(2)药位。药位包含两个内容:其一是指药包距毛料表面的高度(也称吊高);其二是指药包在毛料平面上的部位。药位不仅影响毛料上载荷的大小,也影响载荷的分布。旋转体平板毛料成形时,药包中心即放在旋转轴线上,因此,药位一般均指吊高而言。药位越高,作用在毛料上的载荷越小,但载荷分布越均匀。对球形、柱形、锥形药包而言,相对药位(吊高与模腔直径的比值)可在 20%～50%范围内选择。

(3)药量。炸药的种类很多,常用的有梯恩梯(TNT)、特屈儿、黑索金、胶质炸药。梯恩梯是国内爆炸成形中最常采用的一种炸药。生产中确定药量行之有效的办法是通过试验,参照已经用于生产爆炸成形零件的用药量,确定试制零件所需的药量。

4.爆炸成形的设备

(1)爆炸用橡皮容框。当现有橡皮液压机单位压力不足,或工作台深度、面积不够时,就采用橡皮容框成组爆炸,如图 11.32 所示,橡皮板 1 四周用螺栓固定在钢压板 2 上,成形模和毛料放进容框后用锁钩扣紧压板,抽去容框内的空气,然后吊入水井中爆炸。或者将容框做成小车,用卷扬机拖动,沿轨道推入水井,如图 11.33 所示,操作条件比前一种有所改善。

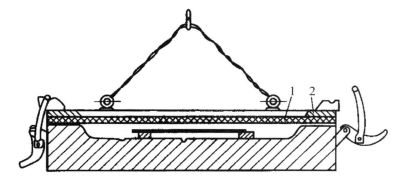

图 11.32　爆炸用橡皮容框
1—橡皮板;2—压板

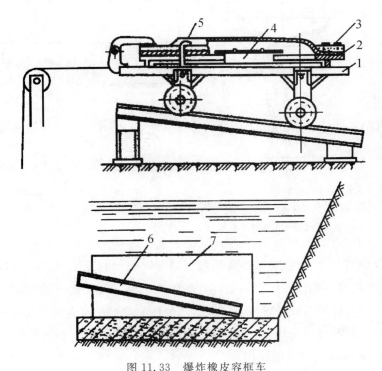

图 11.33　爆炸橡皮容框车

1—活动小车;2—密封圈;3—铰接橡皮框;4—模具;5—橡皮容框锁钩;6—轨道;7—工作台

(2)爆炸成形机床。水井中爆炸需在室外进行,操作条件差,炸药能量的利用率低。现已有多种装于室内的爆炸成形机床。爆炸成形机床是使爆炸成形实现机床化和机械化的途径,对提高爆炸成形的劳动生产率、减轻工人劳动强度、改善劳动条件、提高产品质量等都有明显的效果。图 11.34 是其中一例,水井筒由四个液压作动筒 3 升降,图示为升起位置。这时作动筒 6 将工作台送到橡皮囊下,降下井筒,通过 5 对工作台上的模腔抽真空,引爆,即能成形。机床的特点是在井筒内装有一个铸钢的重达 10 t 的反射罩 7,上面还有四个减震支柱 8 起缓冲作用。反射罩使药包在封闭的空间内爆炸,大大提高了炸药能量的利用率。由于反射罩的屏蔽作用,井筒壁所受的爆炸载荷大为减小,可以缩小井筒直径和壁厚。该机床工作台有效直径为 1 m,最大装药量为 70 g TNT。

二、电液成形

在液体介质(通常为清水)中,利用电容器中储存的电能在电极之间产生火花,瞬时放电产生的高能冲击波,使毛料产生塑性变形而贴附于模具的一种成形方法称为电液成形。

电液成形的原理如图 11.35 所示。零件、模具和电极均浸在液体中。在接通电源后,交流电通过变压器 1 升压,经高压整流器 2 整流,通过充电电阻 3 向电容器 5 充电,从而在电容器 5 上储存相当大量的电能。电容器 5 上电压上升到充电电压值后,点燃辅助间隙 4,电容器 5 便通过辅助间隙 4 和主间隙 13 放电。如间隙选择适当,整个放电过程在几至几十微秒内就能完成。几万焦耳的能量在几十万分之一秒内在主间隙 13 上释放出来,在介质中造成很强的冲击波。先是冲击波,然后液流动压作用在毛料上,使毛料高速成形,其过程和爆炸成形时相同。放电部分的作用就是通过电液效应把充电部分储存的电能在一瞬间变成成形零件的动能。

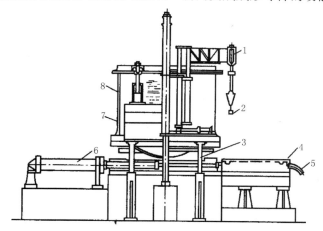

图 11.34　爆炸成形机床

1—活动炸药架；2—药包；3—液压作动筒；4—台面；5—抽气管；6—液压作动筒；7—反射罩；8—减震支柱

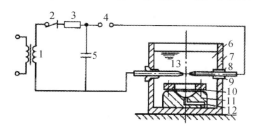

图 11.35　电液成形原理

1—变压器；2—整流器；3—电阻；4—辅助间隙；5—电容器；6—液体；

7—筒壁；8—插座；9—主电极；10—毛料；11—模具；12—抽气孔；13—主间隙

主间隙放电形成的冲击波的形状很难控制和改变。为了能通过改变药形来改变冲击波的形状，可在主电极 9 之间连接金属细丝（爆丝），当脉冲大电流通过此细丝时，立即汽化（爆炸），从而产生强大的冲击波。改变爆丝的形状，就可改变放电电弧的通道，从而改变冲击波的形状和载荷分布，使之满足零件变形的要求，如图 11.36(a) 所示。还可在主电极间并联多根爆丝，以适应零件变形的要求。这种方法特别适合于粗管件及大直径的盘件，如图 11.36(b) 所示。爆丝的材料多用熔点低、导电率高的材料，常用直径为 1 mm 的铝丝和直径为 0.5 mm 的铜丝。

与爆炸成形中药量相应的参数是电容器一次放电的能量。这个能量应大到足以保证毛料产生需要的塑性变形。调整能量最方便的办法是调整放电电压。

与爆炸成形中药位相应的参数是电极至毛料表面的距离。此值越小，成形效率越高，但载荷分布将越不均匀。此外为了避免电极对毛料放电，此值应大于主间隙的 2 倍。电液成形中还有主间隙、时延等参数。主间隙的大小不仅影响最低放电电压，还直接影响脉冲电流的波形和冲击波的峰值压力，从而影响成形效果。试验表明，主间隙放电时存在一个最佳间隙；而爆丝放电时，没有明显的最佳间隙。从主间隙两端达到放电电压值到被击穿放电这一段时间称为时延。在这段时间内存在不能变成机械能的漏泄电流，时延越长，漏泄的能量越多，有时甚至达到电容器储能的 60%。提高放电电压，增大电容器电容，缩短主间隙距离，改进主电极间的绝缘，都可以增大击穿前电极之间的电场强度，促进击穿的发生，缩短时延。

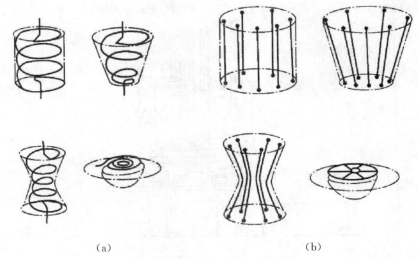

（a）   （b）

图 11.36   电液成形装置中的爆丝
(a)爆丝的各种形状；(b)爆丝的各种并联方法

液体介质一般都用清水。因为其他介质不仅本身价格贵，在长期使用时还须设置过滤和循环系统，使设备和操作都复杂化。

电液成形只需要一个凹模。模具材料主要取决于零件的产量和成形工序的种类，常用的材料有碳钢、结构钢、铸铁、锌铝合金、塑料和水泥等。

电液成形可向毛料的局部释放大量的能量。这对用平板毛料制造带局部压印、加强筋条、孔和各种翻边的零件十分有用。用管形毛料制造带环形槽或纵向加强筋、压印、不规则形状孔和翻边的零件更加有用。零件形状不对称、侧壁上开异型孔等，用常规方法难以成形，电液成形法很有效。一次放电的能量过大，会造成毛料破坏，或机床功率不足，零件不能贴模，故可以采用多次放电成形。

电液成形的特点如下：

(1)电液成形的变形速度很高。

(2)可以压制高强度耐热合金和各种特种材料，如钼、铌、钨、镍、钛、铍合金。

(3)零件回弹小，不需要校正，成形精度高，贴模精度可达 0.02～0.05 mm。

(4)与爆炸成形相比，电液成形操作安全，能量容易控制，容易实现机械化，但所需的设备复杂很多。

国外已研制了系列的电液成形机床。最大的储存能量达 $15×10^4$ J，可成形平板毛料的最大尺寸达 1 600 mm×3 200 mm，管状毛料的最大尺寸达 ϕ1 100～1 000 mm，钢或高强度合金的最大板厚可达 5 mm，铝合金的最大板厚可达 8 mm。

三、电磁成形

1.电磁成形原理及特点

电磁成形的原理与电液成形相似，只是在空气介质中装上适当的线圈代替水中的电极即可对金属材料进行成形加工。图 11.37 给储能电容器 4 充以一定的能量后，闭合开关 5，电容器 4 中的电能就会通过线圈 6 瞬时释放。放电电流取决于电路的有关参数,其峰值可达几万甚至几百万安培,当如此强大的脉冲电流通过放电线圈 6 的时候,就会在毛料 7 中产生感应电流,并受到强大磁场脉冲力的作用而产生塑性变形。电磁成形装置与电液成形装置相比较,充电部分相同,而放电部分不同,电磁成形是利用电磁效应将电能变成机械能。

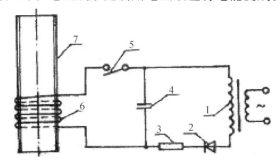

图 11.37　电磁成形原理

1—升压变压器;2—整流器;3—限流电阻;4—电容器;5—开关;6—放电线圈;7—毛料

电磁成形的特点如下:

(1)可控性高,重复性好,质量稳定。电磁成形是一个放电过程,放电能量可以控制在 0.5% 的精度范围内,由此决定了其加工的重复性好。

(2)加工中无机械接触。由于电磁成形是利用电磁力进行加工的,与毛料无接触便可加上载荷,从而避免了机械划痕。因此,凡是事先经过表面处理(电镀或喷漆)的毛料,加工后都可保持原来的表面状态。又因电磁力可穿透不导电的材料,故可对置于非金属容器内的零件实现超净加工。加工前可将零件在超净间预装好,密封在塑料袋内再进行电磁成形。加工后塑料袋的密封丝毫不会损坏,从而保证了加工后的产品仍然是超净的。

(3)可使用简易模具或不要模具进行成形,实现无模加工,在多品种、小批量生产中可降低生产成本。

电磁成形是利用电磁场力作用于毛料使之变形的,因此,不需要施力的凸模(或凹模)。当用一定方式控制磁场力的分布时,就可实现无模加工。

(4)可对复杂形状零件进行高精度加工。电磁成形是高速成形工艺,与爆炸成形一样,在变形后期会产生惯性碾压效应,因此,零件精度高,回弹量小。

(5)生产率高。电磁成形能在几十微秒内完成对一个零件的加工,在生产中成形时间几乎可以忽略不计,影响生产率的因素只取决于零件的放入和取出时间。

(6)操作简单,易于实现机械化、自动化。电磁成形是利用设备的充放电进行加工的,而电工技术、电子技术的研究成果为电磁成形机充放电过程的自动控制提供了有利的条件,使电磁成形机可以很方便地和普通设备一起构成流水线或自动线。

(7)成形零件加工局部应力小。加工时由于磁场力作用于整个零件,而不像机械加工那样力量集中于某一极小的区域内,因此,加工后成形零件的局部应力很小,从而可以大大地减小由于局部应力所带来的隐患,使产品质量得到提高。

(8)不易加工低导电性材料。由于脉冲电磁力与零件上的电流大小有关,零件电阻越大,电流就越小,零件所受电磁脉冲力也越小。因此,导电好的材料如铜、铝等成形性能好,钢材次之,对塑料等在成形前应于一侧表面镀铜或贴铜箔,待成形后再去掉。

(9)设备复杂。国外已有多种电磁成形机床,最大的储存能量已达 10×10^4 J,常用的为 2×10^4 J左右,工作台尺寸为 $500 \sim 1\ 000$ mm。

2.电磁成形的基本类型

电磁成形方法适用于拉深、胀形、扩口、收口、连接、冲裁、切断等加工。与常规成形法相比,其加工管材的优点更为突出。

电磁成形线圈可分为压缩线圈、扩张线圈和平板线圈三种,如图 11.38 所示。随线圈与零件的相对位置不同,电磁成形的加工方式也不同,其基本方式有如下三种。

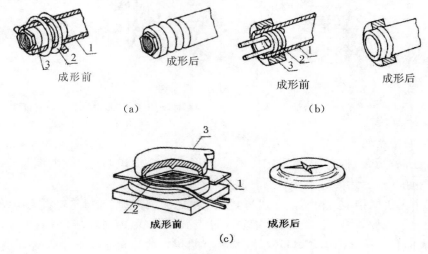

图 11.38　电磁成形线圈

(a)压缩线圈;(b)扩张线圈;(c)平板线圈

1—毛料;2—线圈;3—模具

(1)缩管成形。将螺线管线圈置于金属管件的外侧进行成形加工时,金属管件将承受来自管子外侧的压缩作用,从而使管子收缩,这时可靠置于金属管件内的模具进行成形加工或剪断,也可进行使衬套和轴紧固及封接等加工[见图 11.38(a)]。当对金属管件进行局部压缩时,还可以利用磁束集中器对管件进行无模加工(见图 11.39)。

(2)扩管成形。扩管成形如图 11.38(b)所示。改变缩管成形中线圈与金属管件的相对位置,把成形线圈置于金属管的内侧进行成形时,金属管由于受到内压力的作用而扩大,这时可靠置于管壁外的模具进行成形、剪切、压花、冲孔等加工。

(3)平板成形。平板成形如图 11.38(c)所示。在平板线圈的相对位置上放上金属薄板和模具,当脉冲电流通过线圈时磁场力对零件施以压力,使加工毛料压入模内而成形。用这种方法可对毛料进行拉深、剪断、压花、冲孔等加工。

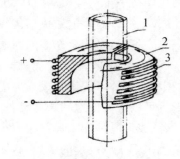

图 11.39　磁束集中器原理

1—毛料;2—集磁器;3——次线圈

用电磁成形加工板材时,由于毛料的贴模速度极快,如果模腔内的空气来不及排除,则将在模腔与毛料之间形成气垫,从而影响零件的贴模效果。因此,放电前通常要将模腔内的空气抽出,以形成一定真空度。

11.6　超塑性成形

一、超塑性成形的基本概念

金属超塑性在工程上的定义是金属材料在特定的内在条件(指材料成分、组织及相变能力等)和外在条件(指温度、加热方式、压力及应变速率等)下,呈现无颈缩和异常高的延伸率的特性,通称为超塑性。凡延伸率大于 100％的变形称为超塑性变形。能产生超塑性变形的材料称为超塑性材料。利用金属材料超塑性将毛料成形为零件的方法称为超塑性成形。

二、超塑性的分类

按实现超塑性的内在和外在条件来分类,金属材料的超塑性可分为细晶超塑性和相变超塑性。

1. 细晶超塑性

细晶超塑性即恒温或结构超塑性,也称静态超塑性。细晶超塑性应具备三个条件,即晶粒度细小、变形温度恒定、变形速度缓慢。

(1)晶粒度。材料在变形之前,要求有极细的晶粒度,等轴,双相,且在变形期间要保持稳定。晶粒细化要求直径为 $0.5\sim5\ \mu m$,一般不超过 $10\ \mu m$。这是由于超塑变形不全是晶内滑移变形机制在起作用,而是晶粒间的移动与转动在起主导作用,要求数量多而又短的晶粒边界,这只有细小又是等轴的晶粒才易于实现。晶粒越细,越接近球状,则晶界接触面越小,使相互移动所需的力也就越小,变形越易进行。一般选择双相组织的合金进行超细化。原因是双相合金一相为基体,另一相分散在基体之中,超塑成形时,两相可以相互抑制晶粒长大。这些细小的等轴晶粒在变形过程中能够满足组织稳定性的要求,这样才有充足的热变形持续时间,以获得大的变形量,并大大消除加工硬化现象。细晶粒可以通过合金化、控制凝固过程、热处理、塑变及再结晶等方式获得。

(2)变形温度。细晶超塑性只能在低于临界温度的某一小的温度区间发生,一般认为当温度在 $(0.5\sim0.7)T_m$ 时发生,T_m 为材料熔点绝对温度。这时金属材料没有相变等组织结构上的转变,故有时也称为恒温超塑性或静态超塑性。当接近临界温度时,可以认为金属内部组织处于不稳定状态,原子热运动增加,变形易于发生。同时也可理解为,在晶粒相互移动和转动的过程中,部分晶界不可避免要遭到破坏,要使变形持续进行,就需要一个对晶界损伤的愈合修复过程,而扩散迁移的加快,有助于晶界修复,当温度在 $(0.5\sim0.7)T_m$ 时,正是扩散现象得到发展的温度。温度越高,扩散过程进行得越加强烈,但晶粒的长大过程更为加快,因而对超塑性变形不利。

(3)应变速度。应变速度($\dot{\varepsilon}$)是指单位时间内的应变量,亦称应变速率,其单位为 s^{-1} 或 min^{-1}。超塑性变形对应变速率很敏感,只是在低应变速率下才能发生。应变速率($\dot{\varepsilon}$)在

$10^{-4} \sim 10^{-1}\,\mathrm{s}^{-1}$ 范围内,且在 $10^{-3} \sim 10^{-2}\,\mathrm{s}^{-1}$ 区间表现出最佳的超塑性。这是由于原子在晶体中的扩散速率较低,要求应变速率相应也应该低,以使扩散和进行晶粒间滑动的速率相适应。相反,如以较高的速率变形,则扩散过程来不及进行,晶界破坏来不及修复,超塑性就会降低或丧失,但应变速率($\dot{\varepsilon}$)也与晶粒度有关,晶粒度越细小,最佳超塑性区间就会向高的应变速率方向移动。

细晶超塑性是目前研究和付诸应用最多的一种超塑性,如 Zn – Al、Al – Cu、不锈钢、钛合金、铜合金、镍基合金及黑色金属等多种合金具有细晶超塑性。一般单纯在应用中提到超塑性,就是指这一类超塑性。

2. 相变超塑性

相变超塑性即变温或变态超塑性,也称动态超塑性或环境超塑性。对金属及合金在一定应力和温度的作用下,经受反复的循环相变,从而累积很大的变形量称为相变超塑性。因此,其首要条件是金属材料具有固态结构转变(相变)能力,不具有相变的金属材料就不能呈现此类超塑性。还有应在应力作用下,在相变温度上下循环加热和冷却,诱发金属材料产生反复的结构变化,使金属原子发生剧烈运动,经过多次的相变温度循环即可得到累积很大的变形量,故它又称动态超塑性。

影响超塑性的因素,除了材质本身和外加载荷外,还应有在相变温度下的上下温度变化幅度 $\Delta T = T_{\max} - T_{\min}$、热循环速度 $\Delta t / t$(加热-冷却速度)、热循环次数 N 等,循环次数越多,累积变形量越大。

相变超塑性不要求细晶粒组织,而要求温度频繁变化,实现控温较难,在生产上难以实现。目前,除应用于扩散连接、热处理和切削加工外,用得不多。

三、影响金属超塑性的主要因素

1. 温度

当变形温度小于 $0.3T_{\mathrm{m}}$ 时(T_{m} 为熔点的绝对温度),应变强化明显,使变形不稳定,产生不均匀变形;当变形温度大于 $0.5T_{\mathrm{m}}$ 时,应变强化不再显著,材料呈现相当范围的均匀变形。

2. 稳定而细小的晶粒

只是细晶超塑性才有这种要求,而对相变超塑性则没有组织方面的要求,只要金属在固态下具有相变能力即可。要实现细晶超塑性一般要求晶粒度在 $10\,\mu\mathrm{m}$ 以下,除要求晶粒细化外,在高温下还应具有一定的稳定性。如果晶粒在高温下很快长大,则会失去超塑性。

3. 变形速度要小

为了实现超塑性,材料的变形速度必须比普通成形时低得多,例如以应变速率表示变形速度,则一般在 $10^{-4} \sim 10^{-1}\,\mathrm{s}^{-1}$ 范围内。

四、超塑性的宏观特性及其工程特点

1. 超塑性变形的宏观特性

(1)大延伸。

(2)无缩颈。

(3)小应力。

(4)易成形。

基于上述特性,超塑性材料的流动性和填充性极好。

2.超塑性成形的工程特点

(1)改善了材料成形性。可一次成形出一般方法难以实现的形状复杂的零件,使许多低塑性(甚至脆性)材料的成形变为可能,如钛板可成形出弯曲半径小到材料厚度的零件,而且简化了工艺,降低了制造成本。

(2)提高了产品质量。由于超塑性变形的填充性好,可以准确控制产品尺寸,零件具有较好的组织和使用性能。

(3)为设计提供了更多自由度。为制造质量轻、成本低的高效结构,提供了有利条件和基础。

(4)减小了成形压力。为减小成形设备的吨位和节约能源提供了条件。

五、超塑性机理

目前仅能从定性的意义上做些初步浅析。许多学者基本的看法是,超塑性变形机理主要是一种晶界行为,即以晶界滑移(含转动)为主和空位扩散蠕变及位错蠕变综合作用结果。

六、超塑性成形方法

1.真空成形法

在模具腔内抽真空,使处于超塑性状态下的板料与模具吸贴成所需形状的零件。该法只适于制作形状简单、板厚小的零件,其成形压力一般低于 0.1 MPa。真空成形法分为凸模法和凹模法见表 11.6。

表 11.6　真空成形法分类

类型	特　点	应用范围	示意图
凸模法	零件被吸附在具有零件内形的凸模上	适于制作内形尺寸和形状精确的简单零件	
凹模法	零件被吸附在具有零件外形的凹模上	适于制作外部尺寸和形状精确的简单零件	

2.超塑气压法(又叫作吹塑成形或气压胀形法)

该法是目前研究最多、应用最广泛的一种新型成形方法。气压法分类和特点见表 11.7。

表 11.7 超塑气压法分类

类型	特 点	应用范围	示意图
自由吹塑成形	无模具,靠气压自由吹塑成形为整球或半球	仅可作为初期探索性试验的模拟件,实用性不大	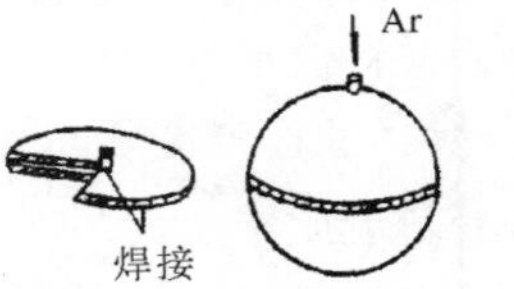
凹模法	零件边厚底薄,外廓形状清晰,尺寸精确,毛料较少	适于制作外形精确,深宽比不大于0.4的零件	
凸模法	零件底厚边薄,内形精确,毛料较大	适于制造内形精确,深宽比大于0.6的零件	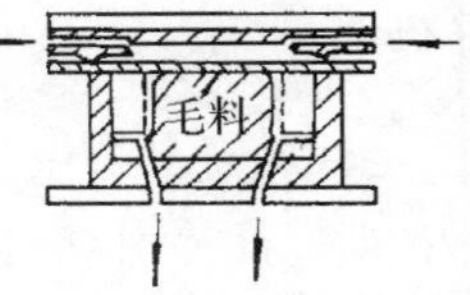
复合成形法	是凸模法、凹模法成形的相互结合	适于制造形状复杂的零件,是最有实际应用价值的一种方法	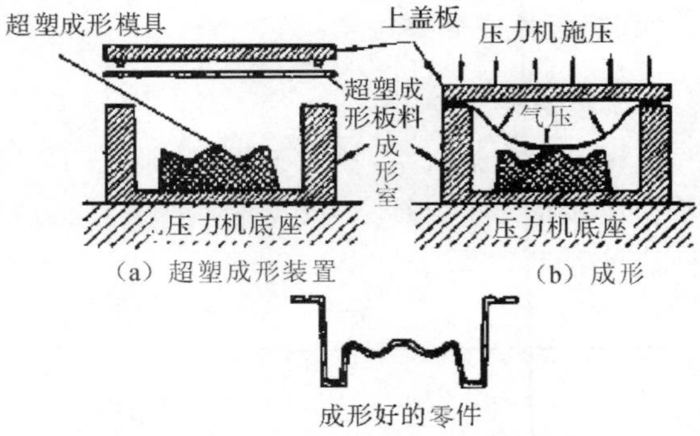

3. 超塑模压法

超塑模压法类似传统的偶合模成形法,其主要特点是板料处于超塑性状态。对制作薄板零件往往会由于模具结构要求特殊,费用昂贵,故一般只适用于进行等温挤压成形零件。

11.7 板料的柔性成形技术

板料的柔性成形是指在板料成形时,没有传统的刚性凸模和凹模,而主要靠由信息技术支持的工具(装置)或柔性介质来成形。这里主要介绍多点模成形、单点渐进成形和激光无模成形。

一、多点模成形

在工业生产中,各种三维板类件的曲面造型通常都离不开模具,而且每一个零部件的曲面造型都需要一套或数套模具。为了设计、制造与调试这些模具,需消耗大量的人力、物力和时间。多点成形的设想就是为了实现板料曲面造型的快速化生产而提出的。

1. 多点成形概念

多点成形是借助一系列规则排列的、离散的、高度可调的基本体构成基本体群,通过对各基本体运动的实时控制,自由地构造出成形面,实现板料的三维曲面成形,如图 11.40 所示。多点模成形是将计算机技术和多点成形技术相结合的柔性加工技术,它是传统板料冲压成形生产方式的重大变革。

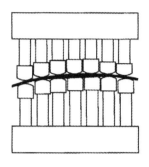

图 11.40　多点成形原理

2.技术特点

(1)一模多用。这种成形方式取代了传统的整体模具,一套模具可以成形多个零件,节省了模具设计、制造、调试和保存所需费用,显著地缩短了产品生产周期,降低了生产成本,提高了产品的竞争力。

(2)改善钣金加工条件。这种成形方式可随意改变板材的变形路径和受力状态,提高材料成形能力,实现难加工材料的塑性变形,扩大了钣金加工范围。

(3)少无回弹成形。采用反复成形新技术,可消除材料内部的残余应力,保证零件成形精度。

(4)无缺陷成形。利用弹性垫新技术,增大板料的受力面积,将集中载荷变为均布载荷。消除压痕、皱纹等不良缺陷,零件表面质量能得到很好的保证。

(5)降低新设备投资。采用分段成形新技术,连续逐次成形大于设备工作台尺寸的零件,实现了小设备成形大型零件。

(6)易于实现自动化。曲面造型、压力机控制、零件测试等整个过程,全部采用计算机技术,实现了 CAD/CAM/CAE 一体化生产。

3.成形原理与装置

(1)多点成形原理。多点模成形借助于高度可调整的基本体群构成离散的上、下模具表面,替代传统的上、下整体模具进行板料的曲面成形。多点成形的实质就是将整体模具离散化,并结合现代控制技术,实现板料三维曲面的生产与柔性制造。基本体的调整方式可采用多种类型,从而可派生出多种不同的多点成形方法,其中多点模具成形法(见图 11.41)和多点压机成形法(见图 11.42)是两种最具代表性与实用性的方法。

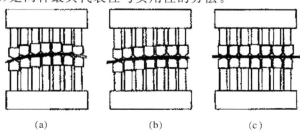

(a)　　　　　　　(b)　　　　　　　(c)

图 11.41　多点模具成形法示意图

(a)开始前;(b)过程中;(c)结束时

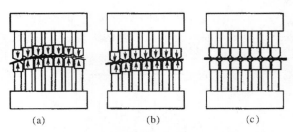

图 11.42　多点压机成形法示意图

(a)开始前；(b)过程中；(c)结束时

当用多点模具成形时,在成形开始前[见图 11.41(a)]就把各个基本体调整到所需位置,使基本体群成为成形曲面的包络面。在成形过程中[见图 11.41(b)],相邻基本体之间不产生相对运动,上、下基本体群起着上、下模具的作用。

当用多点压机成形时,在成形开始前[见图 11.42(a)]对所有的基本体都不进行预先调整。在成形过程中[见图 11.42(b)],由上、下基本体群夹着被成形板材,在调整基本体的同时使板料产生塑性变形。在这种成形方法中,相邻基本体之间要产生相对运动,每个基本体都相当于一台小型压机,都可根据需要进行分别控制。

图 11.43 为多点成形模型面点阵。

(2)多点成形装置。多点模成形装置由多点成形主机、计算机控制系统及 CAD 软件系统构成,如图 11.44 所示。多点成形主机是实现多点模成形的主要执行部分。上、下基本体群各由 100 个基本体组成,以十行十列的方式排列。各基本体的调整利用螺杆机构实现,采用步进电机驱动,基本体群的外侧四周有固定侧板,使基本体受侧向力时不产生侧向位移,同时还在基本体调整时起导向作用。上基本体群直接固定于机架上,调整每个基本体的高度可改变其包络面的形状;下基本体群除了可调整形状外,还可产生整体的移动。

图 11.43　多点成形模型面点阵

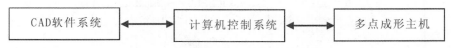

图 11.44　多点模成形装置的主要结构

下基本体群的整体移动由液压机构实现,采用导杆导向。计算机控制系统根据所提供的信息调整主机里的上、下基本体群,实现不同工艺、不同效果的成形控制。CAD 软件系统可根据目标件的几何形状与材料要求产生多点成形所需要的各种信息;还可进行多点成形过程的仿真、显示并检验成形效果与可能产生的缺陷,制定最佳成形工艺方案。

4.柔性多点模具

柔性多点模具是由一系列高度可调、排列规则的小冲头构成,可形成离散曲面的模具。其基本思想是采用离散的点拟合模具的三维型面,通过调整小冲头的高度可以得到不同的模具型面,从而满足不同外形零件的成形需求。按模具形式及其成形方式可将柔性多点模具大致分为柔性多点单模、耦合式柔性多点模具、"三明治"成形柔性多点模具、板式冲头柔性多点模具,如图 11.45 所示。

(1)柔性多点单模。目前柔性多点单模主要应用于飞机蒙皮拉形工艺。飞机蒙皮拉形零件具有典型的大尺寸、多品种、小批量等特点,非常适宜采用柔性多点模具成形。柔性多点模具的基本思想是"以点代面"。因为每个点(冲头)顶部外形为球面,在成形中易使板料产生局部应力集中,导致在零件表面产生压痕,这对表面质量要求较高的蒙皮类零件是不允许的。因此,为避免压痕的产生,成形过程中模具与板料之间需放置具有一定弹性的垫层材料,如图11.45(a)所示。

(2)耦合式柔性多点模具。根据成形过程中各小冲头的移动状态,耦合式柔性多点模具成形方式可分为多点模具成形和多点压机成形两种。多点模具成形与传统的固定模具成形方式类似,多点模具成形首先按照模具外形包络面调整各小冲头的高度,构造出模具型面,继而按照这一固定的模具型面成形板材。多点压机成形是一种实时改变板料变形路径的成形方式,在成形过程中通过控制各小冲头的位移量、位移时间和移动速度等参数,形成随时变化的瞬时成形面,成形过程中,上、下所有小冲头始终与板料保持接触,夹持板料使其变形。该方法可以分散成形过程中的接触压力、改变板料的局部变形刚度,从而使各部分趋于均匀变形,达到抑制压痕产生的目的。

目前,耦合式柔性多点模具以及多点压机成形技术已达到工程应用水平。但该成形方式由于受到压力机承载能力的限制,模具台面尺寸受限,无法成形大型零件。

(3)"三明治"成形柔性多点模具。"三明治"成形柔性多点模具的下模具由离散的多点模和金属护板组成,上模具是规则排列的聚氨酯板,因其在成形过程中具有类似三明治的结构,故称之为多点"三明治"成形,如图 11.45(c)所示。与传统的柔性多点模具不同的是,其下模的小冲头间存在一定间距,并非紧密排布,结构与柔性支撑装置类似。为了避免下模小冲头在金属护板上产生的压痕传递到零件上,在护板和板材中间放置了弹性垫板。

与传统的多点成形工艺相比,成形相同尺寸零件该工艺方法所需的冲头数量少、模具调形时间短、模具制造费用低。此外,由于下模无外框,易实现模具在水平方向的尺寸扩展。成形过程中,零件的上、下表面始终都与聚氨酯橡胶接触,零件表面质量好。然而,该成形方式由于下模小冲头并非紧密排列,相邻冲头间隙较大,使得获得准确的模具型面难度较大。

(4)板式冲头柔性多点模具。板式冲头柔性多点模具旨在解决飞机前缘类蒙皮拉形零件成形回弹量大、模具型面修正耗时长、费用高的问题。此外,前缘类零件多为单曲率零件,相对于柱式冲头采用板式冲头可减少驱动电机数量及加工数量,故其成本更加低廉。在成形过程中,通过调整侧支撑板冲头的高度即可适时补偿零件回弹。

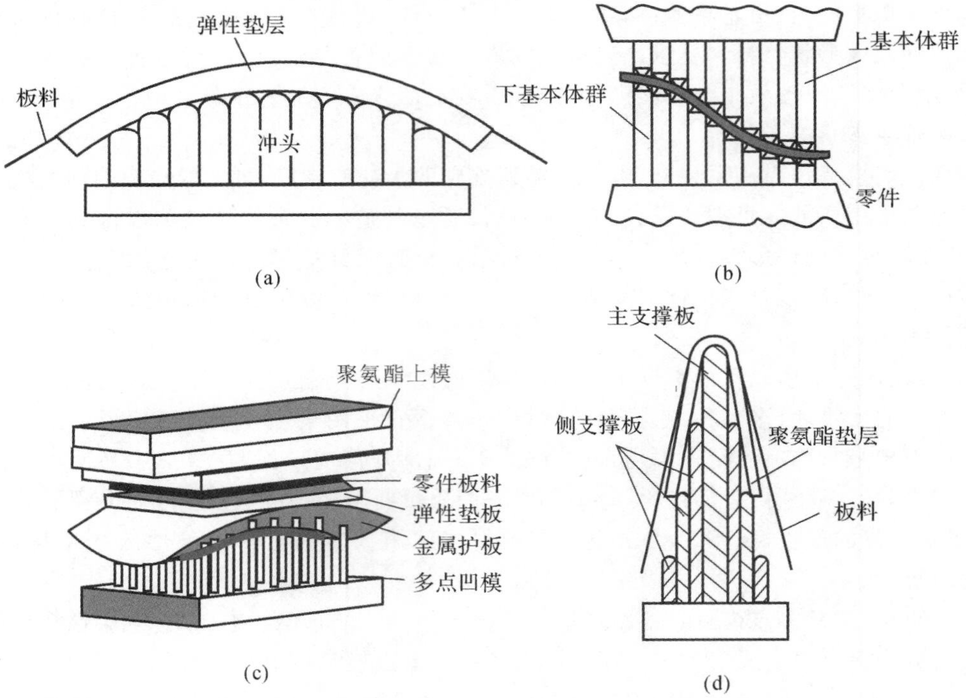

图 11.45　不同类型的柔性多点模具

(a)柔性多点单模;(b)耦合式柔性多点模具;(c)"三明治"成形柔性多点模具;(d)板式冲头柔性多点模具

5.多点成形技术的现状与发展

(1)多点成形技术的现状。多点成形的研究起源于日本。20 世纪 70 年代日本造船协会西冈等人试制了多点压机,进行船体外板自动成形的研究,但因关键技术未能解决好,多点压机的制造费用太高,未能实用化。日本三菱重工工业株式会社的熊本等人也研制了三列多点成形设备。由于其整体设计不周,该压机只适用于变形量很小的船体外板的弯曲加工。另外,东京大学的野本及东京工业大学的井关等人也进行了多点压机及成形实验方面的研究工作,但未取得重大进展。20 世纪 80 年代以来,美国麻省理工学院 D. E. Hardt 的研究室对多点模具成形进行了 10 多年的研究。最近,麻省理工学院与美国航空航天技术研究部门合作,投入了 1 400 多万美元的巨额经费开发出多点张力拉深成形机。

吉林工业大学教授李明哲在日本日立公司从事博士后研究期间系统地研究了多点成形基本理论,深入地分析了成形机理与成形特点。回国后,在吉林工业大学组建了技术开发中心,继续深入系统地对多点成形技术进行研究,逐步形成了板材多点成形理论,开发出多点成形实用化技术,并主持研制出集 CAD/CAE/CAM/CAT 于一体的多点模成形机。

吉林工业大学开发的集 CAD/CAE/CAM/CAT 于一体、具有自主知识产权的板材多点模成形设备在国际上处于领先水平。其计算机软件系统主要进行曲面几何造型、工艺计算、成形过程有限元模拟等;自动控制系统用于调整基本体群形状,控制液压加载系统成形出所需形状的零件;三维曲面测量检测成形后的零件形状,并将测量结果反馈到计算机软件系统进行修正,实现闭环控制。图 11.46 为吉林工业大学开发的多点模成形机、成形模型点阵及产品。与国外同类研究相比,该设备拥有一体化的 CAD/CAE/CAM/CAT 软件系统,该软件是目前国际上多点成形计算机软件中规模最大、功能最多、考虑因素最全的系统,实现了多点成形过程的一体化处理。其 CAD 子系统根据零件的几何形状、材质、板厚等原始资料,采用 NURBS 方法进行曲面造型和工艺设计与计算;CAE 子系统基于弹塑性大变形有限元程序,可以预测成形缺陷,计算回弹,确定关键的工艺参数;CAM 子系统调节多点成形主机的上、下基本体群,构造柔性成形面,并控制主机进行板材成形。该系统是世界上第一台达到实用化程度的多点模板材成形压力机,已成功地用于三维曲面零件(如扭曲面、球面、马鞍面等)的实际生产中,工作效率较传统的线状加热法提高了数十倍,而且制品精度也得到很大的提高。

(2)多点模成形技术的发展。多点模成形技术的推广应用将改变我国板类零件成形加工行业传统的技术结构,对提高整体生产技术水平、增强机械制造产品在市场上的竞争能力、促进我国制造业的技术进步将会产生巨大的推动作用。

板材多点模成形压力机属高新技术产品,具有国际领先水平。目前国际市场还没有同类的产品,由于该产品在板材成形中一套模具可以成形多个零件,因此可节省大量的模具材料、资金和时间;同时还有利于板料成形,将使板料表面质量、精度等有较大提高。因此使用多点模成形压力机将使企业降低生产成本,提高生产效率,增强产品的竞争力,有利于企业提高经济效益。因此,在国内外市场上有明显的竞争力,产品的市场容量也很大。

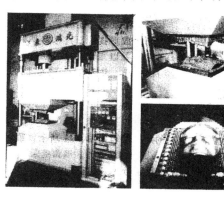

图 11.46　多点模成形机、成形模型点阵及产品

二、板料数控渐进成形技术

如何快速、低成本和高质量地开发出新产品,以满足瞬息万变的市场对小批量、多品种产品的需求,是企业生存和发展的关键。

20 世纪 90 年代初,日本学者松原茂夫提出了一种新型的金属板料成形工艺——金属板料渐进成形技术。其思路是将复杂的三维形状分解成一系列等高线层,并以工具头沿等高线运动的方式,在二维层面上进行塑性加工,实现了金属板料的数字化制造。

1.金属渐进成形过程

板料零件数控渐进成形的加工过程如图 11.47 所示。数控成形系统主要由工具头(成形工具)、导向装置、芯模和机床本体组成。工具头在数控系统的控制下进行运动,芯模起支撑板料的作用,对于形状复杂的零件,该芯模可以制成简单的模具,有利于板料的成形。

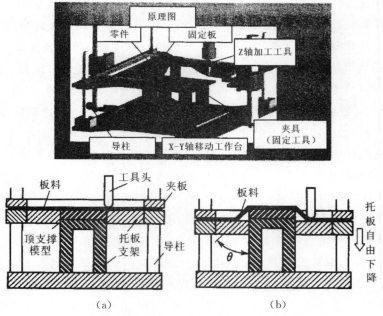

图 11.47　板料零件数控渐进成形过程

成形时,首先将被加工板料置于一个通用芯模上,在托板四周用压板夹紧板料,该托板可沿导柱上下滑动。然后将该装置固定在三轴联动的数控成形机上,加工时,成形工具先走到指定位置,并对板料压下设定压下量,然后根据控制系统的指令,按照第一层轮廓的要求,以走等高线的方式,对板料进行单点渐进塑性加工,如图 11.47(b)所示。在形成所需的第一层截面轮廓后,成形工具又压下设定的高度,再按第二层截面轮廓要求运动,并形成第二层轮廓。如此重复,直到整个零件成形完成。它具有完全不用模具成形复杂零件、三轴 CNC 程序控制、操作简单、开发周期短和成本低等特点。图 11.48 为数控渐进整体成形的浴缸。

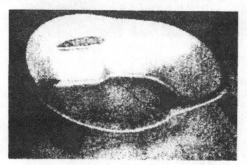

图 11.48　数控渐进整体成形的浴缸

2.金属板料数控渐进成形工艺及其优化

华中科技大学快速制造中心开发了一套金属薄板件数控渐进成形系统,其整个工作过程(以汽车覆盖件车门的加工为例)叙述如下:

(1)首先在计算机上用三维 CAD 软件建立车门零件的三维数字模型。

（2）进行成形工艺分析,制定工艺规划,制备工艺辅助装置。

（3）用专用的切片软件对三维数字模型进行分层（切片）处理,并进行加工路径规划。

（4）生成加工轨迹源文件"CISF",做出加工速度规划,并对加工轨迹源文件进行处理,产生 NC 代码。

（5）将 NC 代码输入控制用计算机,控制板料数控成形机,加工出所需零件形状。

（6）对成形件进行后续处理,形成最终产品。

当成形复杂曲面形状的零件时,在板料的底部需要安置"顶支撑模型"。日本学者采用钢制的模型,而我们引入了华中科技大学开发的纸叠层快速成形技术（UM）,制作纸基"顶支撑模型",这种纸基模型制作快速,修改方便,操作简单,既缩短了工作周期和降低了加工成本,又提高了零件的成形质量,获得良好效果。

金属板料数控渐进成形技术中要解决的课题是成形工艺规划和加工路径规划。由于其成形方法是对材料进行渐进变薄拉深,零件的成形区域材料的厚度将会减薄。

当半顶角在 $0°\sim15°$ 之间时,材料极易出现失稳而断裂。因此对于那些含有小成形角的零件,需要对成形过程进行规划,用多次预成形的方法使该部分的形状逐渐逼近所需要的尺寸;板料壁厚均匀化等问题也需要研究。因此,成形工艺规划是金属板料数控渐进成形技术中很重要的环节。

金属板料数控渐进成形技术中另一个重要环节是加工路径规划和加工轨迹的生成。加工路径规划是在工艺规划后进行的,加工轨迹的生成可以用两种方式进行:一种是直接对三维数字模型进行切片并生成加工轨迹,加工轨迹还要根据工具头的形状进行三维刀具补偿处理;另一种是直接利用 UGⅡ软件得到加工轨迹,通过这个模块可以产生源文件（CLSF）的刀具轨迹文件,允许用户通过图形化编辑,一边观察刀具运动一边进行修改,CISF 文件也同时相应地发生改变,最终对 CLSF 文件进行后置处理产生 NC 代码。

采用 UGⅡ软件有以下优点:

（1）简捷方便地得到加工轨迹,无须经过复杂的切片、数据重构过程,避免因数据的运算转换而丢失数据。

（2）直接利用 UGⅡ的三维刀具补偿功能,进行刀具干涉的检查。

（3）可实现加工过程的动态显示。

3.渐进成形技术的优点与发展展望

金属板料分层渐进塑性成形是一种柔性加工工艺,不需要专用模具,适合于多品种、小批量和新产品试制,该技术的出现将极大地推动板料成形工艺的发展。图 11.49 为用单点渐进成形法生产的新干线车头零件。

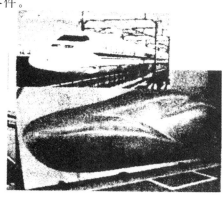

图 11.49　用单点渐进成形法生产的新干线车头零件

金属板料数控渐进成形技术突破了传统的板料塑性加工概念,涉及力学、塑性成形技术、数控技术、计算机技术、CAD/CAM 和摩擦学等,既有理论研究意义,又有广阔的应用前景。

金属板料数控渐进成形法从建立三维模型到加工零件全部采用数字化技术,加工薄板成形件不需要制作模具,节省了大量生产新干线车头零件的资金和时间,很适合于新产品的快速开发、设计验证和小批量、多品种产品的生产。

金属板料数控渐进成形技术可以在极短的时间内得到产品的设计原型,并可进行小批量生产,使企业的新产品开发能做到以下几点。

(1)极大地缩短产品从设计到定型的时间。

(2)通过小批量试制投放市场观察反应。

(3)节省大量用于制造钢模的资金,降低开发风险。

该技术在汽车、航空、家用电器、厨房用具、洁具和其他轻工业行业中具有广阔的应用前景和很大的经济价值。

研究表明,用这种渐进成形的方法加工金属板料,与一次拉伸成形的传统工艺相比,能加工出曲面更复杂、延伸率更高的成形件,加工精度和表面质量均较好,不仅可加工一般的金属薄板成形件,还可加工那些用传统工艺或其他无模成形技术加工不出来的具有复杂曲面的零件。

三、激光无模成形

金属板料激光无模成形是一种先进柔性制造技术,它主要包括激光热应力成形和激光冲击成形。

1. 激光热应力成形

激光热应力成形是利用连续 CO_2 激光扫描金属板料时,在热作用区域内产生强烈的温度梯度,引起超过材料屈服极限的热应力,使板料实现热塑性变形。其工作原理如图 11.50 所示。

激光热应力成形与激光器的功率、激光扫射的次数、板料的长宽比等因素有关。与常规成形技术相比,激光成形技术有一些独特的优点。

(1)采用激光源作为成形工具,无须任何形式的外力,因而生产周期短,柔性大。

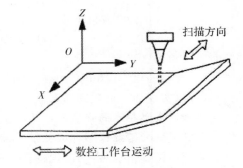

图 11.50 激光热应力成形示意图

(2)因不受模具限制,可容易地复合成形,制作各类异形件,属于真正意义上的无模成型。

(3)属于热态成形,可成形在常温下难于成形的难变形或脆性材料。

(4)采用的激光束模式无特殊要求,易于实现成形、切割、焊接等激光加工工序的复合化。

但热应力成形技术中还存在许多问题有待于进一步的深入研究:影响激光成形的因素较多,目前特别复杂的三维形状还难以精确成形;热量直接作用于零件表面,形成的热效应负面影响大,表面质量较差;由于成形是靠拉应力作用,成形后有害残余的拉应力影响产品的使用性能。

2. 激光冲击成形

激光冲击成形利用高功率密度(10^9 W/cm² 级)、短脉冲(10^{-9} s)的强激光透过透明约束层(玻璃或水)作用于覆盖在金属板材表面吸收能量转换体(黑漆)上,吸收能量而汽化,汽化后的蒸气急剧吸收激光能量并形成等离子体而爆炸,形成一动量脉冲,产生向金属内部传播的强冲击波,使板料发生塑性变形。其基本原理图如图 11.51 所示。

目前,激光冲击板料成形还集中在单点冲击上,多次多点激光冲击成形复杂形状的实验和工艺步骤正在研究中。与传统的加工方法相比,其具有以下显著特点。

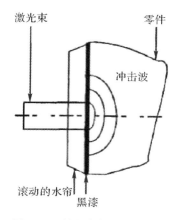

图 11.51 激光冲击示意图

(1)变形压力高,作用时间短,应变率高。激光冲击成形时,冲击波产生的峰值压力可达到吉帕量级,而且冲击波作用时间仅为几十纳秒,应变率很高,可以达到 $10^6 \sim 10^7$ s^{-1},使得激光冲压成形可以快速高效地实现。

(2)无须模具,不需外力,仅需要优化激光加工参数,就可以实现无模成形。属于力作用下的冷冲压变形,成形后板料表面有残余压应力作用,使金属板料的成形性能得到提高。

(3)选择激光脉冲能量、激光冲击轨迹、叠加方式等可实现自动化生产,并可集大面积复杂板料弯曲、局部胀形、仿形和校直等多种工艺于一体。

(4)激光参数精确可控,可以预计板料以后的成形轮廓。在激光冲击成形时,仅是激光和板料发生作用,没有其他影响因素,因此可以通过控制激光参数和路径的方法,来预测板料成形后的形状。

关于激光冲击成形的力学基础研究还很薄弱,冲击成形过程中的一些问题有待解决完善,如不同平面相交处冲击搭接区的冲击工艺过程和控制较为复杂,并且伴随着表面强化,致使板材的屈服强度提高,导致搭接区的材料塑性流动困难,使后继变形困难等。

金属板料激光无模成形技术是一种新技术,它涉及机械学、材料学、力学和热学等多学科,是一门多学科交叉的技术,必须以实验技术为依托,进一步优化工艺参数,建立完整的工艺数据库系统。同时它作为一种快速敏捷和极大柔性的先进制造技术,特别适合新产品的开发和小批量生产,对它的研究必将会对钣金业产生深远的影响,并产生良好的经济效益和社会效益。

11.8　钣金零件数字化制造与检测简介

航空航天产品是具有高技术复杂度的产品,钣金零件制造技术是其制造的关键技术之一。大飞机、新一代战斗机、大推重比发动机、大型运载火箭等新型号产品中钣金零件复杂性不断增加,新材料不断应用,新结构不断涌现,同时制造周期和质量要求也不断提高,钣金零件制造技术发展面临着零件尺寸和精度极端化的任务要求越来越高。钣金零件制造技术必须顺应全球制造业发展新趋势,积极应对新科技产业革命,推进以数字化为核心的制造科技不断发展,才能实现钣金零件高效、高品质的制造。

一、钣金零件数字化制造简介

1.钣金平板件数字化下料

钣金平板件包括由金属薄板经过下料加工获得的平板零件和零件毛坯。由于飞机大量采用钣金零件,原材料消耗量很大,下料工艺的优化可以显著提高原材料的利用率。钣金零件常用的下料方法有冲切、剪切、铣切、数控铣切、激光切割和数控水切割等。随着数字化制造技术的推广应用以及钣金零件多品种、单件小批量的特点,采用数控下料制造平板类零件毛坯已成为典型下料加工方法。钣金零件数字化下料是指根据钣金零件设计模型,进行展开、排样、切割工艺规划、数控编程和从板材上数控切割得到零件毛料的过程。通过以数控下料设备和计算机硬件为支撑,将钣金零件数字化展开、组合排样、切割工艺规划与仿真等系统集成应用,建立从钣金零件设计到毛料加工的数字化下料系统,以提高材料利用率、生产效率和加工质量。

图 11.52 钣金平板件数字化下料典型过程是计算钣金零件毛料→组合排样下料优化→切割路径规划与仿真→数控下料加工,系统运行以钣金零件产品数据和下料工艺过程数据为核心展开。

(1)根据钣金零件 3D 模型,展开成零件毛坯。

(2)根据生产计划中零件的材料和厚度,自动归类出具有相同材质和厚度的同批下料零件和板材,生成下料计划,针对不同的零件类型和下料设备,在生产计划和技术约束下进行优化排样。

(3)对排样方案图进行加工轨迹规划,包括轮廓切入切出线、切割顺序、切割方向等设计与优化,生成 NC 代码。

(4)根据下料工艺的不同,将排样下料方案发送到下料加工设备进行下料加工。

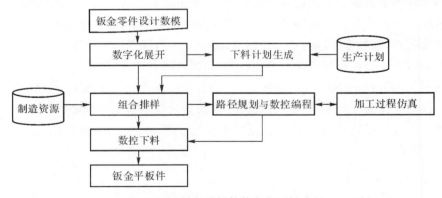

图 11.52　钣金平板件数字化下料流程

2.整体壁板数控喷丸成形数字化制造

整体壁板喷丸成形数字化制造系统以数控喷丸成形硬件为基础,将整体壁板工艺设计、制造模型设计、工装设计制造、数控编程与仿真、加工与检测系统进行集成应用,具体流程如图11.53 所示。

(1)选择喷丸成形工艺方法,设计从坯料到成品零件的工艺过程方案,确定需用的专用工艺装备。

（2）对壁板数模进行分析，提取几何数据，供曲率分析、路径规划和零件展开使用。

（3）应用与现有 CAD 系统集成的整体壁板展开与建模系统快速准确地展开曲面及特征线，得到展开后壁板的外边界和内边界的形状以及结构特征线和特征点，据此建立壁板的板坯数学模型。

（4）对板坯数学模型经 CAM 数控编程后进行壁板板坯加工，将加工出的板坯交付喷丸成形工序。

（5）根据壁板数据和板坯数据，应用与现有 CAD 系统集成的喷丸工艺模型设计工具分析翼面曲率，建立成形工艺模型，对喷丸路径进行规划，并集成用于喷丸工艺参数设计。

（6）根据壁板喷丸路径数据，基于知识库预测工艺参数，根据板坯数学模型对喷丸成形过程进行模拟，为喷丸加工提供优化的喷丸参数。

（7）根据壁板数据设计预应力夹具和检验型架，用于壁板喷丸成形和检测。

（8）喷丸成形数控指令传递至喷丸成形机，经过对板坯喷丸成形和校喷，完成壁板成形。

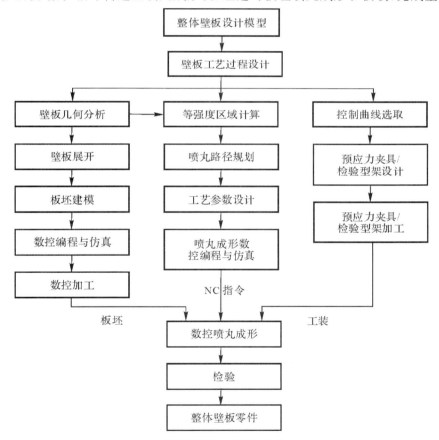

图 11.53　整体壁板数控喷丸成形数字化制造过程流程图

3. 框肋零件橡皮成形数字化制造

框肋类零件橡皮成形数字化制造系统以橡皮囊液压机为主要硬件，对制造模型数字化定义、工艺数字化设计、模具数字化设计制造及橡皮成形加工等单项技术的集成应用。框肋零件橡皮成形数字化制造流程如图 11.54 所示。

(1)应用钣金零件制造指令智能设计工具和基于知识的工艺参数设计工具,设计翔实的制造指令,定量化描述加工、制造模型的参数,为成形工艺过程提供指导,同时根据制造指令开展工程数据申请和工装订货。

(2)应用框肋零件制造模型定义工具,依据制造模型参数对毛坯、成形工艺模型进行建模,形成制造模型,将其作为钣金零件制造过程中工艺设计、工装设计、数控编程等各个环节的统一依据。

(3)根据成形工艺模型设计成形模具,设计过程中检索模具设计知识库,应用橡皮成形模具设计工具快速完成模具设计,以此为依据进行模具数控加工。

(4)根据工艺、制造模型、工装设计数据进行成形过程仿真与优化。

(5)毛料、设备控制参数与模具传给橡皮囊液压机进行成形。

(6)使用样板或三维扫描仪测量判断零件形状准确度。

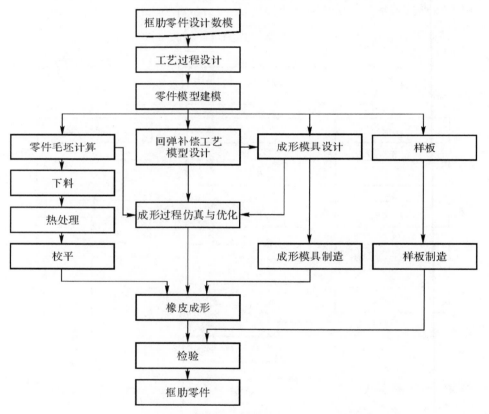

图 11.54　框肋零件橡皮成形数字化制造过程流程图

4. 型材数控拉弯成形数字化制造

型材数控拉弯成形数字化制造系统基于数控拉弯机设备,对型材拉弯零件回弹补偿、成形模具快速设计、拉弯工艺及 NC 指令设计、拉弯过程仿真等系统集成应用,实现从零件模型到机床数控指令的数字化传递。型材零件数控拉弯成形数字化制造过程流程图如图 11.55 所示,主要包括工艺过程的设计、成形模具的设计、工艺参数优化设计、设备控制指令生成、型材拉弯过程智能控制、型材零件数字化检测等技术环节。

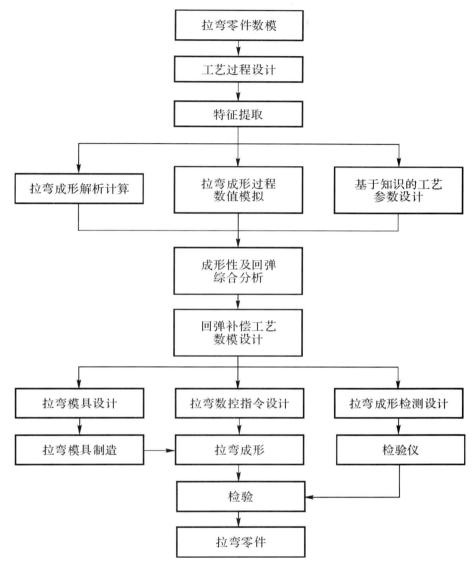

图 11.55　型材零件数控拉弯成形数字化制造过程流程图

（1）利用典型型材数字化定义工具对型材特征提取，实现型材几何数据在制造模型间的传递与协调。

（2）工艺参数设计系统通过拉弯成形过程各成形力参数之间的约束关系，建立工艺参数设计知识库，达到工艺参数的优化设计。

（3）型材拉弯模具设计系统提取数字化模型几何特征，检索模具设计知识库，并辅助以修模算法，生成数字化拉弯模。

（4）采用过程模拟仿真系统对所设计拉弯工艺参数进行分析与验证，优化工艺参数，提供回弹补偿数据。

(5)NC 程序智能生成子系统根据工艺参数及零件几何模型数据,形成加工数据文件,产生拉弯过程控制数控代码。

(6)型材拉弯过程智能控制子系统使数控拉弯成形过程中所有控制变量达到协调控制,以提高型材拉弯成形的效率和准确度。

5. 导管数控弯曲成形数字化制造

导管数控弯曲成形数字化制造系统基于数控弯管成形设备,将导管零件几何设计、工艺设计、工装设计、过程控制、数控弯管机和测量机等软件、硬件集成形成有机的整体,使导管从毛坯展开下料、工艺设计、模具设计、弯曲加工到最后的数控测量构成一个全数字量传递的制造体系,运行流程图如图 11.56 所示。

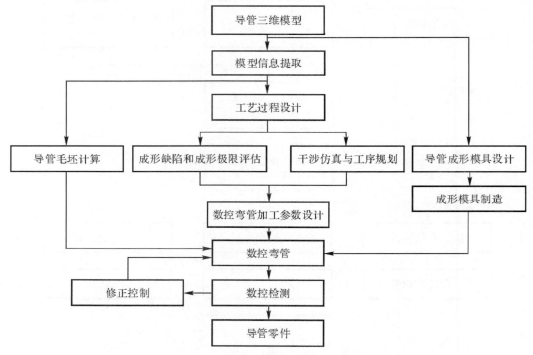

图 11.56　导管数控弯曲成形数字化制造流程图

(1)对导管零件三维模型进行模型预处理,提取与导管成形有关的管径、壁厚、弯管半径和弯曲路线等信息。

(2)基于数值模拟进行成形极限与缺陷分析,运用数控弯管工艺仿真系统进行干涉分析,在此基础上进行工序规划。

(3)运用导管弯曲伸长规律和毛坯展开系统进行展开,为下料提供数据参考,得到坯料。

(4)通过模具设计及管理模块,选择现有模具或者设计新模具。分析现有弯管模具是否满足要求,如果满足就运用现有弯管模具,如果不满足就运用导管数控弯曲成形模具 CAD 系统进行模具设计。

(5)调用数字化弯管模型预处理的输出结果,生成导管成形数控加工参数,基于工艺知识库进行补偿优化,并以机床要求的格式输出数控弯管机进行数控弯曲。

(6)以模型预处理得到的信息作为依据进行检测,根据检测的数据生成导管零件模型,与原导管设计模型进行匹配比较,计算出两个模型之间的差值,由修正因子算出修正值,修改弯管工艺参数,形成弯管—检测—加工参数修正—NC 程序修正—弯管的闭环控制,以减少试弯次数,提高弯管成品率。

二、钣金零件数字化检测简介

钣金零件检测的任务是确定钣金零件形状尺寸是否符合设计要求,确定偏差值及其对使用性能的影响,以保证产品质量和使用安全。对于零件的检验,传统上使用样板、检验工装、成形模具、通用量具或它们的组合,比较经济直观,但存在精度不高、检测工装磨损等缺点。数字化检测是通过逆向工程测量建立实际零件表面几何尺寸的数学模型,与零件模型比对,判断零件实际加工表面与理论表面是否一致及一致的程度,给出零件加工质量合格与否的结论。钣金零件数字化检测对象,除了包括物料流的成形零件外,还有信息流的零件模型。

1. 数字化检测方法

目前,国内外关于钣金零件三维测量方式很多,主要可以分为接触式测量和非接触式测量两大类。

(1)接触式测量。接触式测量中,应用最广泛的是三坐标测量机(Coordinate Measuring Machine,CMM)。三坐标测量机是以精密机械为基础,集光、机、电、电子计算机以及自动控制等技术于一体的高技术一体化设备,主要包括四个部分:坐标测量机机体、数据处理机控制系统、测头和测量机控制软件等。在测量时,将被测零件放入其容许的测量空间中,各种不同直径和形状的探针(接触测头)沿被测物体表面运动,被测表面的反作用力使探针发生形变,这种形变触发测量传感器将测出的信号反馈给测量控制系统,经计算机进行相关的处理得到所测量点的三维坐标,通过计算即可得到被测零件的几何形状及相关尺寸。

目前,该测量技术已广泛用于逆向工程(Reverse Engineering),其应用特点如下:

1)采用接触法的三坐标测量机,虽然测量精度高,但只能对硬质且比较规则的物体进行测量。接触式测量进行测量时必须与被测实体进行接触,因此在测量表面柔软物体时,这类方法就不适用;当被测物体表面形状具有不确定性时,会导致测量位置探头不能够有效地接触到,无法进行测量。

2)三坐标测量机通常难于实现对自由曲面的自动测量,首先需要人工进行测量路径规划,手动控制测量,这种方法不但耗时且测量精度不高。

3)由于测量系统的机械性,测量结果容易受到许多机械系统误差的影响,所以在测量过程和后续的数据处理中需要人为地对这些误差进行补偿,从而大大影响了测量的效率。

4)由于机械结构的复杂性,接触式测量对测量环境的要求比较严格,所以传统的接触式测量在发展过程中受到了许多方面的制约。

(2)非接触式测量。非接触式三维测量多为基于视觉的测量技术,不需要与待测物体接触,可以远距离非破坏性地对待被测物体进行测量,是以现代光学为基础,融合电子学、计算机图形学、信息处理和计算机视觉等科学技术为一体的现代测量技术,可以显著提高测量的效率和准确度。根据测量使用的光源不同可分为主动式(Active)和被动式(Passive)两大类。主动式指的是采用特殊光源(如结构光和激光等)对被测物体表面进行照射,主要有激光三角法、结构光法等;而被动式不需要特殊光源,常采用自然光,主要有双目立体和三目立体测定法等。

1)激光三角法根据光学三角形的测量原理,利用光源和光敏元件之间的位置和角度关系来计算被测表面点的坐标数据,由于同时拥有高精度、高速度及方便将 3D 模型转换到 CAD 系统中的特点,所以广泛应用在逆向工程曲面测量中,其测量精度在 0.01 mm 左右,但测量成本较高。

2)结构光法基本原理是将一定模式的光(如光栅等)照射到被测物体的表面,然后由摄像头拍摄反射光的图像,通过光-像平面的对应关系来获取物体表面上点的实际位置,采用光栅测量即干涉测量时,是将一束相干光通过分光系统分成测量光和参考光,利用测量光波与参考光波的相干叠加来确定两束光之间的相位差,从而获得物体表面的深度信息,主要优点是测量范围大、稳定、速度快、成本低、设备携带方便、受环境影响小和易于操作,被认为是目前测量速度和精度较高的扫描测量系统。

3)双目立体视觉利用两台位置相对固定的摄像机或数码相机,从不同角度同时获取同一景物的两幅图像,通过计算空间点在两幅图像中的像差来获得其三维坐标值,优点在于测量原理清晰、设备简单、操作灵活及成本低,非破坏性,检测速度快,数据处理易于自动化等,难点在于摄像机标定、立体匹配和图像拼接。

上述非接触式测量方法比较见表 11.8。

表 11.8　非接触式测量方法比较

测量方法	测量精度	测量速度	材料及表面限制	成　本
激光三角法	$\pm 5\ \mu m$	一般	表面不能过于光滑	较高
结构光法	$\pm 1 \sim \pm 3\ \mu m$	快	无	一般
双目立体视觉法	0.5 mm	快	无	低

在非接触式测量方法中,结构光法具有原理简单、装置易实现的优点,并以其测量范围大、测量速度快,测量获取数据量大在产品检测领域得到广泛的应用。

2.数字化检测设备与流程

(1)三维扫描测量系统。三维扫描系统构成如图 11.57 所示。采用基于白光投影法的光学三维扫描仪,由光源投射单元、摄像镜头和测量软件组成,通过光栅干涉原理,对零件作高精度非接触式数据采集,把立体及表面转化成点云数据。配合逆向工程及快速成型技术以用于产品开发、逆向工程或利用扫描数据与 CAD 模型作比较以分析偏差。

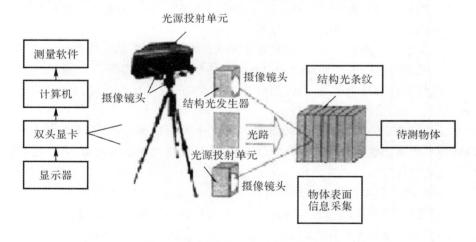

图 11.57　三维扫描测量系统构成

　　光学测量系统通过光学原理采集表面数据,分析多张影像中的共同特征,获取零件的整体数据。系统光源和镜头的距离可被设定,以摄取不同大小范围的数码影像,单张照片范围包括 50 mm×50 mm,100 mm×100 mm 甚至 800 mm×800 mm,摄像范围灵活,基本上没有对象尺寸限制。系统可连接标准笔记本电脑使用,加上轻巧的机身便于运输,可在不同环境进行准确测量。系统利用测量软件将实物转化为点数据,并对点数据作后处理,再输出为 STL 文件作后处理,甚至转化为 CAD 文件作逆向工程应用。

　　(2)数字化检测流程。钣金零件数字化检测流程图如图 11.58 所示。采用光学测量系统对成形零件进行外形面扫描,应用测量软件,形成点云数据 STL 文件,采用逆向工程软件对点云数据进行优化,并通过逆向校核软件将点云数据与零件设计数模进行比对分析,形成检测结果。测量数据与设计模型比对评估流程图如图 11.59 所示,借助非接触式光学三维扫描仪,测量得到成形零件型面点云数据信息,通过三维检测软件将零件的设计型面数模与点云数据进行匹配,得到成形零件的检测模型,显示测量数据与设计模型之间偏差。使用逆向校核软件对处理后的点云数据进行比对,能够精确进行测量模型与理论模型的偏差估值,快速识别缺陷点区域,可以用于首件检测、产品检测、供应商质量管理。

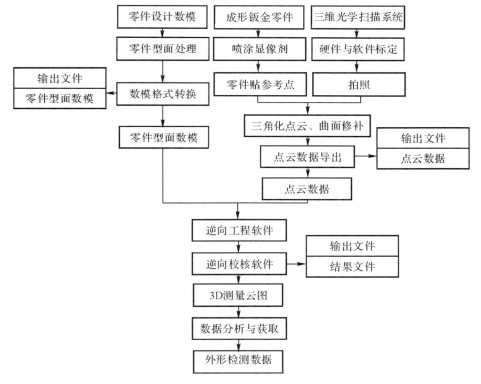

图 11.58　钣金零件数字化检测流程图

图 11.59　测量数据与设计模型比对评估流程图

3. 三维扫描测量方法

三维扫描仪利用数码摄像技术,对各次拍摄的数据通过系统标定和多组固定参考点进行拟合比较后,自动将每部分扫描的数据进行整合,最终实现完整的三维点云图形。因此,为保证单幅扫描的点云能精度较高地拼合在统一的坐标系中,对零件表面质量、固定参考点及软硬件标定具有一定的要求。

(1)待测量零件前期准备。

1)零件表面处理。零件的表面质量在扫描过程中扮演重要角色。光学扫描仪适合于亮而不反光的被测表面。如果被测表面颜色深(太吸光)或过亮(太反光),则规则变化的光栅投影到被测零件表面时产生的莫尔条纹将不明显,两个 CCD 照相镜头记录不到变化的莫尔条纹所反映被测零件表面高低信息,或获取点云数据质量不高,不能达到有效测量。

钣金零件多为铝合金材料,表面反光过亮,必须用白色显像剂喷涂被测表面,以保证两个 CCD 照相镜头记录到完整的光带影像并传送到计算机,经过处理后得到两个 CCD 镜头分别拍摄到的两张“三维”照片。被测零件的背景颜色最好用浅黑色,这样背景可以不被扫描到点云数据中。

2)固定参考点的要求。为完整地扫描一个三维的物体,通常需要不同角度的多次扫描。为获得完整的点云数据,单幅扫描的点云必须合并在统一的坐标系统。参考点可以将不同角度的单幅扫描点云拼合在统一的坐标系中。参考点粘贴于被测零件表面,在单张测量的照片中,必须保证从斜的透视图中能看到参考点的直径范围内必须包含 6～10 个像素,该参考点方可被识别。标志点的厚度通常大于 0.05 mm,参考点的厚度给粘贴处带来的测量数据误差将影响零件的测量结果,影响整体测量精度。以框肋零件弯边检测为例,由于框肋零件腹板面多为平面,所以,在其腹板面上远离弯边圆角部位粘贴参考点,可通过删除参考点形成的点云,并依据腹板平面修补删除部分,来尽可能减少参考点对测量精度的影响。

(2)硬件与软件的标定

1)硬件标定指 CCD 数码镜头和投射镜头的标定,步骤如下:

a. 调整测量距离:根据测量距离技术参数调整测量距离,如三维扫描仪 Advance RI 测量距离为 400～2 000 mm。

b. 调整投影光源镜头:完全打开镜头光圈,并锁紧;调整投影光源镜头的焦距,使十字光标在白纸上显示最清楚,然后锁紧镜头。

c. 相机镜头对焦:将打印有字体的纸放置在扫描头的标准测量距离位,关闭投影光源,将相机镜头的光圈尽量完全打开,但确保相机图像不要过亮。调整相机镜头的焦距,并锁紧镜头。

d. 设定曝光时间和光圈:打开投影光源,将曝光时间设为 16.67 ms,减小镜头光圈,直至相机图像没有过亮,即图像中没有红色显示。尽量减小光圈,使得测量景深大,但避免出现曝光不足。可以利用观察反应曝光程度的线视图,来辅助判断曝光是否合适。另外,两个相机的光圈应一致。

2)软件标定借助三维扫描软件和标准标定板获取算法所需参数。

a. 正确设定投影仪和相机的焦点,使得投影仪投射在标定板上的十字架清晰,且在左右两个相机的视野处于重合位置,以获取高质量的扫描效果。

b. 多次调整标定板,在投影仪和相机前视野处拍摄其多种位置与不同角度的照片。为了得到更高的扫描质量,需要拍摄 30～40 张或更多张照片,使得在标定计算结果中得到高于75％的测量覆盖区域,完成软件的标定。

（3）扫描及结果输出。使用三维扫描软件扫描主要分为以下三步:

1）对被测零件外表面进行多位置、多角度的拍照,获取照片。当被测零件在光学三维扫描仪扫描测量范围内时,保证在单幅扫描中能清楚看见已标定的 4 个及更多的腹板面上的参考点,容易保证拼合精度。当被测零件比光学三维扫描仪扫描测量范围大时,从被测零件的中部开始向两边扫描测量,单幅扫描图必须最大限度重叠,重叠量要达到 30％～40％,且相邻扫描图之间有 4 个或更多的相同参考点,保证参考点坐标值的准确性,以实现各图间更精确的拼接。

2）对点云数据进行校准、拼接、网格定型,实现点云的校准、拼接与形成点云结果。

3）输出零件外表面点云数据文件。

安全·小·提示

镁合金操作安全规则:

（1）镁合金超过 380℃ 时易引起燃烧,绝对禁止在硝盐中进行热处理,否则会引起爆炸并使硝盐飞溅,在生产中严禁混料。

（2）镁合金碎屑有着火危险,水珠掉落在上面也会使其燃烧,因此每天应不少于两次用干燥刷子清除切屑,并放入密封的单独铁箱中。

（3）严禁用冷却液(如油、肥皂水等)冷却,必要时用压缩空气冷却。

（4）严禁用钝刀具加工镁合金,也不能用高速切削,以免使其燃烧。

（5）不许在加工区洒水。

（6）严禁在加工地存放易燃液体(如汽油)。

（7）工作时佩戴石棉手套和石棉围裙。

爆炸成形的安全规则:

（1）火工品的安全保管。药包制作间与存放间应远离爆炸场地;一切爆炸物品严禁与氧化剂、酸、碱、盐类、易燃物、金属粉末和铁器等物品同库储存;敏感度高的起爆用品不能与敏感度高的炸药等用品同库储存。

（2）火工品的运输应按有关规定执行。

（3）火工品的领取、加工及使用等,均应严格按有关技术安全条令执行。

思　考　题

1.何谓喷丸成形? 其有何特点?

2.整体壁板喷丸成形的方法有哪些?

3.喷丸成形常用的工艺参数有哪些?

4.按推进弹丸的方式不同喷丸成形设备有哪几种?

5.材料成形加热的目的是什么?

6.加热温度对镁合金成形有何影响？

7.钛合金加热成形时,加热的方法有哪几种？

8.加热温度对钛合金成形有何影响？

9.什么是蠕变和蠕变成形？蠕变成形的特点是什么？

10.什么是热校形？其机理和工艺过程各是什么？

11.什么是冷冲挤？冷冲挤如何分类？有何特点？

12.何谓胀形？有何应用？

13.什么是胀形系数？有何意义？

14.什么是高能成形？

15.爆炸成形有何特点？爆炸成形的原理是什么？

16.简述电液成形和电磁成形原理。

17.何谓超塑性？按实现超塑性的内在和外在条件来分类,金属材料的超塑性可分为哪几类？

18.超塑性的宏观特性及其工程特点各是什么？

19.影响金属超塑性的主要因素有哪些？

20.超塑性成形方法有哪些？

21.简述框肋零件橡皮成形数字化制造流程。

22.目前国内外关于钣金零件三维测量方式很多,主要可以分为哪几类？

第 12 章　飞机钣金零件的协调、工艺规程编制与模具设计的基本知识

内容提示

本章主要讲述飞机钣金零件协调的依据与方法、工艺规程编制原则与要求、工艺规程编制依据与步骤、模具设计一般要求与依据、模具设计步骤与冲模 CAD/CAM 等。

教学要求

(1)了解飞机钣金零件的协调依据和方法。
(2)了解工艺规程编制的基本原则、依据和步骤。
(3)了解模具设计的一般要求、设计依据和设计步骤。
(4)培养学生的工作协调组织能力。

内容框架

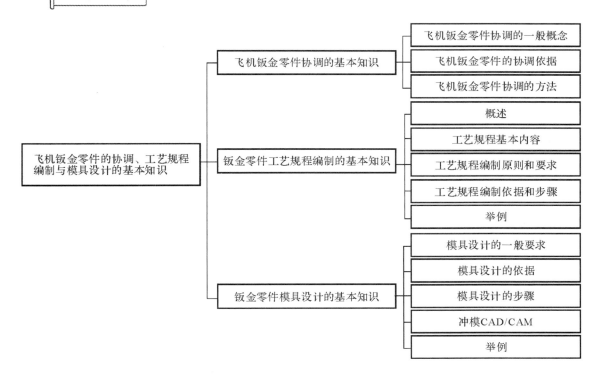

12.1 飞机钣金零件协调的基本知识

一、飞机钣金零件协调的一般概念

1.飞机钣金零件协调的内容

飞机钣金零件的协调,包括零件之间相互协调、零件与装配工艺装备之间的协调。前者取决于零件工艺装备之间的协调性,后者取决于零件工艺装备与装配工艺装备之间的协调性,其实质是工艺装备之间的协调,目的是符合装配要求。

2.互换与协调

互换指批生产中,同一种零件之间在尺寸和形状方面的一致性。协调指相配合的两种零件在尺寸和形状方面的一致性。互换不仅要体现协调准确度,还要求制造准确度,而协调只体现协调准确度,因而具有互换性的零件,必将是协调的,所以协调是保证互换性的必要条件。在飞机钣金零件制造中,不但要求协调,而且要求互换。互换包括完全互换和不完全互换。而对于飞机钣金零件,不一定要求完全互换,但要求完全协调。

二、飞机钣金零件的协调依据

飞机钣金零件制造依据是产品图纸,协调依据是指产品图纸、数据、模线样板、标准工艺装备、移形工艺装备、标准实样和 CAD/CAM 技术等。

1.数据(尺寸)

数据(尺寸)是飞机钣金零件制造的最原始依据。在保证制造准确度、协调准确度的条件下,应最大限度地直接运用数据加工。其数据来源包括以下部分。

(1)产品图纸、技术条件、所规定的尺寸容差与配合数据。

(2)理论模线、结构模线、提供的数据。

(3)计算机数据库。

(4)数控测量机测量的实样数据。

(5)工艺补偿技术标准、规定的数据。

(6)各机型外形公差分配和计算数据。

2.样板

飞机钣金零件的样板是将模线上的 1:1 产品数据与形状转移到产品零件或工艺装备上的"过渡工具",起到零件之间或工艺装备之间的协调作用。

3.标准工艺装备

标准工艺装备是以 1:1 的真实尺寸体现产品某些部位几何形状和尺寸的刚性实体,作为制造、检验和协调生产用工艺装备的模拟量标准,是保证生产用工装之间和产品部、组件之间尺寸和形状协调与互换的重要依据。标准工艺装备如标准样件(反标准样件)或表面标准样件(反表面标准样件),对某一个机型的基本协调依据来说,全机只能有一个(套),其余均为移形工艺装备。

4. 移形工艺装备

移形工艺装备是指标准工艺装备与生产工艺装备之间的移形尺寸依据,如模型、反模型、移形模等。

5. 标准实样

在飞机制造中,一些复杂的钣金零件,用产品图纸难以描述其真实的尺寸和形状,而该零件的尺寸依据(生产工艺装备)也无法用其他方法制造和协调,必须用鉴定产品零件的方法解决,经鉴定合格的标准零件称为标准实样,如图 12.1 所示。

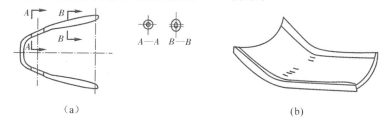

（a）　　　　　　　　　　　　　（b）

图 12.1　标准实样

(a)管子类标准实样;(b)结构类标准实样

三、飞机钣金零件协调的方法

一般按飞机钣金零件的协调要求可作以下选择。

1. 非配合表面零件仅须在控制切面处保证协调——采用模线样板法保证

用模线样板保证钣金零件协调的方法如图 12.2 和图 12.3 所示。

图 12.2 为用模线样板法制造钣金工艺装备的协调系统图。图 12.3 为翼肋零件的协调系统图。

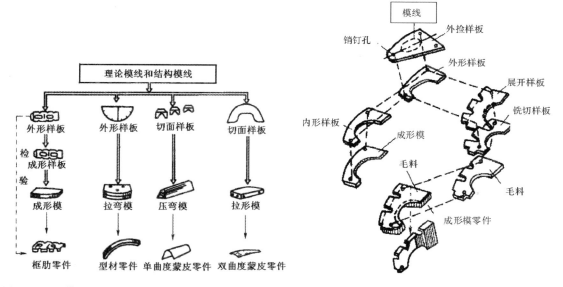

图 12.2　用模线样板法制造钣金工艺装备的协调系统图　　图 12.3　翼肋零件的协调系统图

2.相互配合的立体零件须保证整个配合表面之间的协调——采用立体制造依据统一协调和制造有关工装

立体制造依据有局部模型、总模型、表面标准样件、反模型和标准实样等。当相互配合的钣金零件具有复杂的外形,要求整个配合面配合时,需要借助立体的制造依据来协调有关的工艺装备。配合的立体零件用立体制造依据保证协调的方法如图12.4所示,口框外圈与蒙皮贴合,内部凹陷处容纳口盖,如果模具尺寸按口框的反切面样板加工,由于控制切面太少,零件边缘不易保证与蒙皮的良好贴合,口盖连接处也不易做出相同深度的均匀凹陷,协调性很差,此时,在蒙皮反模型(蒙皮内形)上用铅皮、橡皮和木块按材料厚度和凹陷形状加垫,如图12.5所示制成口框反模型,即可作为口框模具的制造依据。口框协调路线如图12.6所示。图12.7为利用三维数模制造工艺装备的机身协调图表。

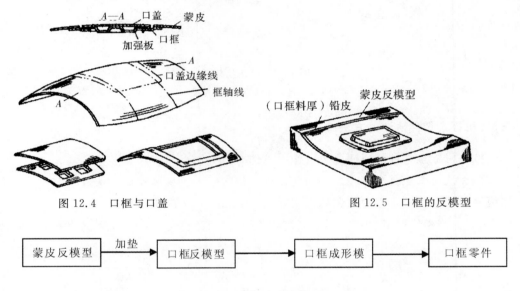

图 12.4　口框与口盖　　　　　　　图 12.5　口框的反模型

蒙皮反模型 —加垫→ 口框反模型 → 口框成形模 → 口框零件

图 12.6　口框协调路线

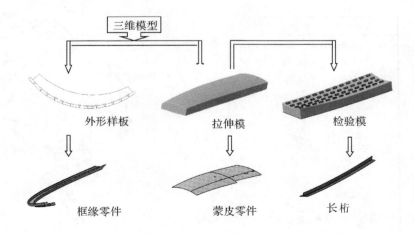

图 12.7　利用三维数模制造工艺装备的机身协调图表

12.2　钣金零件工艺规程编制的基本知识

一、概述

钣金工艺文件是工厂生产法规的重要组成部分,对确保零件质量、完成生产任务、提高经济效益和促进技术进步起着重要作用。工艺文件按性质分为四类:指令性工艺文件、生产性工艺文件、管理性工艺文件、基础性工艺文件。其中基础性工艺文件包括工艺规范、典型工艺规程、典型操作程序和工艺技术手册。常用生产性工艺文件有交接状态表、工艺规程、装配指令(AO)、零件制造指令(FO)、工艺合格证和配套卡片等。

零件工艺规程是规定零件制造过程和工艺方法等的工艺文件,它直接用于生产现场,指导工人操作和检验产品质量,是生产管理的基础文件,一经定型就成为生产的准则,成为不可违背的生产纪律。工艺规程对产品的产量、质量、成本起决定性的作用,先进合理的工艺规程能有效地促进生产率不断增长,因此,工艺规程的拟定则成为生产准备工作的主要环节。

二、工艺规程基本内容

(1)需要的产品图样和工艺装备图样、技术条件及有关工艺技术资料编号和名称。

(2)操作项(工序)内容:工艺过程、工艺方法、装配顺序、工艺参数、检验或试验操作。

(3)使用的设备、仪器、量具、专用工具和各种工艺装备。

(4)使用的材料、零组件、标准件和成品件。

(5)注意事项和特殊要求。

为及时地反映当前先进技术和提高科学管理水平,工艺规程应及时按规定手续修改、提高、完善,以保证不断提高产品质量和劳动生产率,降低成本,从而获得良好的技术经济效果。

三、工艺规程编制原则和要求

1.编制原则

(1)确保产品质量。

(2)材料利用率高。

(3)生产率高。

(4)充分发挥现有机床设备和通用工装的作用。

(5)工艺装备少、寿命长、费用低、生产准备周期短。

(6)生产安全。

(7)需要高级工人少。

2.编制要求

要编制好工艺规程,不但要有丰富的工艺知识和实际工作经验,并且要掌握车间的生产情况,不断吸收先进经验与技术并充实到工艺规程中去。

四、工艺规程编制依据和步骤

1. 编制依据

编制工艺规程之前需要了解和掌握下列技术资料。

(1)零件图纸、技术条件、生产说明书、相关工艺文件、有关质量控制文件。

(2)工艺装配图样、工艺装配申请单和工艺装配设计技术条件。

(3)交接状态。

(4)生产批量。

(5)有关车间设备、工人技术水平、内部工段分工情况的资料。

(6)生产实践经验和新工艺新技术成果。

2. 编制步骤

(1)分析零件的工艺性。分析零件的工艺性包括材料成形性和热处理状态、零件的形状尺寸的工艺适应性、变薄量、公差等技术要求保证的难易程度和工艺方法的可行性。

(2)确定合理先进的工艺方案。对零件进行全面分析,初步确定工艺方案,并对此进行工艺和经济估算,从中确定最合理的方案。同时确定毛料状态,定位方法,工序数量及先后次序,工装品种数量及制造依据。

(3)提出工装、样板的申请,进行必要的工艺计算,选择机床设备。

(4)编写工艺规程。

(5)制定工时定额和材料定额。

五、举例

工艺规程有两种形式,一种是表格形式,一种是零件制造指令(Fabrication Order,FO)形式。两种形式分别举例如下。

1. 机翼前段半肋工艺规程的编制

(1)工艺分析。机翼前段半肋是有双向弯边的零件,如图 12.8 所示。零件上凸弯边和凹弯边的弯边系数均处于橡皮压制后无须手工修整的范围内,亦可预先制出导孔。

(2)确定工艺方案。为满足成批生产的要求,根据工厂设备条件,最合理的工艺方案是毛料用铣切下料,用带有减轻孔衬套的成形模在新淬火状态下,用橡皮压制法将减轻孔和外弯边同时制出。因零件的凹弯边与减轻孔反向,故凹弯边须待凸弯边成形后,利用第二套橡皮成形模压制。

(3)编制的钣金冲压工艺规程见表 12.1。

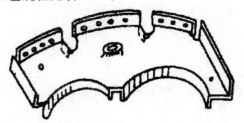

图 12.8 半肋材料(2A12M-厚 1.5)

表 12.1　钣金冲压工艺规程

厂		资料编号	第 1 页	共 1 页
车间		零件名称	半肋	
零件组别 4		零件图号	H₂-2012-0-¾	
机型		装配图号	H₂-2012-00	
用于 成批		每机件数	2¹/1	
		材料	2A12M-厚1.5	

钣金冲压工艺规程

序号	工序内容	工艺装备及工具 名称	编号	机床设备 名称规格	工种	工时定额	毛料尺寸 条料尺寸	净重 材料/单件	定额 单件/单机
1	下毛料(铣外形,钻止裂孔、工具孔,螺栓孔),并去毛刺	铣切样板		回臂铣床	铣				
2	制导孔,并去毛刺	展开样板							
J	检验	展开样板			钣				
3	冲长桁缺口	缺口冲模	502/H₂-010	冲床(30 t)	冲				
J	检验	展开样板			检				
4	淬火 Rₘ≥390 MPa(立即送冷藏箱)			液压床	液				
5	橡皮压制成形			液压床 6 000 t					
	(1)成形凸弯边及减轻孔	橡皮成形模	(ID517/H₂-360						
	(2)成形凹弯边	橡皮成形模	(ID517/H₂-037						
J	检验	外形(部)样板			检				
6	手工制长桁缺口弯边、校正	橡皮成形模	(ID517/H₂-037		钣				
		外形(部)样板							
J	检验	外形(部)样板			检				
7	表面阳极板处理								

外形 反切 内切 外料 切 铣

草图说明：制造依据外形(部)样板

更改符号	更改单编号	更改者	日期
编写	校对	审批	

2.典型零件制造指令

(1)零件制造指令。零件制造指令与任务卡配套,用于零件制造单位下达生产任务、指导工人操作和填写质量记录的生产性工艺文件,简称 FO(Fabrication Order)。其内容比工艺规程增加了生产过程记录要求,在使用中须随时记录生产过程质量信息。目前飞机零件制造过程中已广泛采用 FO。在 FO 中工种一般用代码来表示,例如 2401 则表示钣金 24 厂钣金工。

(2)典型零件制造指令举例。飞机钣金零件不仅种类和数量繁多,而且反映在零件的成形方法上,也是多种多样的。对于同一个零件可有不同的几种成形工艺方案,相应不同的工艺方案拟定零件制造指令,以适合不同生产的要求,现举一盒形零件的拉深成形来说明。

1)工艺分析。图 12.9 为一法兰带曲度的盒形零件,零件材料为 2024-0 包铝板(2024-0 国内通常叫做 2A12,相当于 LY12)。

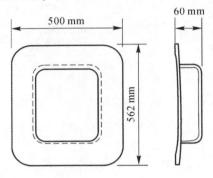

图 12.9　盒形零件

2)确定工艺方案。根据零件的外形特征,最适宜、经济的成形方法为拉深成形,计算其拉深系数,确定拉深次数。最终选用 500 t 双动液压冲床一次拉深成形。

3)零件的工艺过程(FO)。实际生产中所用的零件制造指令(FO)如下。

编号　　　　123A1234-001-001　　　　版次　　　　1　　　　共 2 页

编制　　　张鹏　　　校对　　李明　　　质审　刘丽　　　批准　孙宏

名称　　　　　　　　　　　　　水服务板

　　　　　　MT　　　　＊＊＊所需原材料记录＊＊＊

　　　　　　2024-O,δ2.03mm,600mm×620mm,,,

　　　　　　JC　　　＊＊＊＊＊＊＊所需工作内容＊＊＊＊＊＊＊

工种　　　　序号　　　　工作内容

2401　　10　O 按钻孔样板、拉深模初步下出展开毛料,无毛刺。

　　　　　　T　123A1234-001-001DRD1,拉深模,,,;123A1234-001-001DRT1,钻孔样板,,,

　　　　　　I　数量　　　　　　工人　　　　　　　　　检验

2404　　20　O 安装好拉深模并固定毛料。

　　　　　　T　123A1234-001-001DRD1,拉深模,,,;500 t,冲床,,,

　　　　　　I　数量　　　　　　工人　　　　　　　　　检验

2404　　30　O 拉深成形零件。

　　　　　　T　123A1234-001-001DRD1,拉深模,,,;500 t,冲床,,,

　　　　　　I　数量　　　　　　工人　　　　　　　　　检验

2407	40		按图纸初步划线铣切零件外形线，去毛刺。		
		I	数量	工人	检验
2401	50	O	液压校形。		
		T	123A1234－001－001FB1,型胎,,,;77 kt,液压机,,,		
		I	数量	工人	检验
2407	60	O	按图纸划零件外形线、铣切、去毛刺。		
		I	数量	工人	检验
2301	70	O	固溶热处理		
			原始记录编号：		
			完成热处理时间：		
		I	数量	工人	检验
2401	80	O	修正热处理变形。		
		T	123A1234－001－001FB1,型胎,,,		
		I	数量	工人	检验
9806	90	O	硬度测试		
			验收值：	实测值：	
		I	数量	检验	
2401	100	O	称重，		
			理论值：　0.72(kg)	实测值：　　(kg)	
		I	数量	工人	检验
2400	110	O	按图纸及 FO 全面检查零件。		
		I	数量	检验	
4401	120	O	铬酸阳极化处理。		
			原始记录编号：		
			完工时间：		
		I	数量	工人	检验
4402	130	O	表面涂环氧底漆。		
			开始涂漆时间：		
			原始记录编号：		
		I	数量	工人	检验
2401	140	O	制零件标识。		
		I	数量	工人	检验

＊＊＊＊＊＊划改记录＊＊＊＊＊＊

页次	更改标志	更改依据	更改者	更改日期

出版时间

12.3 钣金零件模具设计的基本知识

一、模具设计的一般要求

模具的设计与零件的质量和成本有密切关系,模具设计应结合工厂的设备、工人技能等实际情况,从零件的质量、生产效率、生产成本、劳动强度、环境的保护以及生产的安全性各个方面综合考虑,选择和设计模具结构,以及制造出的零件在保证达到设计图样上所提出的各项技术要求的基础上满足零件批量生产要求,尽可能降低零件的工艺成本和保证安全生产,故设计模具时要求:

(1)结构简单,标准化程度高。

(2)毛料定位可靠,保证产品质量。

(3)易于加工,便于操作,安全可靠。

(4)模具工作外形准确,有足够的强度、刚度及耐磨性,在此前提下力求轻便。对产量大的零件还要求高的使用寿命。

(5)尽量采用典型结构。

二、模具设计的依据

模具设计时应具备下列技术资料。

1.产品零件图及生产批量

产品图上标有零件的形状、尺寸、精度、材料牌号及技术要求;产品图和生产批量是模具设计最主要的依据,设计出来的模具最终必须保证生产出合格的产品零件,并能满足批量生产要求。

2.产品工艺文件

产品工艺文件主要是工艺规程卡。零件通常是由若干加工工序按一定的顺序逐次成形的。因此,模具设计前,首先要进行工艺设计,确定工序次数、工序的组合、工序的顺序及工序简图等,并把这些内容编写成工艺规程卡。工序数和工序的组合确定了零件的模具数量和模具类型(如简单模、连续模或复合模等)。因此,工艺规程卡也是模具设计的重要依据,模具设计者必须按照工艺规程的工艺方案、模具数量、模具类别和相应的工序简图来设计模具。

3.设备资料

设备资料主要是设备说明书,其内容主要有技术规格、结构原理、调试方法、顶出和打料机构以及安装模具的各种参数(如闭合高度、模柄孔尺寸、工作台尺寸等)。设计模具时,应全面了解设备的结构特点和尺寸参数,并使模具的有关结构和尺寸与设备相适应。

4.有关模具标准化的资料

设计模具时,应优先采用模具国家标准,尽量做到模具零、部件标准化,以提高设计效率和设计品质,缩短模具的设计与制造周期。

三、模具设计的步骤

1.研究有关资料

(1)充分熟悉设计依据,研究零件蓝图及其所附的技术条件,其中应特别注意的是零件的产量、批量以及需用零件的期限。因为产量及批量可决定模具设计的繁简程度,而期限则可决定在正规模具未投入生产以前是否能用简单模具代替。

（2）研究零件的工艺规程，目的在于使设计能满足于工艺方面的要求，并可以检查已定的工艺规程中的各成形工序的必要性及其他问题。

（3）了解车间的现有设备及模具制造车间的技术能力，以便发挥已有设备的能力，并对模具制造提出合适的技术要求。

2.确定模具的结构形式

（1）确定模具结构形式。这是模具设计的最困难、最重要的阶段。在确定模具结构形式时，需要考虑许多因素，既要满足模具设计的要求，又要根据零件的形状、大小、材料以及精度要求，密切结合车间的机械设备状况，并考虑零件的产量与模具成本，最后在最经济并保证产量、质量的前提下，决定采用哪种模具结构形式。

（2）选用模具上应有的各项机构。为了使模具制造简单，成本低，在选用各项机构时，原则上应做到以下几点。

1）在保证产品产量与质量情况下，使用的机构越少越好，越简单越好。

2）尽量使操作方便，并要保证工作的安全。选用机构时，首先应决定导向机械（导板还是导柱）、脱料、进料、顶件、定位等机构。待上述机构相互间没有矛盾后，再决定安装机构。当然，上述机构并非每一模具都必须全部具备。

3.合理选用模具材料

模具材料分三大类：碳素工具钢、合金工具钢和高速钢。

（1）碳素工具钢。碳素工具钢是工具钢中最基本的钢种。它的机械加工性能良好，在工具钢中价格也是最便宜的。其缺点是淬火变形大，耐磨性低，因此多用于生产规模较小的凸模和凹模。碳素工具钢根据其含碳量的不同具有不同的性能，从而形成不同的用途。

（2）合金工具钢。合金工具钢有特殊工具钢和模具钢两种。这类工具钢切削性能好、耐磨及不变形，一般用于模具的凸模和凹模。特别是 Cr12 系的冷作工具钢，由于耐磨性、淬透性好，热处理变形小，是极具代表性的模具钢。其缺点是切削性能差、研磨加工困难。

（3）高速钢。高速钢有钨系和钼系两种。由于耐磨性好、硬度高，多用来作切削用工具钢。作为模具用钢多用钼系，其韧性很高，常用于小孔冲裁凸模和大量生产用高级模具的凸模和凹模。但由于其淬火温度高，要求较高的淬火技术，使用范围受到一定限制。

常用模具材料的性能见表 12.2。

模具材料的选用必须考虑以下各因素。

（1）生产规模。对于形状变化小，长期稳定的大量生产规模，要选用耐磨性高的高等级模具材料。而对于生产规模小的，可选用较低等级的模具材料。如汽车和航空工业中对较小批量的生产可用塑料模代替钢模。

表 12.2　常用模具材料的性能

材料类别	材料牌号	性能比较					
		耐磨性	韧性	切削加工	淬火不变形性	回火稳定性	淬硬深度
碳素工具钢	T7	较差	较好	好	较差	差	水淬 15～18 mm 油淬 5～7 mm
	T10	较差	中等	好	较差	差	
	T12	中等	好	好	较差	差	

续 表

材料类别	材料牌号	性能比较					
		耐磨性	韧性	切削加工	淬火不变形性	回火稳定性	淬硬深度
合金工具钢	9SiCr,Cr2	中等	中等	较好	中等	较差	
	9Mn2V	中等	中等	较好	较好	差	油淬 40～50 mm
	CrWMn	中等	中等	中等	中等	较差	油淬 30 mm
	9CrWMn	中等	中等	中等	中等	较差	油淬 60mm
	Cr12	好	差	较差	好	较好	油淬 40～50 mm
	Cr12MOV	好	差	较差	好	较好	油淬 200 mm
	Cr4W2MOV	较好	较差	中等	中等	中等	油淬 200～300 mm $\phi(150\times150)$ mm 可内、外淬硬达 HRC 60 空淬 40～50 mm
	6W6M05Cr4	较好	较好	中等	中等	中等	较深
	SiMnMO	较好	中等	较好	较好	较差	较浅
轴承钢	GCr15	中等	中等	较好	中等	较差	油淬 30～35mm
高速钢	W18Cr4V	较好	较差	较差	中等	好	深
	W6M05Cr4V2	较好	中等	较差	中等	好	深
普通硬质合金	YG3X	最好	差	差	不经热处理无变形	最好,温度可达 800～900℃	不经热处理,内、外硬度均匀一致
	YG6		差				
	YG8,YG8C		差				
	YGl5		差				
	YG20,YG25		差				
钢结硬质合金	YE65(GT35) YE50(GW50)	好	较差,但优于普通硬质合金	可机械加工	可热处理,几乎不变形	好	深

(2)被加工的材质、产品的大小、精度、形状的复杂性。即使生产数量少、材质硬、产品形状大而复杂并有精度要求时,也要选用淬火变形小、耐磨性高的材料。

(3)工序种类、模具零件、工作条件。模具零件在模具上的工作性质不同,对模具材料的要求也不同。如:

1)冲裁模工作零件是在高单位压力、强烈的应力集中和冲击性负荷下工作的,因此,模具材料应具有较高的强度和硬度、高的耐磨性和足够的韧性,应采用工具钢或硬质合金。

2)拉深不锈钢零件时,需要模具材料有较好的抗黏着性能,可采用铝青铜凹模。

3)导柱、导套要求耐磨和较好的韧性,可采用低碳钢表面渗碳淬火。

4.进行必要计算

(1)计算力,如冲切力、拉深力等。

(2)选用冲床,确定模具和冲床的闭合高度。

(3)计算模具的压力中心。

(4)确定凸凹模的间隙、尺寸及制造公差。

(5)确定模具各个零件的结构尺寸。

(6)核算模具主要零件(凸凹模等)的强度。

5.绘制模具总图及零件图

绘制模具总图时,一般先绘制下模和上模的俯视图,通过俯视图可以反映零件的平面布置、送料和定位方式及凹模位置。然后再以剖视的形式画出模具闭合时的工作位置主视图,主视图可以反映模具各零件的结构和它们之间的装配关系。在必要时,还应画出侧视图或局部剖视图。如果零件是形状简单的轴对称件,也可先画主视图,再画俯视图,必要的尺寸必须注明,如闭合高度、轮廓尺寸、压力中心以及靠装配保证的有关尺寸和精度。在模具总图的右上角要画出排样图和工作图,右下角则画出标题栏并列出模具零件明细表。最后在总图的空白处注明技术条件。

模具主、俯视图的具体画法是先画里面,再画外面;先画中部,再画四周,即通常先用双点画线画出毛坯和零件的轮廓,再画凸、凹模工作部分轮廓,进一步再画定位、挡料、导料零件,然后再画凸、凹模的固定部分及卸料、顶件零件,最后画出导向零件、模板的轮廓尺寸和模柄的结构。最后按设计的模具总图拆绘模具零件图,要将零件结构表达清楚,应有必要的投影图、剖面图和剖视图。要标注出零件的详细尺寸、制造公差、形位公差、表面粗糙度、材料热处理及技术要求等。还要将工作零件刃口尺寸及公差计算好,标注在零件图上。

四、冲模 CAD/CAM

1.概述

计算机辅助设计与制造在冲压生产中应用较早。国外从 20 世纪 50 年代末期就开始了对冲模 CAD 的研究。20 世纪 70 年代初陆续推出了一批模具 CAD/CAM 系统,如美国 D - C 公司于 1971 年推出的 PDDC 级进模 CAD/CAM 系统,福特汽车公司开发的汽车拉深模 CAD/CAM 系统。1979 年日本推出冲孔及弯曲模 PENTAX 系统及 JAPT 自动编程系统。同时,英国、苏联、意大利、捷克等国也进行了冲模 CAD/CAM 技术的开发和应用,取得了良好效果。一般都能提高设计功效几倍至几十倍,缩短模具制造周期 60％以上,降低模具制造成本 30％～50％。

近年来,国内各种冲模 CAD/CAM 系统不断涌现,如上海交通大学模具研究所开发的冲模 CAD/CAM 系统,华中科技大学开发的精冲模 CAD/CAM 系统(HJC)、山东某厂开发的拉深模 CAD 系统、西安交通大学开发的“冷冲模设计师”CPD - PD 等系统。这些模具 CAD/CAM 的开发,积极促进了模具标准化、典型化通进程。而模具设计制造技术的每一个进步也促进了模具 CAD/CAM 技术的日渐成熟。

CAD/CAM 在冲模设计与制造的应用主要可归纳为以下几个方面。

(1)利用几何造型技术完成复杂模具的几何设计。

(2)完成工艺分析计算,辅助成形工艺设计。

(3)建立标准模具零件和结构的图形库,提高模具结构和模具零件设计效率。

(4)辅助完成绘图工作,输出模具零件图与装配图。

(5)利用计算机完成有限元分析和优化设计等数值计算工作。

（6）辅助完成模具加工工艺设计和 NC 编程。

2. 模具 CAD 结构设计的基本方法

目前，在模具 CAD 系统中，模具结构的具体设计基本方法有两种：一是人机交互式二维图形作图法。这种方法效率低，且须配备大规模的子图形库及基本图形运算程序库，对于复杂的零件和结构更显得烦琐，影响 CAD 系统的效果。但采用这种方法对模具设计分析程序的编制要求较低，对各种模具结构的通用性强，并能充分发挥设计者主观能动性。二是程序自动处理法。这种方法效率高，对操作者的技术要求较低，但对模具结构设计分析程序要求很高，编程工作量大而复杂，以致 CAD 系统开发过程的周期较长。采用这种方法，不能包罗所有可能的结构形式，存在着一定的局限性。

为了克服以上两种方法的缺点，发挥各自的长处，可以采用程序自动设计为主，人机交互二维图形处理为辅，加强系统的图形编辑功能，对自动设计的结果进行一定的人工干预和实时修改。

图 12.10 为模具结构设计的基本过程。

3. 冲模 CAM

利用 CAD 技术可以很迅速地产生一套设计优良的模具图，对于制造形状复杂、精度要求较高的模具，单靠经验和手工修模，往往很难达到满意的效果。解决此问题的根本途径是将 CAD 与 CAM 有机地结合起来，提高模具设计与制造水平，缩短生产周期，提高经济效益。在冲裁模 CAD/CAM 一体化系统中，不仅要进行设计计算，而且还要考虑数控加工编程及加工工艺性问题。

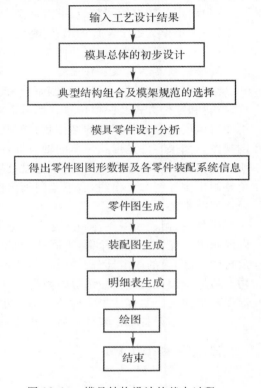

图 12.10 模具结构设计的基本过程

五、举例

手打模是钣金工用得最多的一种，其结构比较简单，由盖板、模体、定位销组成，大型模具还设有起重螺钉。有的工厂已将手打模按不同的类型编制了典型图册，只须按零件的结构形状选择即可，无须具体设计，提高了工装的标准化程度。

1. 手打模的材料

根据零件的材料牌号、厚度及形状复杂程度手打模的材料可按表 12.3 选用。

表 12.3 手打模的材料

材料牌号	使用范围	热处理要求
Q235A	零件为铝件，厚度大于 1.2 mm	
45	零件为钢料	HRC33～38
2A12CZ(LY12CZ)	零件为简单铝件，厚度在 1.2 mm 以下	
铸铝	一般曲面零件或大型铝件	
硬聚氯乙烯板	零件为简单铝件，厚度在 1.2 mm 以下，试制用	

2. 确定结构尺寸及工艺参数

手打模结构尺寸如图 12.11 所示。

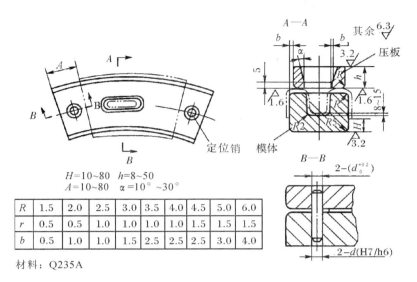

$H=10\sim80$　　$h=8\sim50$
$A=10\sim80$　　$\alpha=10°\sim30°$

R	1.5	2.0	2.5	3.0	3.5	4.0	4.5	5.0	6.0
r	0.5	0.5	1.0	1.0	1.0	1.0	1.5	1.5	1.5
b	0.5	1.0	1.0	1.5	2.5	2.5	2.5	3.0	4.0

材料：Q235A

图 12.11　手打模结构尺寸

模体及压板的表面粗糙度见表 12.4。

表 12.4　模体及压板的表面粗糙度

模体及压板材料	工作表面	非工作表面	模体底平面	压板上平面
Q235A　45	$\overset{3.2}{\triangledown}$	$\overset{6.3}{\triangledown}$	$\overset{3.2}{\triangledown}$	$\overset{3.2}{\triangledown}$
铸铝(ZL-101,ZL-104)二次铝	砂光至 $\overset{1.6}{\triangledown}$	$\overset{12.5}{\triangledown}$	$\overset{6.3}{\triangledown}$	$\overset{6.3}{\triangledown}$
硬聚氯乙烯板	砂光至光滑流线并无明显刀痕	$\triangledown$	$\triangledown$	$\triangledown$

对于模具上的下陷深度应按制造依据加深 0.3 mm，连续下陷的加深值不应累积加深，应按制造依据分别予以加深，如图 12.12 所示。

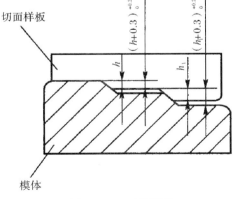

图 12.12　下陷深度

3.绘制模具图样

手打模结构图如图 12.13 所示,图面上除反映结构尺寸、粗糙度、材料要求外,还要注明技术要求。

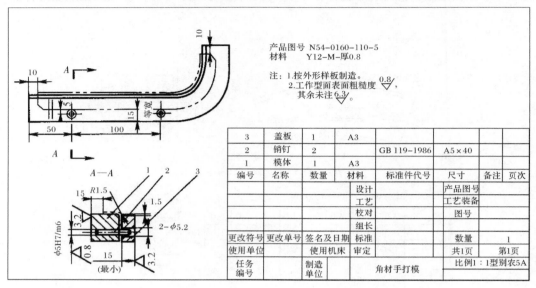

图 12.13　手打模结构图

安全小·提示

模具设计的安全要点:

设计模具时应把保证人身安全的问题放在首位,它优先于对工序数量、制作费用等方面的考虑。一般应注意以下几点:

(1)尽量避免操作者的手或身体的其他部位伸入模具的危险区。

(2)手必须进入模内操作的模具,在其结构设计时应尽量考虑操作方便,尽可能缩小危险区,尽可能缩短操作者手在模内操作的时间。

(3)设计模具时应明确指示该模具的危险部位,并设计好防护措施。

(4)保证模具的零件及附件有必要的强度和刚度,防止在使用时断裂和变形。

(5)不应要求操作者做过多、过难的动作,不应要求操作者的脚步有过大的移动,以免身体失去平衡,出现失误。

(6)应尽量避免因出件、清除废料而影响送料操作。

(7)从上模打落的零件或废料最好采用接料器接出。

(8)避免模具上的凸起处、尖棱处伤人或妨碍操作。

(9)20 kg 以上的零件及模具应明确起重措施,起重及运输时应注意安全。

课外阅读

计算机在钣金成形方面的应用

计算机技术在钣金成形方面的应用已发展到以下几个方面。

1. 机床控制

目前已实现数控化的钣金机床有剪床、下料铣、转塔冲床、冲剪机、闸压床、滚剪机、弯管机、拉弯机、拉形机、喷丸成形机、超塑成形机以及修边铣床、高压水切割机或激光修边机等。由于数控化，上述机床的效率、精度和产品适应性都大为提高。

2. 模具的 CAD/CAM

模具的计算机辅助设计和制造(CAD/CAM)，它是利用计算机图形工作站和绘图机等进行模具设计制造的一项新技术。

3. 成形过程的计算机模拟

只要输入必要的数据，通过计算机模拟就能演示出整个成形过程，在零件不同部位上材料的运动状态和变形的剧烈程度，以及成形的可能性、成形后的产品质量和成形力等。将上述模拟系统用于产品设计，可以验证、改进设计。若用于产品制造，则可优选工艺参数并对生产中出现的问题进行分析和诊断。

4. 钣金成组技术

成组技术的基本概念是将零件按其物理相似性(形状、尺寸、容差、材料)与工艺相似性(加工方法、工序安排、批量)编制分类代码并存入数据库。通过代码检索，不难将各种零件按上述相似性结合成组，从而达到共享资源的目的。美国通用动力公司在飞机钣金成形中运用成组技术后，不仅降低了工艺装备劳动量，提高了工装的通用性，使工装成本大为降低，更重要的是人为地扩大了每批的投入量，使设备、人员、后勤以至管理的效率显著提高。

5. 专家系统

它是一个智能程序系统，主要目的是使计算机在特定领域内发挥人类专家作用。其内部储存有大量专家水平的专业知识与经验，并能利用人类专家解决问题的方法来解决某一专业领域内的问题。

钣金新材料

新型钣金材料的出现，进一步提高了钣金技术在航空、航天、汽车等制造业中的重要地位。如铝锂合金的出现引起世界各国航空界的广泛关注，在国外飞机上的用量不断增加，估计未来超声速飞机，铝锂合金用量将达 15%，可减轻飞机质量 10%左右，减重效果几乎与碳纤维复合材料相当，而价格低得多。铝锂合金零件的制造，可沿用常规铝合金的加工方法与设备，在未来的发展中铝锂合金是复合材料的强有力的竞争对手。在民航客机的用料中，复合材料用量约占全机结构质量的 25%，而铝锂合金约占 44%。

思　考　题

1. 飞机钣金零件协调的内容包括什么？
2. 飞机钣金零件协调的依据有什么？
3. 什么是工艺规程？其作用是什么？
4. 工艺规程编制原则、依据和步骤分别是什么？
5. 模具设计的一般要求和依据分别是什么？
6. 模具设计的一般步骤是什么？

参 考 文 献

[1] 《航空制造工程手册》总编委员会.飞机钣金工艺[M].北京:航空工业出版社,1992.

[2] 《职业技能培训 MES 系列教材》编委会.冷作钣金工技能[M].北京:航空工业出版社,2008.

[3] 《实用钣金技术手册》编写组.实用钣金技术手册[M].北京:机械工业出版社,2001.

[4] 航空工业技工教材编审委员会.飞机钣金工艺学[M].北京:航空工业出版社,1983.

[5] 夏巨谌.实用钣金工[M].北京:机械工业出版社,2002.

[6] 吴杰,张磊.冷作钣金工实际操作手册[M].沈阳:辽宁科学技术出版社,2006.

[7] 顾迎新,张海渠.冲压工实际操作手册[M].沈阳:辽宁科学技术出版社,2007.

[8] 机械工业技师考评培训教材编审委员会.冷作工技师培训教材[M].北京:机械工业出版社,2001.

[9] 沈兴东,韩森和.冲压工艺与模具设计[M].济南:山东科学技术出版社,2005.

[10] 王昌福.模具概论[M].北京:机械工业出版社,2008.

[11] 《钣金技术》编写组.钣金技术[M].北京:国防工业出版社,1974.

[12] 唐荣锡,陈鹤峥,陈孝戴.飞机钣金工艺[M].北京:国防工业出版社,1983.

[13] 陈志毅.金属材料与热处理[M].北京:中国劳动社会保障出版社,2007.

[14] 张仲元.特种冲压技术[M].西安:西北工业大学出版社,1994.

[15] 翟平.飞机钣金成形原理与工艺[M].西安:西北工业大学出版社,1995.

[16] 《模具设计与制造技术教育丛书》编委会.模具结构设计[M].北京:机械工业出版社,2003.

[17] 邓明.材料成形新技术及模具[M].北京:化学工业出版社,2005.

[18] 杨芙,鞠洪涛,贾征,等.焊接新技术[M].北京:清华大学出版社,2019.

[19] 王俊彪,刘闯,王永军,等.钣金件数字化制造技术[M].北京:国防工业出版社,2015.

[20] 陈磊.板料冲压与橡皮成形仿真[M].北京:科学出版社,2017.

[21] 李西宁,常正平,翟平.飞机钣金成形原理与工艺[M].2 版.西安:西北工业大学出版社,2021.